Springer-Lehrbuch

Springer

Berlin
Heidelberg
New York
Barcelona
Budapest
Hong Kong
London
Mailand
Paris
Tokyo

Wilhelm Jutzi

Digitalschaltungen

Eine Einführung

Unter Mitarbeit von Erich Crocoll

Mit 250 Abbildungen

 Springer

Professor Dr.-Ing. Wilhelm Jutzi
Universität Karlsruhe
Institut für elektrotechnische Grundlagen
der Informatik
Hertzstraße 16
76187 Karlsruhe

ISBN-13:978-3-540-59412-3

Die Deutsche Bibliothek – Cip-Einheitsaufnahme

Jutzi, Wilhelm:
Digitalschaltungen : Eine Einführung / Wilhelm Jutzi. Unter Mitarb. von Erich Crocoll. –
Berlin ; Heidelberg ; New York ; Barcelona ; Budapest ; Hong Kong ; London ; Mailand ;
Paris ; Tokyo : Springer, 1995
  (Springer-Lehrbuch)
  ISBN-13:978-3-540-59412-3   e-ISBN-13:978-3-642-79823-8
  DOI: 10.1007/978-3-642-79823-8

Satz: Reproduktionsfertige Vorlage des Autors
SPIN: 10079988   60/3020 - 5 4 3 2 1 0 - Gedruckt auf säurefreiem Papier

Vorwort

Das Buch entstand aus einer Vorlesung mit zwei Semesterwochenstunden: "Digitale Schaltungstechnik", die von Wintersemester 1985/86 bis 1989/90 für alle Studierenden der Elektrotechnik im 3. Semester vor dem Vordiplom an der Universität Karlsruhe veranstaltet wurde. Seit Wintersemester 1990/91 trägt sie in geänderter Form den Namen : "Digitale Schaltungen". Sie ist der 2. Teil der Pflichtvorlesung : "Elektronische Schaltungen", deren 1. Teil "Analoge Schaltungen" von Prof. Blasberg gehalten wird.

Das Buch ist als Einführung in die digitale Schaltungstechnik mit den am meisten eingesetzten Silizium-Bauelementen gedacht. Es werden Grundlagen vermittelt, die den Einstieg in weiterführende Vorlesungen und Literatur erleichtern sollen. Insbesondere werden auch wesentliche Gesichtspunkte bei der Auslegung von integrierten Bauelementen und Schaltungen auf der Basis der Silizium-Technologie, z. B. durch Aufsichten und Querschnitte, erläutert. Möglichkeiten und Grenzen der Großintegration werden angedeutet. Probleme der Wärmeabfuhr und der Verbindungstechnik zwischen nichtlinearen Bausteinen, die mit zunehmender Übertragungsgeschwindigkeit nicht mehr zu vernachlässigen sind, bleiben nicht unerwähnt.

Das Buch beginnt mit der Erläuterung wichtiger Kenngrößen zur Charakterisierung digitaler Schaltungen und beschreibt wichtige Eigenschaften von Silizium-Transistoren. Genormte Schaltzeichen wurden zusammengestellt. Eine ausführliche Darstellung von digitalen Grundschaltungen, z. B. von Zählern und Schmitt-Triggern, schließt sich an. Nach einem Kapitel über Leitungen mit linearen und nichtlinearen Abschlüssen werden digitale Bausteine wie Decoder, A/D- und D/A-Wandler behandelt. Ein Stichwortverzeichnis erleichtert die Auffindung wichtiger Begriffe im Text des Buches.

An dieser Stelle möchte ich Frau D. Duffner für Schreibarbeiten und Frau E. Mulica für die Anfertigung von Zeichnungen per Hand oder mit Rechnerunterstützung danken. Dem Springer-Verlag sei gedankt für das Interesse an der Herausgabe dieses Buches. Besonderer Dank gilt den Hörern, die durch viele Diskussionsbeiträge und Hinweise zur gegenwärtigen Form des Buches beigetragen haben.

Karlsruhe, im August 1995

Inhaltsverzeichnis

4. Digitale Grundschaltungen

5. Verbindungen zwischen nichtlinearen integrierten Bausteinen

6. Bausteine mit integrierten Digitalschaltungen

7. Literaturangaben

8. Stichwortverzeichnis

1 Wichtige Kenngrößen digitaler Halbleiter-schaltungen

1.1 Übertragungskennlinien

Die Boolesche Algebra kennt nur zwei Zustände, eine "1" oder eine "0". Eine Verwirklichung ihrer logischen Verknüpfungen ist möglich, wenn ausgeprägte Nichtlinearitäten zwischen Eingangs- und Ausgangssignalen eines Verknüpfers oder Gatters bestehen.

Beispielsweise zeigt die Wahrheitstabelle einer UND-Verknüpfung in Bild 1.1 deutlich, daß von dem Ausgangssignal nicht immer eindeutig auf die beiden Eingangssignale geschlossen werden kann. Nur bei einer "1" am Ausgang kann man eindeutig auf die beiden Eingänge schließen. Eine "0" am Ausgang läßt drei verschiedene Kombinationen an den Eingängen zu.

Der Ausgang ist nicht das Resultat einer linearen Addition zweier Spannungen. Nichtlinearitäten werden gebraucht.

Leider können nichtlineare Effekte in der Regel nur um den Preis großer Leistung erzeugt werden. Beispielsweise ist die Strom-Spannungs-Charakteristik einer Halbleiterdiode nur nichtlinear, wenn die Spannung am pn-Übergang wesentlich größer als $U_T = kT/e = 25$ mV bei Zimmertemperatur ist.

$$\frac{I}{I_S} = e^{\frac{U}{U_T}} - 1 \approx \frac{U}{U_T} + \frac{1}{2!}(\frac{U}{U_T})^2 \cdots \tag{1.1}$$

Übliche Spannungspegel der gegenwärtigen Logik mit Halbleiterbauelementen liegen in der Größenordnung von 40 $U_T \approx$ 1V (Abweichung von der Linearität: $e^{40}/40 \approx 6 \cdot 10^{15}$). Kleinere Spannungspegel von 10 $U_T \approx$ 250 mV werden angestrebt, um bei noch hinreichend ausgeprägter Nichtlinearität ($e^{10}/10 \approx 2 \cdot 10^3$) die Verlustleistung zu reduzieren.

a	b	c
0	0	0
0	1	0
1	0	0
1	1	1

a) b)

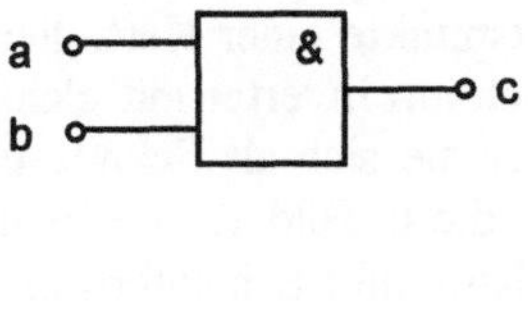

Bild 1.1 UND-Verknüpfung. a) Wahrheitstabelle; b) logisches Schaltungssymbol

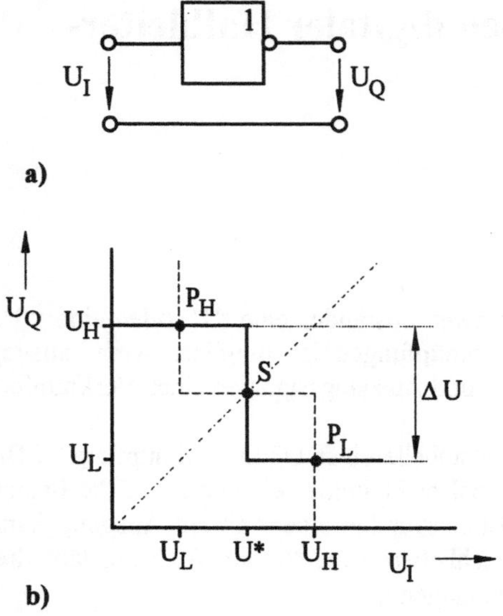

Bild 1.2 Inverter: a) Schaltungssymbol; b) schematisch dargestellte Übergangs- und Umkehr-kennlinie

Bei Halbleiterbausteinen werden in der Regel die Spannungspegel den binären Zuständen zugeordnet. In positiver Logik entspricht die höhere Spannung U_H (Index:High) einer binären "1" und die niedrigere Spannung U_L (Index:Low) einer binären "0". Die Differenz $\Delta U = U_H - U_L$ nennt man den Spannungshub. Beispielsweise soll am Ausgang eines Inverters nach Bild 1.2a die Ausgangsspannung U_Q von U_H auf U_L absinken, wenn die Eingangsspannung U_I von U_L auf U_H ansteigt. Das Schema einer Gleichstrom- oder statischen Übertragungskennlinie, die vereinfachend Übertragungskennlinie genannt wird, ist in Bild 1.2b gezeigt.

Es ist eine extrem nichtlineare Kennlinie, eine sogenannte Rechteckkennlinie, die nach Überschreiten oder Unterschreiten bei der Spannung U^* am Schaltpunkt S nur einen der beiden Spannungspegel kennt. Der Pegel des Ausgangssignals ist also für $U_I > U^*$ und $U_I < U^*$ unabhängig von der Amplitude des Eingangssignals. Die Ausgangspegel einer Inverterkette ändern sich also nicht mit der Zahl der Inverter. Nach dem ersten Inverter einer Kette mit einer rechteckigen Übertragungskennlinie werden sich die beiden stabilen Arbeitspunkte $P_L(U_L,U_H)$ und $P_H(U_H,U_L)$ in Bild 1.2b einstellen. Die Arbeitspunkte einer Kette liegen spiegelsymmetrisch zur Winkelhalbierenden, falls es sich um Inverter mit gleichen Übertragungskennlinien handelt. In diesem Fall ergeben sie sich als Schnittpunkte der Übertragungskennlinien mit ihrer Umkehrfunktion, die in Bild 1.2 gestrichelt eingetragen ist. Von den drei Schnittpunkten ist der Schaltpunkt S insofern instabil, als sich dort die Spannung ändern muß.

Eine Störspannung an einem Inverter der Kette bleibt wirkungslos, wenn sie kleiner ist als

$$\Delta U_K = U^* - U_L = U_H - U^* = \Delta U / 2 .$$ (1.2)

Rechteckförmige Übertragungskennlinien lassen sich nur näherungsweise verwirklichen. Eine aufschlußreiche Annäherung einer realisierbaren Inverterkennlinie ist in Bild 1.3a gezeigt, die aus drei geraden Abschnitten besteht. Die Kleinsignalverstärkung des mittleren Abschnitts V_0 ist negativ. Die beiden übrigen Abschnitte haben die Verstärkung 0 und deuten die Funktion eines Spannungsbegrenzers an.

Zur Untersuchung der Änderung von Signalpegeln entlang einer Inverterkette nach Bild 1.3b sei angenommen, daß die Eingangsspannung U_{I0} nur wenig kleiner als U^* sei.

Die auf den Spannungshub bezogene relative Abweichung ist

$$Z = \frac{\left| U^* - U_{I0} \right|}{\Delta U}$$ (1.3)

Diese Abweichung wird mit jeder Inverterstufe um V_0 verstärkt.

Am Ausgang des n-ten Inverters hat die relative Abweichung den maximalen Wert 1/2 erreicht, der durch die Nichtlinearität der Kennlinie festgelegt ist:

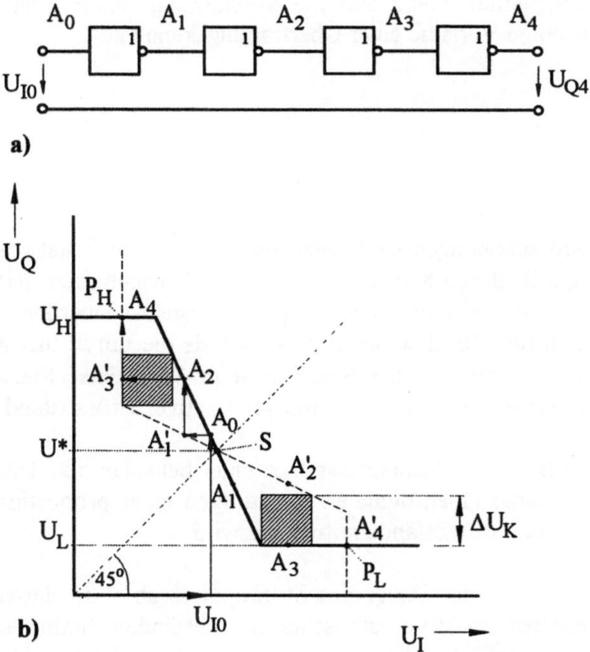

Bild 1.3 Inverterkette. a) Blockschaltbild; b) Übertragungskennlinie eines Inverters

$$Z \cdot \left| V_0 \right|^n = 0{,}5 \quad . \tag{1.4}$$

Nach

$$n = \log \frac{1}{2Z} \,/\, \log \left| V_0 \right| \tag{1.5}$$

Stufen stellen sich die stabilen Arbeitspunkte P_L, P_H ein, wenn die Verstärkung $|V_0| > 1$ ist. Für $\left| V_0 \right| \approx 1$ geht n gegen unendlich. Für $\left| V_0 \right| < 1$ besitzen die Übertragungskennlinie und ihre Umkehrfunktion nur noch einen Schnittpunkt S; beide binären Signale nehmen nach Durchlaufen vieler Stufen den gleichen Wert an, so daß die Information verloren geht.

Zur Abschätzung der n Stufen für eine Regeneration kann Gl. 1.5 auch dann dienen, wenn die Verstärkung im Hubbereich nicht konstant ist und wenn ihr Maximum $|V_0|$ im Schaltpunkt eingesetzt wird.

Graphisch lassen sich nach Bild 1.3a die Spannungspunkte A_1 bis A_n nach jedem Inverter mit Hilfe der gespiegelten Punkte $A_1{'}$ bis $A_n{'}$ auf der Umkehrfunktion der Übertragungskennlinie leicht ermitteln. Die graphische Konstruktion veranschaulicht, daß eine Regeneration der Signale im Überlappungsbereich der Übertragungskennlinie mit ihrer Umkehrfunktion möglich ist. Beliebig kleine Abweichungen einer Eingangsspannung von der Spannung im Schaltpunkt S werden auf die Pegel P_L und P_H regeneriert, wenn dort die Verstärkung $|V_0| > 1$ ist. Diese Konstruktion gilt für beliebige Verläufe einer Übertragungskennlinie.

1.2 Störsicherheit

Digitale Systeme sind Störspannungen ausgesetzt, die meist durch Schaltvorgänge im Inneren des Systems, z.B. durch Kopplungen zwischen benachbarten Leitungen oder Spannungsabfällen auf Versorgungsleitungen, ausgelöst werden. Diese internen Störungen, die in der Regel wesentlich größer als die durch thermisches Rauschen sind, sollen klein gegenüber dem Spannungshub ΔU bleiben. Sie werden daher gerne auf den Spannungshub bezogen und als relativer Störabstand angegeben.

Externe Störungen, z.B. durch Spannungsspitzen einer benachbarten Thyristorsteuerung, sind den Spannungshüben digitaler Schaltungen nicht proportional, so daß die Angabe der absoluten Störabstände notwendig wird.

Der Störabstand hängt oft von der Dauer des Störimpulses ab. In diesem Fall spricht man von dynamischen, sonst von statischen Störabständen. Statische Störabstände sind mit Hilfe der statischen Übertragungskennlinie des letzten Abschnittes zu definieren. Gebräuchliche Definition sind der Einzelstörabstand und der symmetrische Kettenstörabstand.

Der Einzelstörabstand gibt an, um wieviel die Eingangsspannung U_I eines Gatters in einer Kette von sonst ungestörten Gattern geändert werden darf, ohne daß die Information verfälscht wird. Dies ist der Fall, wenn der Schaltpunkt S nicht überschritten wird. Da nur in Sonderfällen der Schaltpunkt S und die beiden stabilen, ungestörten Arbeitspunkte P_L, P_H auf einer Geraden liegen, sind zwei Störabstände zu unterscheiden. Für den L-Pegel gibt es den Einzelstörabstand

$$\Delta U_L = U^* - U_L \tag{1.6}$$

und entsprechend für den H-Pegel

$$\Delta U_H = U_H - U^* . \tag{1.7}$$

Die relativen Störabstände sind:

$$Z_H = \frac{\Delta U_H}{\Delta U} \quad , \quad Z_L = \frac{\Delta U_L}{\Delta U} \; . \tag{1.8}$$

Die in Bild 1.4 gezeigte Kennlinie eines TTL-Inverters (z.B. 7404) liefert mit $\Delta U = 3,65\ V - 0,1\ V = 3,55\ V$

die Einzelstörabstände: $\Delta U_L = 1,4\ V$ und $\Delta U_H = 2,15\ V$,

und die relativen Einzelstörabstände: $Z_L \approx 40\%$ und $Z_H \approx 60\%$.

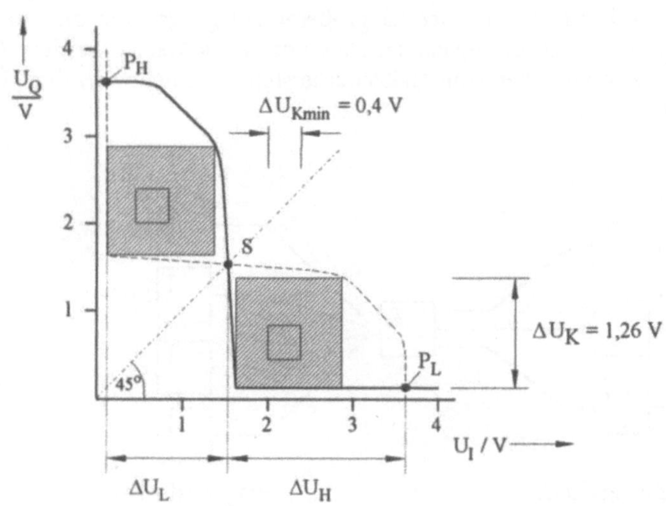

Bild 1.4 Übertragungskennlinie und Störabstände eines TTL-Inverters (7404)

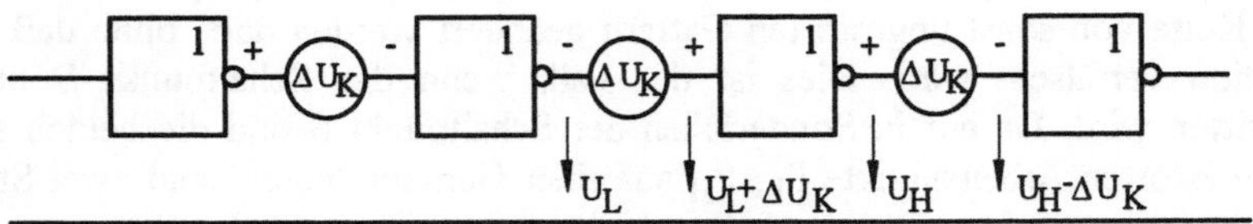

Bild 1.5 Kettenstörabstand von Invertern

Sind alle Gatter einer Kette nach Bild 1.5 mit dem gleichen Betrag, aber alternierenden Vorzeichen einer Störspannung belastet, ohne daß die Information verfälscht wird, so spricht man von einem symmetrischen Kettenstörabstand.

Er läßt sich graphisch durch Einzeichnen des größten Quadrates im Überlappungsbereich der Übertragungskennlinie und ihrer Umkehrfunktion gewinnen.

Beispielsweise ist der symmetrische Kettenstörabstand der 74-Serie nach Bild 1.4 $\Delta U_K = 1.26$ V erwartungsgemäß kleiner als ΔU_L und ΔU_H.

1.3 Einfluß der Herstellungstoleranzen

Bei der bisherigen Betrachtung der Störsicherheit wurde angenommen, daß alle Übertragungskennlinien einer Gatterkette identisch sind. Durch die Herstellung treten jedoch Exemplarschwankungen auf, die trotz interner und externer Störungen die Information nicht verfälschen dürfen. Außerdem treten Änderungen durch verschiedene Versorgungsspannungen, Temperaturen und verschiedene Eingangsfächer und Ausgangsfächer (fan out) nach Bild 1.6 auf. Beispielsweise muß zur Ansteuerung von 4 Invertern ein viermal größerer Ausgangsstrom zur Verfügung gestellt werden, ohne daß die Spannungshübe unzulässig kleiner werden. Als Entwurfsunterlage werden daher vom Halbleiterhersteller Garantiewerte der Übertragungskennlinie angegeben.

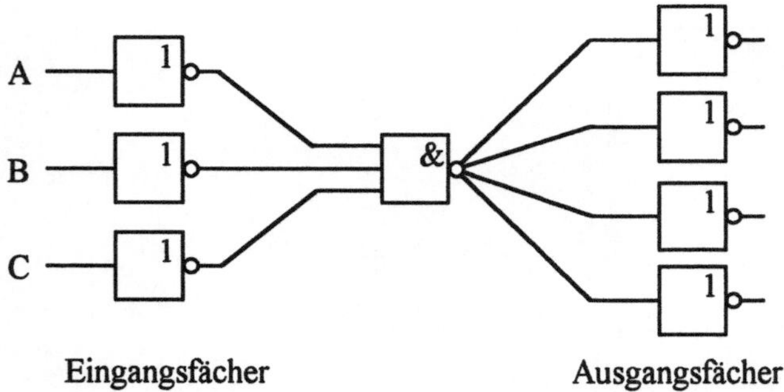

Bild 1.6 Belastung eines NAND-Gatters am Eingang und Ausgang

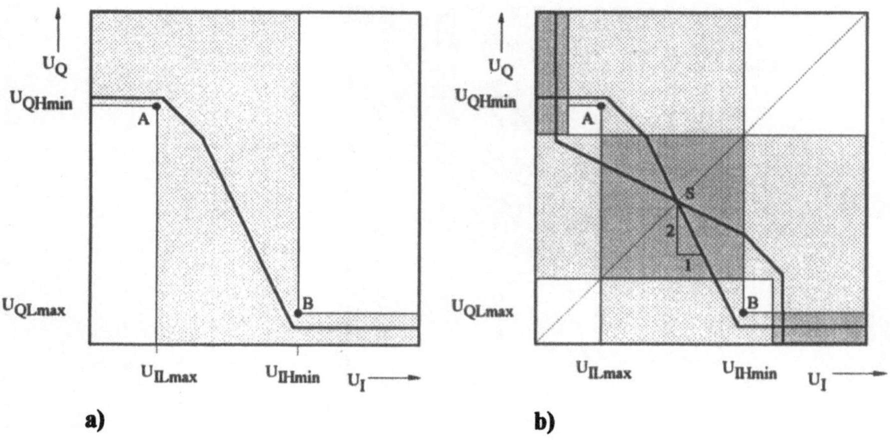

Bild 1.7 Toleranzangaben für einen Inverter. a) Fensterpunkte A und B; b) Toleranzfenster

Zur Vereinfachung der Angaben wird der Toleranzbereich durch zwei sogenannte "Fensterpunkte" festgelegt, die rechteckförmige Begrenzungen abstecken. In Bild 1.7a sind die beiden Fensterpunkte A (U_{ILmax}, U_{QHmin}) und B (U_{IHmin}, U_{QLmax}) eingetragen. Der entsprechende Toleranzbereich der Übertragungskennlinie ist schattiert dargestellt. Die beiden Fensterpunkte müssen im Überlappungsbereich der Nennkennlinie und ihrer Umkehrfunktion liegen wie in Bild 1.7b deutlich wird.

Die Mindeststörabstände einer Gatterkette ergeben sich zu

$$\Delta U_{KLmin} = U_{ILmax} - U_{QLmax} \tag{1.9}$$

$$\Delta U_{KHmin} = U_{QHmin} - U_{IHmin} . \tag{1.10}$$

Sie sind häufig wie in Bild 1.7b verschieden groß. Gleich große Mindeststörabstände besitzen TTL-Schaltungen der 74-Serie mit den Fensterpunkten A(0,8;2,4) und B(2,0;0,4):

$$\Delta U_{KLmin} = \Delta U_{KHmin} = 0,4 \text{ V}.$$

Der auf den Nennhub (3.65 V - 0.1 V = 3.55 V) bezogene Mindeststörabstand ist also $Z_{Kmin} \approx 11\%$.

Eine nichtinvertierende Kennlinie von zwei in Reihe geschalteten Invertern nach Bild 1.7 zeigt Bild 1.8 zusammen mit ihrer Umkehrfunktion.

Die Verstärkung ist das Quadrat der Verstärkung eines Inverters. Die Kennlinie hat also eine erheblich größere Steilheit als in Bild 1.7 .

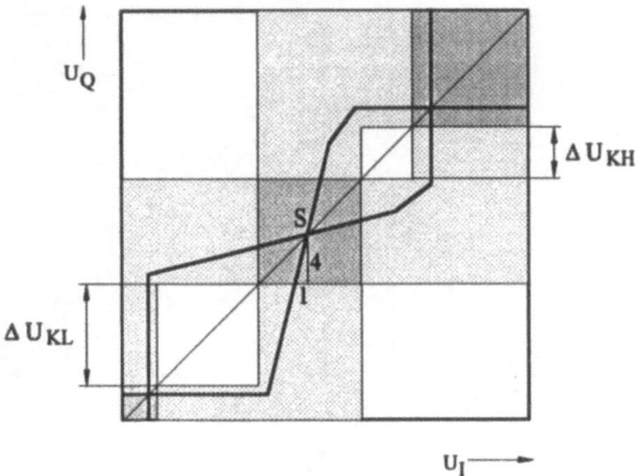

Bild 1.8 Toleranzfenster von zwei in Reihe geschalteten Invertern

Die Überlappungsbereiche oberhalb und unterhalb des Schaltpunkts sind im allgemeinen verschieden groß.

Kann man ein Inverterpaar zu einer Einheit zusammenfassen, das definitionsgemäß nur an seinen externen Klemmen gestört werden darf, so können die Mindeststörabstände erheblich größer werden als die eines Inverters. Die Toleranzfenster der beiden Pegel sind immer quadratisch, aber meistens ungleich groß, wie in Bild 1.8 gezeigt ist.

1.4 Verlustleistung

Integrierte Schaltungen haben eine endliche Verlustleistung P, die zur Erwärmung ihrer Chipoberfläche auf die Temperatur T_{CH} führt. Mit der Temperatur der Umgebung T_U wird:

$$P = \frac{1}{R_{th}}(T_{CH} - T_U) \qquad . \qquad (1.11)$$

Der thermische Widerstand R_{th} hängt u.a. von dem Gehäuse und dem Kühlmittel ab. Bei Luftgebläsekühlung liegt die maximal abführbare Verlustleistung in der Größenordnung von $Q \approx 2$ W/cm^2.

Ein Chip gegebener Fläche darf also eine bestimmte Verlustleistung nicht überschreiten. Die Verlustleistung der Gatter und nicht ihr Platzbedarf an der Chipoberfläche begrenzt gegenwärtig im allgemeinen die maximal mögliche Zahl miniaturisierter Halbleitergatter pro Chipfläche. Die Verlustleistungsparameter müssen daher sehr genau untersucht und optimiert werden.

Der Momentanwert der Verlustleistung läßt sich immer in einen statischen und einen dynamischen Teil

$$P = P_{St} + P_{Dy} \qquad (1.12)$$

zerlegen. Geht man von einer konstanten Impulsfolgefrequenz $f_p = 1/t_p$ aus, so ist sie bei konstanter Versorgungsspannung U_0 aus der Integration des Gatterversorgungsstromes i_0 über eine Periode t_p zu berechnen

$$P = U_0 \frac{1}{t_p} \int_0^{t_p} i_0(t)dt \quad . \qquad (1.13)$$

Die statische Verlustleistung ist durch die beiden quasistationären Versorgungsströme I_{01} und I_{02}, die den Spannungspegeln am Eingang U_L und U_H entsprechen sollen, festgelegt, wenn das Tastverhältnis $r = t_2 / t_p$ bekannt ist.

$$P_{St} = \left[I_{01}(1 - r) + I_{02}r \right] U_0 \quad . \qquad (1.14)$$

Die zugehörige dynamische Verlustleistung ist

$$P_{Dy} = \frac{U_0}{t_p} \int_0^{t_p} i_{0Dy}(t)dt \quad . \qquad (1.15)$$

Die Verlustleistung eines zu einem Schalter vereinfachten Transistors zur Aufladung einer Kapazität C_L nach Bild 1.9 macht wesentliche Zusammenhänge deutlich.

Der Schalter werde betätigt durch eine vernachlässigbare Energie. Im eingeschalteten Zustand sei ein Bahnwiderstand des Halbleitermaterials r_C zu berücksichtigen. Er bestimmt den unteren Pegel am kapazitiven Ausgang:

$$U_L = U_0 \frac{r_C}{R_L + r_C} \qquad (1.16)$$

Der obere Pegel ist $U_H = U_0$, so daß der Spannungshub

$$\Delta U = U_0 \frac{R_L}{R_L + r_C} \qquad (1.17)$$

wird. Nach Öffnen des Schalters steigt die Spannung und der Strom fällt nach einer Exponentialfunktion mit der Zeitkonstante

$$\tau_1 = R_L \cdot C_L \quad . \qquad (1.18)$$

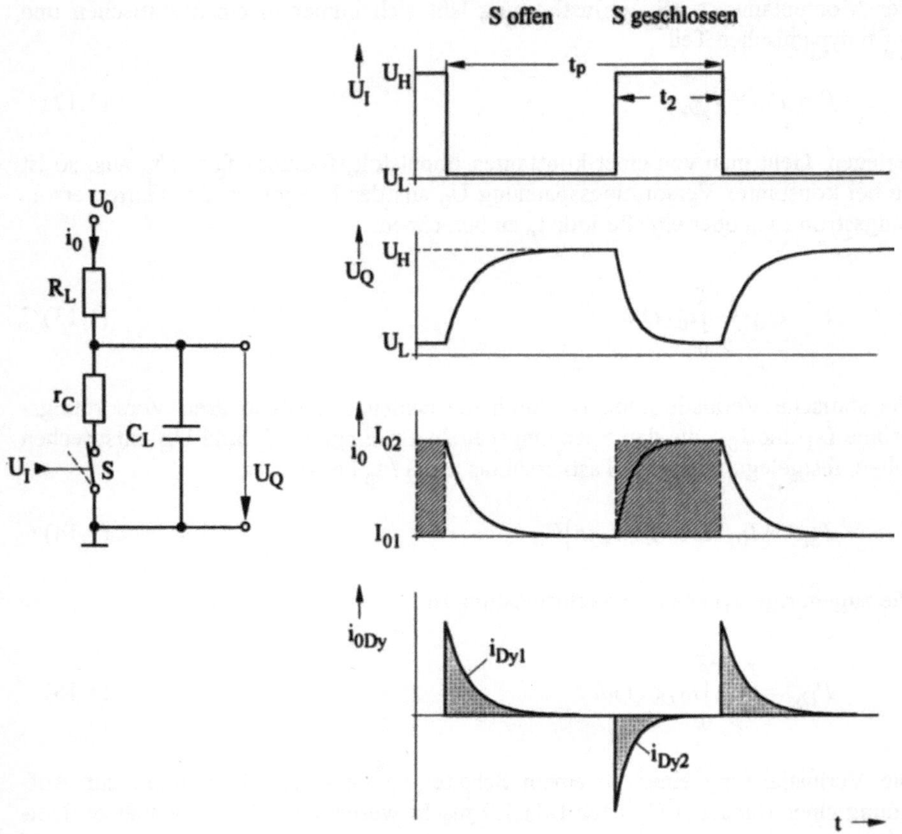

Bild 1.9 Umladung einer Kapazität über einen Schalter mit dem Innenwiderstand r_C und dem Lastwiderstand R_L

Der dynamische Anteil des Versorgungsstromes ist positiv

$$i_{Dy1} = \frac{\Delta U}{R_L} e^{-t/\tau_1} \qquad . \tag{1.19}$$

Nach Erreichen des quasistationären Zustandes I_{01} und Schließen des Schalters ist der dynamische Anteil negativ

$$i_{Dy2} = -\frac{\Delta U}{R_L} e^{-t/\tau_2} \qquad . \tag{1.20}$$

Die Zeitkonstante ist

$$\tau_2 = \frac{R_L \cdot r_C}{R_L + r_C} C_L < \tau_1 \qquad . \tag{1.21}$$

Dauern die High- und Low-Zustände wesentlich länger an als die Auf- und Entladezeiten (3τ), so liefert die Integration über die dynamischen Ströme einen von der Impulsfolgefrequenz oder Pulsfrequenz $f_p=1/t_p$ unabhängigen Wert:

$$\int_0^{t_p} i_{Dy}(t)\,dt = \frac{\Delta U}{R_L} R_L C_L \left[1 - \frac{r_C}{R_L + r_C} \right] = \frac{\Delta U \cdot C_L}{1 + \dfrac{r_C}{R_L}} \qquad . \tag{1.22}$$

Die dynamische Verlustleistung wird damit der Impulsfolgefrequenz proportional:

$$P_{Dy} = U_0 f_p \int_0^{t_p} i_{Dy}(t)\,dt = k \cdot f_p \qquad . \tag{1.23}$$

Für $I_{01} = 0$ und $I_{02} = \Delta U/R_L$ wird die gesamte Verlustleistung

$$P = \frac{U_0 \cdot \Delta U}{R_L} \left(r + \frac{R_L \cdot C_L}{1 + \dfrac{r_C}{R_L}} \cdot f_p \right) \qquad . \tag{1.24}$$

Ihr Anstieg mit der Pulsfrequenz ist vernachlässigbar, wenn der Schalter über einen konstanten Lastwiderstand mit Strom versorgt wird und $\tau_1 \ll 1/f_p$ ist. Wenn der Lastwiderstand durch einen im Gegentakt geschalteten Transistor ersetzt wird, so kann die dynamische Verlustleistung überwiegen.

Die Verkleinerung der Verlustleistung durch eine Vergrößerung des Lastwiderstandes ist leider nur begrenzt sinnvoll, da die Zeitkonstanten entsprechend anwachsen.

1.5 Anstiegs- und Gatterlaufzeiten

Realisierbare Impulse haben endlich steile Anstiegs- und Abfallsflanken. Da sie meistens auch nicht trapezförmig sind, definiert man die Anstiegs- und Abfallszeiten zwischen den 10%- und 90%-Punkten des Maximums, d.h. der Impulsamplitude nach Bild 1.10a.

Die Symbole t_r und t_f stimmen mit den angelsächsischen Bezeichnungen für rise und fall time überein. Die Impulsdauer t_D wird zwischen den 50%-Punkten gemessen.

Gatterlaufzeiten werden meist durch andere physikalische Effekte bestimmt als Anstiegs- und Abfallszeiten. Beispielsweise kann eine lange verlustlose Leitung einen Rechteckimpuls praktisch unverzerrt, aber mit großer Verzögerung übertragen.

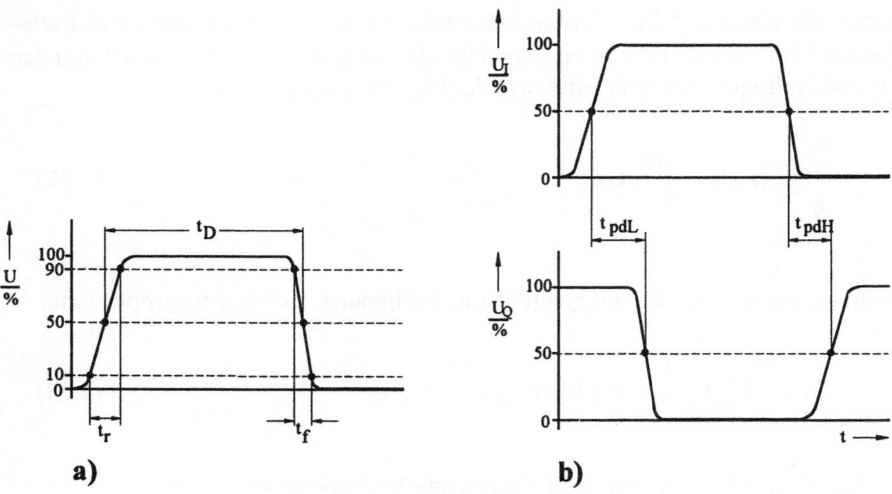

Bild 1.10 Charakteristische Zeiten von Impulsen: a) Impulsdauer t_D, Anstiegs- und Abfallzeit t_r und t_f und b) Verzögerung der Vorder- und Rückflanke t_{pdL} und t_{pdH}

In nichtlinearen Halbleiterschaltungen kann zudem der Übergang auf den niedrigeren Pegel (L) verschieden stark gegenüber dem umgekehrten Übergang auf den höheren Pegel (H) verzögert werden. In der Regel definiert man die Verzögerungen (propagation delay, Low, High) t_{pdL} und t_{pdH} zwischen den 50%-Punkten der Eingangs- und Ausgangsimpulse nach Bild 1.10b.

Die Gatterlaufzeit ist als Mittelwert aus den beiden Flankenverzögerungen definiert

$$t_{pd} = \frac{1}{2}(t_{pdL} + t_{pdH}) \tag{1.25}$$

Gelegentlich wird die Gatterlaufzeit auch als Mittelwert der Verzögerung zwischen den Schaltpunkten S nach Bild 1.4 angegeben, deren Spannungen U^* nicht den 50% entsprechen. Die Unterschiede der Mittelwerte nach den beiden Definitionen sind jedoch meist vernachlässigbar.

Die Gatterlaufzeit bipolarer Transistoren hängt von der Laufzeit der Minoritätsträger in der Basis τ_B und von der Zeitkonstante ab, die aus dem Lastwiderstand R_L und der Ersatzkapazität C_E eines Schalters nach Bild 1.9 berechnet werden kann:

$$t_{pd} \approx k(\tau_B + R_L \cdot C_E) , \tag{1.26}$$

wobei k eine Proportionalitätskonstante ist.

1.6 Umschaltenergie

Das Produkt aus Verlustleistung und Gatterlaufzeit (power-delay-time-product) ist die Umschaltenergie

$$W = P \cdot t_{pd} \qquad . \tag{1.27}$$

Wesentliche Abhängigkeiten der Umschaltenergie werden deutlich, wenn man die Verlustleistung eines invertierenden Schalters nach Gl. (1.24) und die Gatterlaufzeit nach Gl. (1.26) eingesetzt werden:

$$W = \frac{U_0 \cdot \Delta U}{R_L}\left[r + \frac{1}{1 + \dfrac{r_C}{R_L}} \cdot \frac{R_L \cdot C_L}{t_p} \right] \cdot k(\tau_B + R_L \cdot C_E) \tag{1.28}$$

Für den Fall, daß man die dynamische gegenüber der statischen Verlustleistung vernachlässigen kann,

$$r \gg \frac{1}{1 + \dfrac{r_c}{R_L}} \cdot \frac{R_L \cdot C_L}{t_p} \tag{1.29}$$

und die Gatterlaufzeit näherungsweise $t_{pd} \approx k \cdot R_L \cdot C_E$ ist, wird die Umschaltenergie unabhängig vom Lastwiderstand R_L, da mit wachsendem R_L die Verlustleistung sinkt und die Gatterlaufzeit ansteigt. Die Umschaltenergie kann also für verschiedene ohmsche Lasten eines Schalters eine typische Konstante sein. Sie wird daher oft als ein Gütemaß angegeben, wenn verschiedene Schaltungen zu vergleichen sind. In Bild 1.11 ist die Verlustleistung über der Gatterlaufzeit für integrierte Schaltungen verschiedener Technologien in doppellogarithmischem Maßstab aufgetragen. Geraden mit einer Steigung -1 entsprechen konstanten Umschaltenergien. Für käufliche integrierte Halbleiterschaltungen liegen die Umschaltenergien etwa zwischen 1 pJ und 100 pJ. Gegen sehr kurze Gatterlaufzeiten steigt die Verlustleistung stärker als umgekehrt proportional mit der Gatterlaufzeit an. Die durch thermodynamische Gesetze bestimmte minimale Umschaltenergie ist

$$W_{min} = kT \cdot \ln 2 \qquad . \tag{1.30}$$

Für $T = 300$ K ist die minimale Umschaltenergie $W_{min} = 2{,}8 \cdot 10^{-21}$ J um viele Größenordnungen kleiner als die oben erwähnte Umschaltenergie käuflicher integrierter Schaltungen.

Die minimale Energie liegt also etwa 10 Größenordnungen unter dem Energiebedarf einer Nervenzelle, d.h. eines Neurons des menschlichen Gehirns, wie in Bild 1.11 rechts unten eingetragen ist. Gegen sehr kurze Gatterlaufzeiten wird die zulässige Verlustleistung von Halbleiterschaltungen begrenzt durch die maximal abführbare Verlustleistung pro cm^2 Chipoberfläche.

Nimmt man extrem günstige Kühlverhältnisse, z.B. im Wasserbad an, das bei 100°C einer zu kühlenden Oberfläche auf 120°C eine maximale Verlustleistung Q = 100 W/cm^2 entzieht, so erhält man die in Bild 1.11 schraffiert gezeichnete Fläche. Die graphische Darstellung läßt den potentiellen Vorteil moderner noch wenig erforschter Technologien wie z.B. der Supraleiterschaltungen mit Josephson-Kontakten erkennen. Integrierte Digitalschaltungen mit Josephson-Kontakten haben eine etwa 1000mal geringere Verlustleistung als Halbleiterschaltungen mit vergleichbar kurzen Gatterlaufzeiten im Bereich um 100 ps. Mikroprozessoren der Josephson-Technologie mit mittleren Gatterlaufzeiten von 9 ps bei 3 μW Verlustleistung werden in Forschungslaboratorien bereits betrieben. Diese Vorteile werden gegenwärtig erkauft durch den Aufwand einer Kühlung mit Helium auf 4,2 K. Supraleiter bei 77 K sind seit 1987 bekannt. Sie können also bei der gleichen Temperatur betrieben werden wie CMOS-Schaltungen.

Ein Vergleich der Umschaltenergien verschiedener IC-Technologien ist nützlich als eine unter vielen anderen Möglichkeiten. Allerdings bleiben besonders technisch wichtige Parameter wie Ausgangs- und Eingangsfächer, Störabstand, Herstellungs- und Betriebstoleranzen bei dem Vergleich der Umschaltenergien unberücksichtigt.

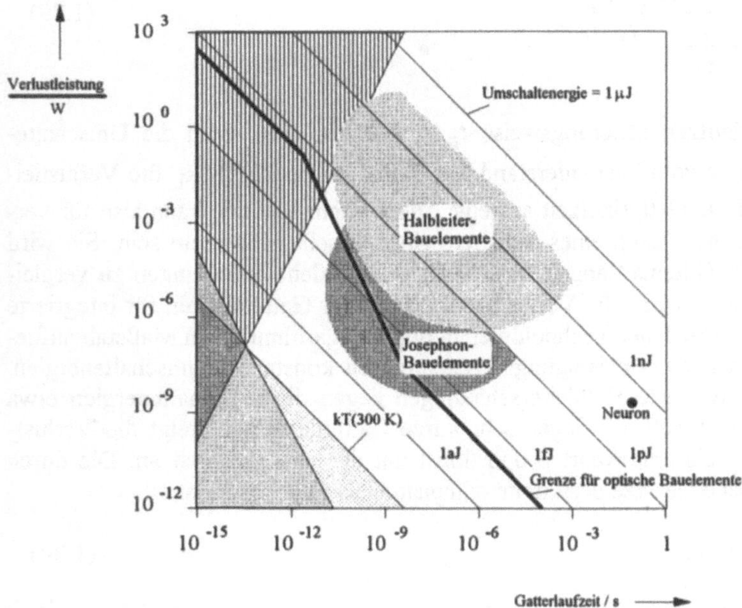

Bild 1.11   Verlustleistung wichtiger Bauelemente als Funktion der Gatterlaufzeit

2 Halbleiterschalter

2.1 Einleitung

Elektronische Schalter werden gebraucht, um logische Verknüpfungen auszuführen. Beispielsweise kann eine logische UND-Funktion mit Relais verwirklicht werden. In Bild 2.1 sind eine Spannungsquelle, ein Vorwiderstand, drei Schalter und eine Ausgangsleitung zu sehen. In der Ausgangsleitung fließt nur dann ein Strom, wenn sie nicht durch einen Schalter kurzgeschlossen worden ist, d.h. es fließt ein Strom in der Ausgangsleitung, wenn gleichzeitig Schalter 1 und Schalter 2 und Schalter 3 offen sind.

Elektromechanische Schalter ersetzt man heute durch Transistoren, da sie um Größenordnungen schneller arbeiten und weniger Platz in Anspruch nehmen. Zuerst wurden hauptsächlich bipolare Transistoren und später Feldeffekttransistoren eingesetzt, um logische Funktionen in Rechenmaschinen zu verwirklichen.

Die Arbeitsweise bipolarer Transistoren kann auf die Wechselwirkung zwischen zwei benachbarten pn-Übergängen zurückgeführt werden. Daher werden wesentliche Eigenschaften eines getrennten pn-Übergangs in Abschnitt 2.2 vor denen bipolarer Transistoren in Abschnitt 2.3 behandelt.

2.2 pn-Übergang

Ein Halbleiter (z.B. Silizium) habe zwei Bereiche verschiedener Dotierung. Im p-Gebiet wird die Leitfähigkeit durch Löcher als bewegliche Träger positiver Ladung verursacht und im n-Gebiet durch bewegliche Elektronen. In großer Entfernung von der Grenze eines Gebietes ist die gesamte Raumladung Null, da z.B. im n-Gebiet die Ladung der beweglichen Elektronen $e \cdot n_{no}$ und der festsitzenden positiv geladenen Donatoren $e \cdot N_D$ gleich groß ist.

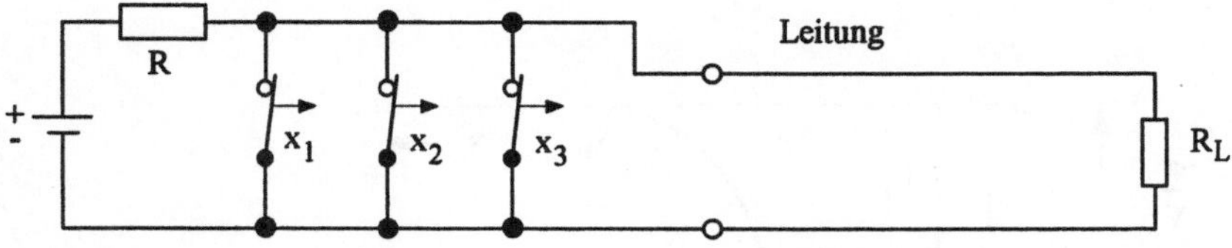

Bild 2.1 Schaltung eines UND-Gatters mit drei mechanischen Schaltern

In Bild 2.2 ist ein Übergang zwischen einem p- und einem n-Gebiet skizziert, wenn keine äußeren Spannungen anliegen. Die beweglichen Ladungen sind durch Kreise gekennzeichnet. Am Übergang ist eine abrupte Änderung der Dichte der ortsfesten Donatoren- oder Akzeptorenatome angenommen. Die Dichte der zugehörigen Elektronen oder Löcher nimmt nicht abrupt ab. Elektronen können sich infolge ihrer thermischen Energie ein Stück weit in das p-Gebiet bewegen und die Löcher in das n-Gebiet. Durch diese Diffusionsbewegung wird das Ladungsgleichgewicht in der sogenannten Sperr- oder Grenzschicht gestört. Im n-Gebiet entsteht eine positive Raumladung, da die positive Ladung der Donatoren infolge der weg-diffundierten Elektronen überwiegt. Ebenso entsteht an der Grenze des p-Gebiets eine negative Raumladung.

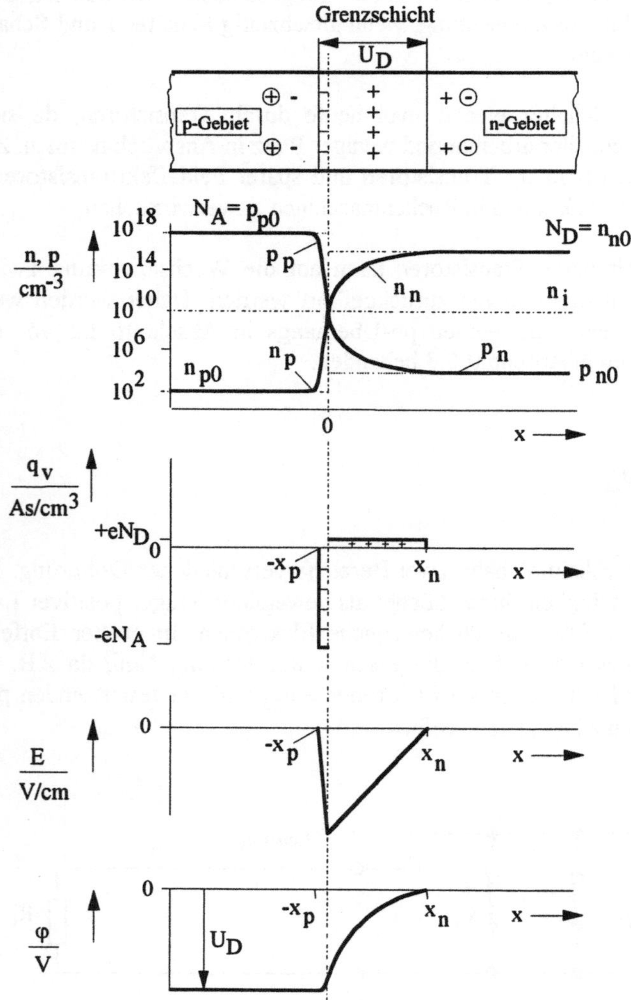

Bild 2.2 Schema eines pn - Übergangs

Durch diese positive und negative Raumladung wird ein elektrisches Feld aufgebaut, das der Diffusion der positiven Ladungsträger in das n-Gebiet und der negativen Ladungsträger in das p-Gebiet entgegenwirkt. Es bildet sich ein Gleichgewichtszustand, in dem der Diffusionsstrom gleich dem Driftstrom infolge des elektrischen Feldes ist. Der Raumladung, dem elektrischen Feld, entspricht eine Spannung zwischen dem n- und p-Gebiet, die Diffusionsspannung genannt wird. Ein solcher pn-Übergang ist der Rechnung leicht zugänglich, wenn die Raumladungen in der Sperrschicht allein durch die dort vorhandenen Donatoren- bzw. Akzeptorendichten bestimmt sind und eine rechteckförmige Verteilung nach Bild 2.2 angenommen wird. Zur Ableitung der Verhältnisse an einem pn-Übergang geht man aus von der Poisson'schen Differentialgleichung, die in Tabelle 2.1 angegeben ist.

Sie muß im n- und p-Gebiet unter Berücksichtigung der Grenzbedingungen integriert werden. Zwei wichtige Ergebnisse dieser Integration sollen hervorgehoben werden.

1. Die negative Raumladung ist gleich der positiven Raumladung.
2. Die Diffusionsspannung ist der Raumladung einer Polarität und der gesamten Breite der Entleerungszone proportional.

Tabelle 2.1   Verhältnisse an einem pn-Übergang ausgehend von der Poisson'schen Differentialgleichung

	p-Gebiet	n-Gebiet
	$-x_p \leq x < 0$	$0 \leq x \leq x_n$
Poisson'sche Dgl.	$\dfrac{d^2\phi}{dx^2} = -\dfrac{q_v}{\varepsilon_0 \varepsilon_r}$	
Raumladungsdichte	$q_v = -e\,N_A$	$q_v = e\,N_D$
Elektrische Feldstärke	$\dfrac{d\phi_p}{dx} = -E_p = \dfrac{eN_A}{\varepsilon_0 \varepsilon_r}\left(x_p + x\right)$	$\dfrac{d\phi_n}{dx} = -E_n = \dfrac{eN_D}{\varepsilon_0 \varepsilon_r}\left(x_n - x\right)$
Randbedingungen	$E_P(-x_p) = 0 ,\quad \rightarrow \quad E_p(0) = E_n(0) \quad \leftarrow \quad E_n(x_n) = 0$	
Ladungsgleichheit	$N_A \cdot x_p = N_D \cdot x_n$	
Potential	$\phi_p = \dfrac{e \cdot N_A}{2\varepsilon_0 \varepsilon_r}\left(x_p + x\right)^2 + \phi(-x_p)$	$\phi_n = -\dfrac{e \cdot N_D}{2\varepsilon_0 \varepsilon_r}\left(x_n - x\right)^2 + \phi(x_n)$
Randbedingung	$\phi_p(0) = \phi_n(0)$	
Diffusionsspannung	$U_D = \phi_n(x_n) - \phi_p(-x_p) = \dfrac{e \cdot N_A \cdot x_p}{2\varepsilon_0 \cdot \varepsilon_r}(x_p + x_n)$	

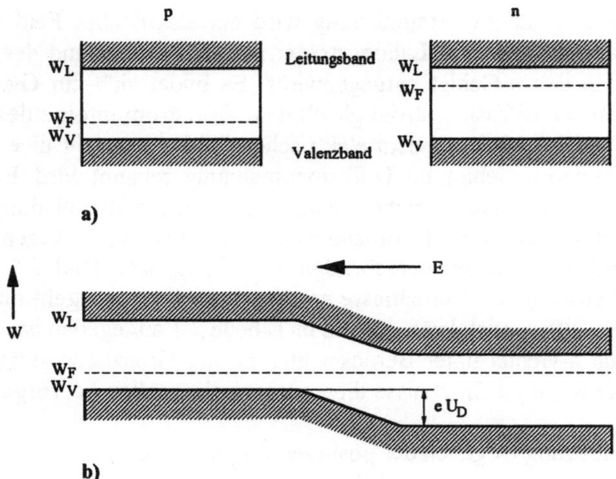

Bild 2.3 Bändermodell mit den Energien an der Leitungs- und Valenzbandkante W_L und W_V und dem Fermi - Niveau W_F. a) räumlich getrennte p- und n - Halbleiter;   b) pn - Übergang

Das Bänderschema eines pn-Überganges läßt sich leicht aus dem Bandschema eines p- und eines n-Halbleiters ableiten. Die Energie W der negativ geladenen Elektronen nimmt im Bänderschema nach oben zu. In Bild 2.3a sind sie mit der charakteristischen Lage des Fermi-Niveaus zu sehen.

Werden beide Halbleitertypen in "innigen Kontakt" gebracht, so stellt sich nach kurzer Zeit ein thermisches Gleichgewicht ein, welches durch ein stetig durchlaufendes, ortsunabhängiges Fermi-Niveau im n- und p-Gebiet gekennzeichnet ist. Diese Verhältnisse sind in Bild 2.3b skizziert.

Die Einstellung eines gemeinsamen Fermi-Niveaus ist zu vergleichen mit der Temperatur von zwei Körpern, die vor einer thermischen Kontaktierung eine verschiedene Temperatur hatten und anschließend eine gemeinsame Temperatur annehmen. Aus der Einstellung des Fermi-Niveaus folgt, daß die Elektronen weit entfernt von der Sperrschicht im p-Gebiet (n_{p0}) eine um eU_D höhere Energie haben als die Elektronen, die sich weit entfernt von der Sperrschicht im n-Gebiet (n_{n0}) befinden. Das Verhältnis der beiden Elektronenkonzentrationen wird näherungsweise durch die Boltzmann-Verteilung beschrieben:

$$\frac{n_{p0}}{n_{n0}} \approx e^{-\frac{U_D}{kT/e}} \tag{2.1}$$

Die Diffusionsspannung ist also:

$$U_D \approx \frac{kT}{e} \cdot \ln \frac{n_{n0}}{n_{p0}} = \frac{kT}{e} \cdot \ln \frac{n_{n0} \cdot p_{p0}}{n_{p0} \cdot p_{p0}} \tag{2.2}$$

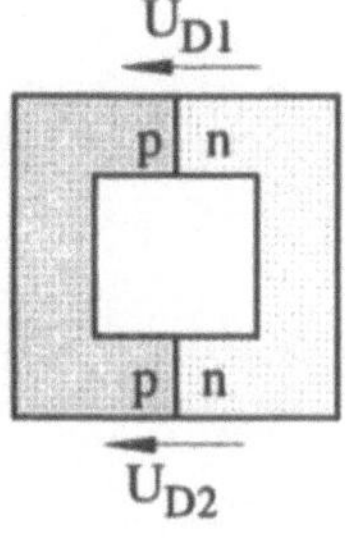

Bild 2.4 Stromloser Schaltkreis mit zwei pn-Übergängen

Bei vollständiger Ionisierung der Dotieratome ($n_{n0} = N_D$, $p_{p0} = N_A$) und mit dem Massenwirkungsgesetz $n_i^2 = n_{p0}\, p_{p0}$, das für thermisches Gleichgewicht zwischen Rekombination und Generation von Elektronen und Löchern, z.B. ohne äußere Vorspannung gilt, wird nach einfacher Umformung

$$U_D = \frac{kT}{e} \cdot \ln \frac{N_A N_D}{n_i^2} \qquad . \tag{2.3}$$

Die Diffusionsspannung wächst also mit dem Logarithmus aus dem Produkt der Dotierungen. Bei $T = 300$ K ist die Temperaturspannung $U_T = kT/e = 25{,}8$ mV. Dann ist für eine Dotierung von $N_A = 10^{18}/\text{cm}^3$ und $N_D = 10^{15}/\text{cm}^3$ in Silizium mit $n_i = 10^{10}/\text{cm}^3$

$$U_D = 0{,}77\ V \qquad . \tag{2.4}$$

Diese Diffusionsspannung treibt keinen Strom durch einen äußeren Kreis, da die Kontaktspannungen an den Übergängen n-Halbleiter auf Metall und p-Halbleiter auf Metall die Diffusionsspannung am pn-Übergang gerade kompensieren.

Eine Kompensation von "Kontakt"- und Diffusionsspannung wird in einen Schaltkreis aus reinem Halbleitermaterial besonders deutlich, der in Bild 2.4 skizziert ist. In diesem Kreis heben sich die beiden Diffusionsspannungen an den beiden pn-Übergängen gerade auf, es fließt also kein Strom.

Ein äußerer Strom fließt erst durch Anlegen einer äußeren Spannung nach Bild 2.5, welche das thermische Gleichgewicht in der Umgebung der Grenzschicht stört. Im rechten Teil des Bildes 2.5 versuchen äußere Spannung und Diffusionsspannung einen Strom in umgekehrter Richtung zu treiben. Die Potentialbarriere wird abgebaut. Der Driftstrom infolge der elektrischen Feldstärke wird kleiner als der Diffusionsstrom.

Die Dichte der Elektronen n_{pU} als Minoritätsträger im p-Gebiet bei $x = -x_p$ bei einer äußeren Spannung U ist nach der Boltzmann-Verteilung und mit Gl. (2.1)

$$n_{pU} = n_{n0} \cdot e^{\frac{U - U_D}{U_T}} = n_{p0} \cdot e^{\frac{U}{U_T}} \qquad . \tag{2.5}$$

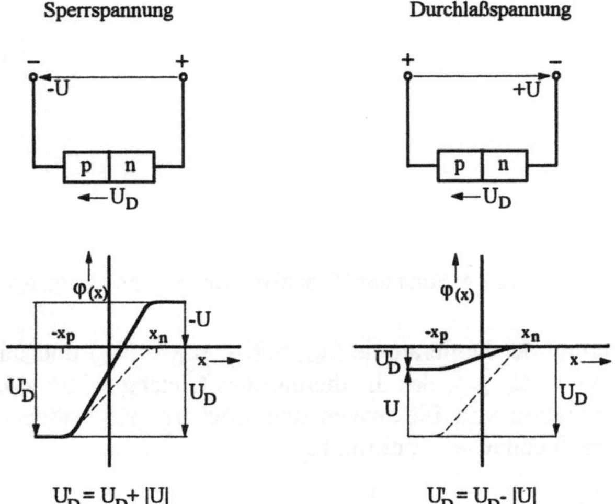

Bild 2.5 Skizze und Potentialverlauf in einer pn - Diode. a) Sperrbetrieb; b) Durchlaßbetrieb

Der Überschuß an Minoritätsträgern bei $x = -x_p$ gegenüber dem Fall ohne äußere Spannung ist also

$$\Delta n_p = n_{pU} - n_{p0} = n_{p0}\left(e^{\frac{U}{U_T}} - 1\right) \quad . \tag{2.6}$$

Dieser Überschuß bestimmt den durch eine Spannung injizierten Elektronenstrom. Er nimmt im p-Gebiet exponentiell ab, da Elektronen und Löcher rekombinieren.

$$n = n_{p0} + \Delta n_p e^{\frac{x_p + x}{L_n}} \tag{2.7}$$

In dieser Gleichung ist L_n die Diffusionslänge der Elektronen bis zur Rekombination mit einem Loch. Damit wird die Diffusionsstromdichte bei $x = -x_p$:

$$j_n = eD_n \frac{\partial n}{\partial x}\bigg|_{x=-x_p} = eD_n \frac{\Delta n_p}{L_n} = \frac{eD_n}{L_n} n_{p0}\left(e^{\frac{U}{U_T}} - 1\right) \quad . \tag{2.8}$$

Ganz analoge Betrachtungen führen auf die Stromdichte der Löcher j_p bei $x=x_n$. In Bild 2.6 sind die durch eine positive Spannung in Durchlaßrichtung injizierten Stromdichten j_n und j_p für den Fall skizziert, daß wesentlich mehr Akzeptoren N_A ($10^{18}/cm^3$) im p-Gebiet als Donatoren N_D ($10^{15}/cm^3$) im n-Gebiet vorhanden sind.

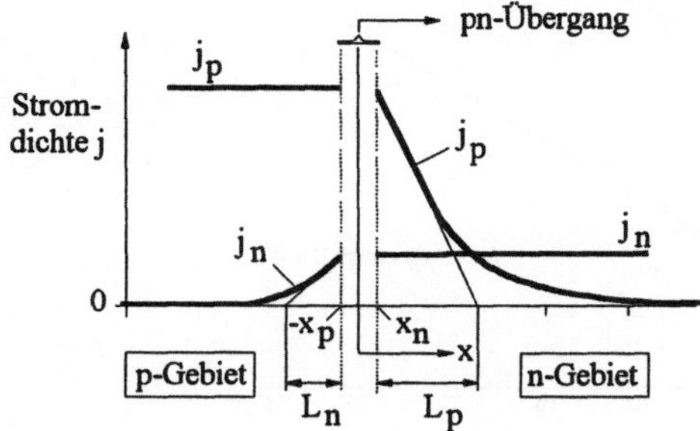

Bild 2.6 Skizze der Ortsabhängigkeiten der Löcher- und Elektronenstromdichte im p- und n-Gebiet einer Diode

Dabei ist die meist zutreffende Annahme gemacht, daß die Gesamtbreite der Sperrschicht, $x_n + x_p$, wesentlich kleiner als die Diffusionslänge der Löcher und Elektronen ist, daß also eine Rekombination in der Sperrschicht vernachlässigbar ist. Außerhalb der Sperrschicht, im p-Gebiet, nimmt der injizierte Elektronenstrom ab, da ihm ein Löcherstrom entgegenfließt, der eine Rekombination ermöglicht. In Bild 2.7 sind injizierte Ströme und Rekombinationsströme für Spannungen in Durchlaßrichtung angegeben.

Der gesamte Strom ist also die Summe der Löcher und Elektronenströme

$$I = A(j_n + j_p) \quad , \tag{2.9}$$

wobei A die Fläche der Sperrschicht ist. Der Gesamtstrom durch den pn-Übergang ist

$$I = I_s \left(e^{\frac{U}{U_T}} - 1 \right) \quad . \tag{2.10}$$

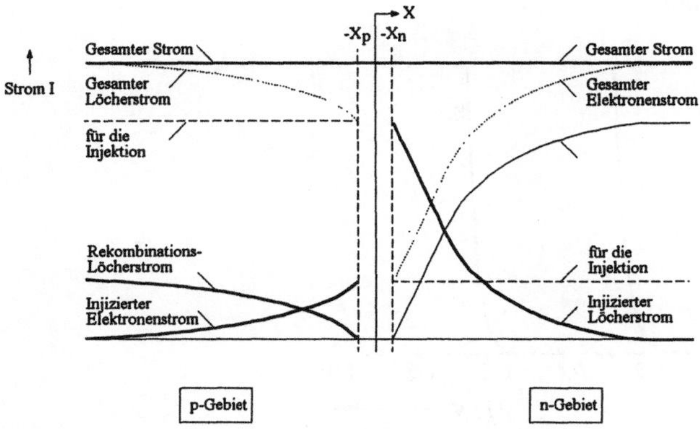

Bild 2.7 Skizze der Ortsabhängigkeiten der Injektions- und Rekombinationsströme und des Gesamtstromes

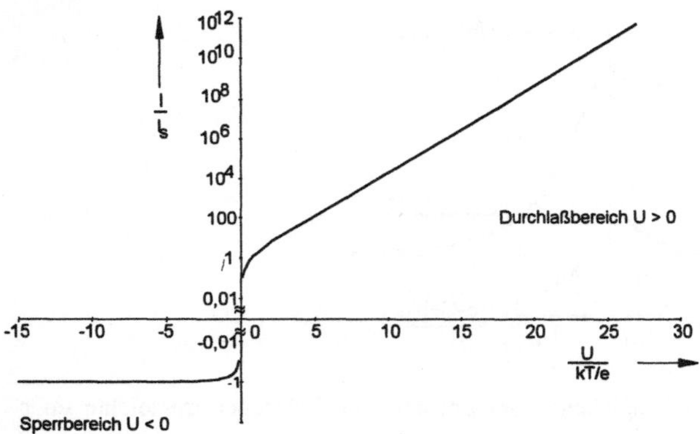

Bild 2.8 pn - Diodenkennlinie im halblogarithmischen Maßstab in Sperr- und Durchlaßrichtung

Man nennt ihn Diodenstrom. Er nimmt exponentiell mit der Spannung zu, wenn die positive Spannungsklemme mit der p-Schicht verbunden ist, wenn also die Diode in Durchlaßrichtung gepolt ist. In Sperrichtung, bei negativen Spannungen, erreicht er schnell den kleinen Sättigungswert

$$I_S = A \cdot e \left[\frac{D_n}{L_n} n_{p0} + \frac{D_p}{L_p} p_{n0} \right] \quad . \tag{2.11}$$

Eine Diodenkennlinie im halblogarithmischem Maßstab ist in Bild 2.8 gezeigt.

In Bild 2.9 sind Diodenkennlinien für Germanium und Silizium wiedergegeben. Bei der gewählten linearen Darstellung gehen die sehr kleinen Sättigungsströme des Sperrbereiches in der Zeichengenauigkeit unter.

Im Durchlaßbereich ist eine Diode oft niederohmig im Vergleich zu den Impedanzen des äußeren Schaltkreises, so daß die Reaktanzen der Diode vernachlässigt werden können. Im Sperrbereich dagegen ist es umgekehrt. Die Impedanz der Diode soll groß gegenüber der des äußeren Schaltkreises sein. Sie muß daher genauer untersucht werden.

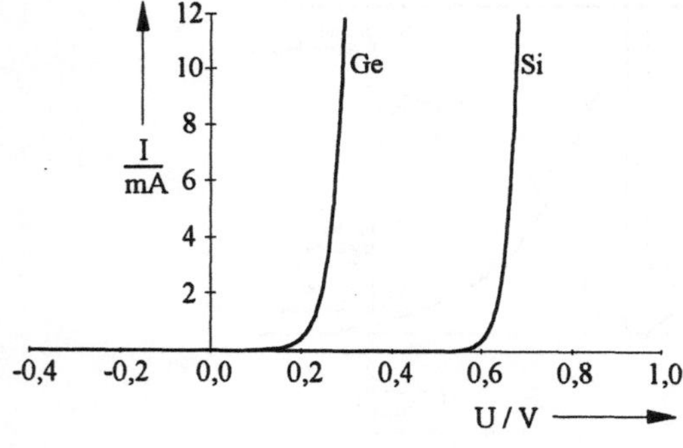

Bild 2.9 pn - Diodenkennlinien im linearen Maßstab für Germanium und Silizium

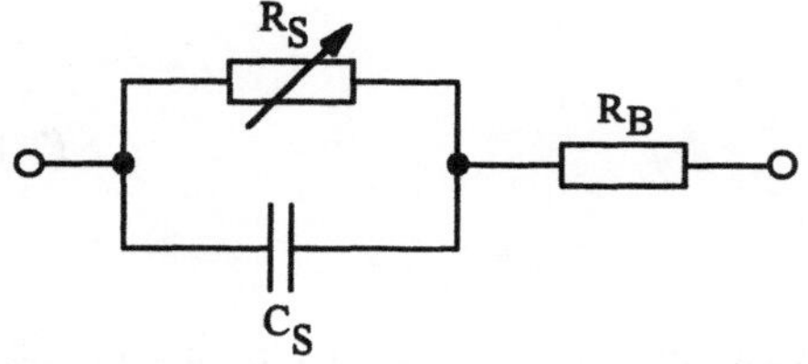

Bild 2.10   Elektrisches Ersatzschaltbild einer Diode

Der Sperrwiderstand R_S ist durch die Diodenkennlinie gegeben und damit spannungsabhängig. Parallel zu dem Sperrwiderstand liegt die sogenannte Sperrschichtkapazität C_S. Das Ersatzschaltbild einer Diode ist in Bild 2.10 zu sehen. Es enthält neben R_S, C_S auch den Bahnwiderstand R_B, der den Widerstand hauptsächlich im Halbleiter bis zum pn-Übergang beschreibt. Er ist bei einem Betrieb in Sperrichtung meist zu vernachlässigen, aber bei großen Strömen in Durchlaßrichtung zu berücksichtigen.

Die Sperrschichtkapazität ist definiert als die Ableitung der Raumladung Q nach der Spannung U_S in Sperrichtung, da die Ladung nicht linear von der Spannung abhängt:

$$C_S = \frac{dQ}{dU_S} \qquad (2.12)$$

Mit der gesamten Breite der Sperrschicht gemäß der Zusammenstellung in Tabelle 2.1

$$x_m = x_p + x_n \qquad (2.13)$$

kann man Gl. (2.12) als das Produkt zweier Differentialquotienten darstellen

$$C_S = \frac{dQ}{dx_m} \cdot \frac{dx_m}{dU_s} \qquad . \qquad (2.14)$$

Der erste Differentialquotient beschreibt die zusätzliche Ladung dQ durch eine Vergrößerung des Raumladungsvolumens um $A\, dx_n$

$$\frac{dQ}{dx_n} = eN_D \cdot A \qquad . \qquad (2.15)$$

Ferner ist nach Tabelle 2.1

$$x_m = x_n + x_p = x_n\left(1 + \frac{N_D}{N_A}\right) = x_n N_D\left(\frac{1}{N_D} + \frac{1}{N_A}\right) \qquad (2.16)$$

Damit wird

$$\frac{dQ}{dx_m} = \frac{e \cdot A}{\dfrac{1}{N_A} + \dfrac{1}{N_D}} \quad . \qquad (2.17)$$

Der zweite Differentialquotient beschreibt die Änderung der Breite der Sperrschicht mit der Sperrspannung. Entsprechend der letzten Gleichung in Tabelle 2.1 und mit $N_A\, x_p = N_D\, x_n$ erhält man

$$U_D + U_S = \frac{e}{2\varepsilon_0\varepsilon_r}(N_D \cdot x_n)x_m = \frac{e}{2\varepsilon_0\varepsilon_r}\frac{x_m^2}{\dfrac{1}{N_A} + \dfrac{1}{N_D}} \quad . \qquad (2.18)$$

Der Differentialquotient dx_m/dU_S ist jetzt leicht zu bilden. Man erhält nach einfachen Umrechnungen mit den Gln 2.14 und 17:

$$C_S = A\sqrt{\frac{1}{2}\varepsilon_0\varepsilon_r e\,\frac{N_D N_A}{N_D + N_A}\frac{1}{U_D + U_S}} = \varepsilon_0\varepsilon_r\frac{A}{x_m} \qquad (2.19a)$$

$$C_S = A\sqrt{\frac{1}{2}\varepsilon_0\varepsilon_r e N_D\,\frac{1}{U_D + U_S}} \quad , \qquad \text{für}\, N_D \ll N_A \qquad (2.19b)$$

Die Sperrschichtkapazität, die auch den Namen "Kapazität der Verarmungszone" trägt, nimmt also umgekehrt proportional mit der Wurzel aus der Spannung U_D+U_S ab.

Die Abhängigkeit der Sperrschichtkapazität von der Spannung $U = -U_S$ ist in Bild 2.11 für $p^+ = 10^{18}/cm^3$ und $n = 10^{15}/cm^3$ und $\varepsilon_{rSi} = 12$ aufgetragen. Mit diesen Werten wird· für $U = 0$ die Breite der Grenzschicht $x_m = 1\ \mu m$ und $C_{SF} = C_S/A = 10\ nF/cm^2$

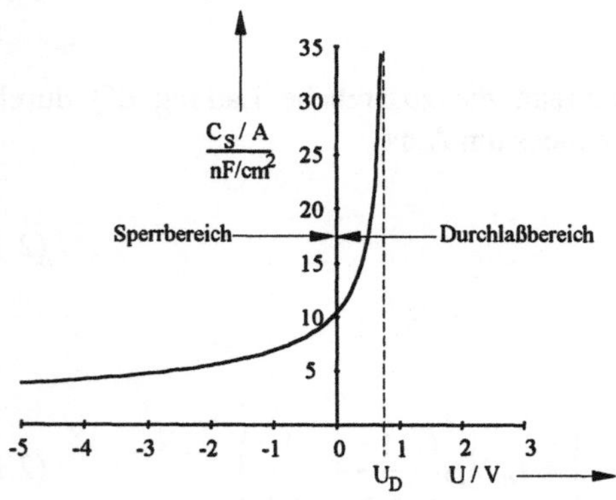

Bild 2.11 Sperrschichtkapazität pro Fläche einer Si-Diode in Abhängigkeit von der Spannung

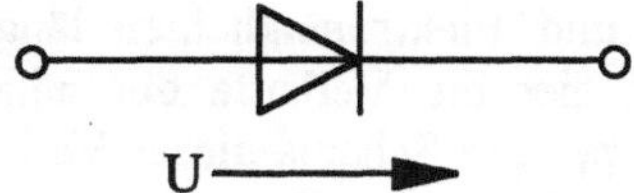

Bild 2.12 Schaltungssymbol einer Diode.

Das Schaltungssymbol einer Diode ist in Bild 2.12 zu sehen. Der Pfeil gibt die Richtung des konventionellen Stromes in Durchlaßrichtung der Diode an, d.h. die Richtung von der p- zur n-Schicht.

2.3 Bipolare Transistoren

2.3.1 Physikalische Struktur

Wesentliche Eigenschaften bipolarer Transistoren können mit Hilfe der Wechselwirkung von zwei pn-Übergängen in einer gemeinsamen Halbleiterschicht erklärt werden. Es handelt sich also um eine Anordnung von drei unterschiedlich dotierten Schichten des gleichen Halbleiters. Nach Bild 2.13 gibt es zwei verschiedene Schichtfolgen.

Man spricht von npn- und pnp-Typen, die verschiedene Eigenschaften haben. Im folgenden soll nur der npn-Typ beschrieben werden, da er in größerem Umfang eingesetzt wird.

Die Halbleiterschicht in der Mitte wird Basis genannt, die beiden anderen Emitter und Kollektor. Die drei Halbleiterschichten werden mit den Klemmen von zwei Batterien nach Bild 2.14 so verbunden, daß der linke Übergang in Vorwärtsrichtung und der rechte Übergang in Sperrichtung vorgespannt wird. Daher befindet sich die Umgebung der Grenzschichten der pn-Übergänge nicht mehr im thermischen Gleichgewicht, d.h. das Massenwirkungsgesetz gilt dort nicht mehr.

In Bild 2.14 sind die Vorspannungen an einem npn - Dreipol eingezeichnet. Am linken n_1p-Übergang mit seiner durch strichpunktierte Linien abgegrenzten kleineren Raumladungszone gelangen Elektronen vom Emitter in die Basis und Löcher von der Basis in den Emitter. Die Elektronen in der Basis sind injizierte Minoritätsträger und rekombinieren dort mit den Löchern als Majoritätsträger entsprechend ihrer Diffusionslänge L_n nach Gl. 2.7.

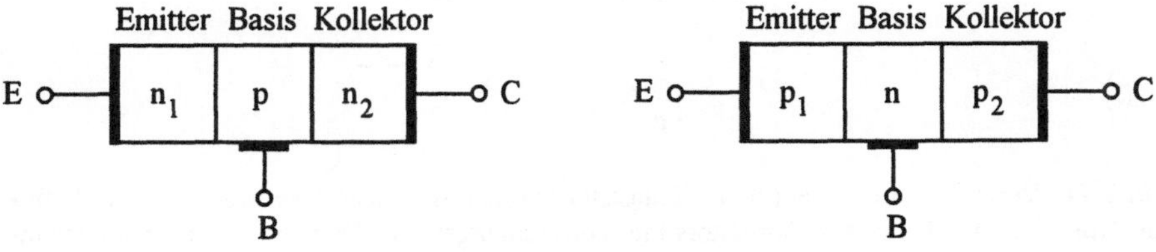

Bild 2.13 Schema eines npn - und eines pnp - Transistors

In Bild 2.14b sind die Verläufe der Dotierungsdichten N_A und N_D, die sich abrupt ändern sollen und die Verläufe der Löcher- und Elektronendichten längs der Schichtfolge skizziert. Besonders wichtig sind hier die Verläufe der injizierten Minoritätsträger in der Basis n_B und im Emitter p_E. Ein Schema dieser Verläufe in Anlehnung an Bild 2.14b ist in Bild 2.14c dargestellt. Da der Emitter eine wesentlich größere Zahl von Donatoren enthält als die Basis Akzeptoren, ist auch der injizierte Elektronenstrom $I_{En}(x_{Bl})$ bei x_{Bl} an der rechten Grenze der Raumladungszone in der Basis wesentlich größer als der injizierte Löcherstrom $I_{Ep}(x_E)$ im Emitter bei x_E. Der gesamte Emitterstrom I_E an der Stelle x_{Bl} wird also fast ausschließlich von Elektronen getragen.

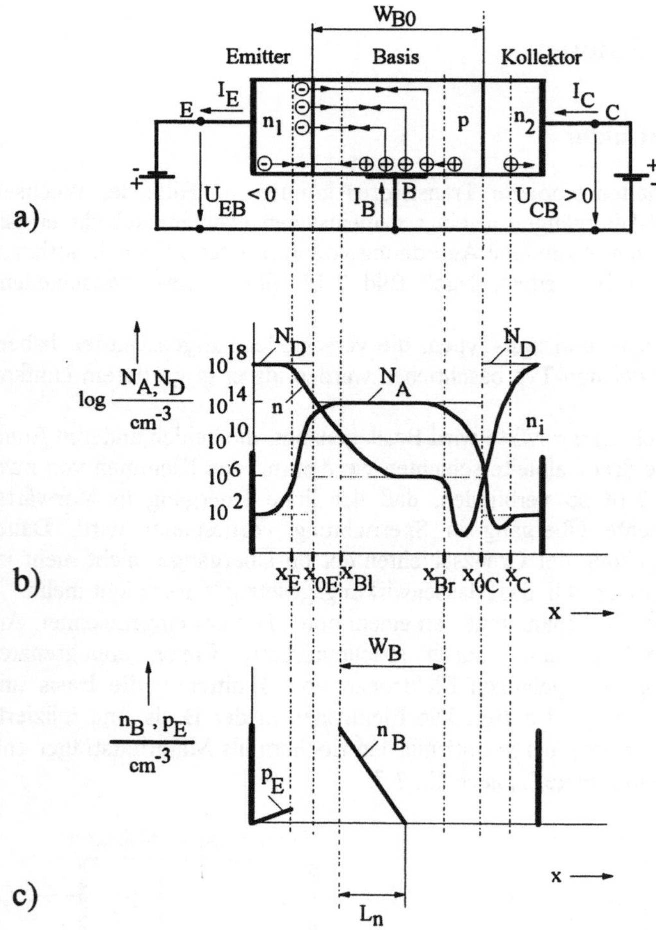

Bild 2.14 Verhältnisse in einem npn - Transistor bei dem die Basisdicke größer als die Diffusionslänge ist. a) Schema des Transistors mit Vorspannungen ; b) Dotierungs- und Ladungsträgerdichten über der Länge x im halblogarithmischen Maßstab ; c) Schema des Minoritätsladungsträgerverlaufs in der Basis der effektiven Weite w_B

Der sogenannte Emitterwirkungsgrad

$$\gamma_E = \frac{I_{En}(x_{B\ell})}{I_E} \tag{2.20}$$

ist nur wenig kleiner als 1.

In der Basis rekombinieren alle injizierten Elektronen mit den Löchern, wenn der Abstand der Raumladungszonen w_1 nach Bild 2.14, das heißt die effektive Basisbreite wesentlich größer als die Diffusionslänge L_n ist. In diesem Fall verwandelt sich der Elektronenstrom bei x_{Bl} an der Raumladungsgrenze in einen Löcherstrom vor dem Basisanschluß.

Der Emitterstrom ist gleich dem Basisstrom, da der Strom durch den gesperrten rechten pn-Übergang vernachlässigt werden kann.

In diesem Fall für $w_B \gg L_N$ kann die integrierte Struktur aus drei Schichten in Bild 2.14 durch das elektrische Ersatzschaltbild aus zwei konzentrierten Dioden nach Bild 2.15, die gegeneinander geschaltet sind, dargestellt werden.

Diese Diodenschaltung unterscheidet sich noch wesentlich von dem Ersatzschaltbild eines Transistors. Ein Transistoreffekt tritt erst auf, wenn die den beiden Dioden gemeinsame Basisschicht eine Breite $w_1 < L_N$ hat, so daß ein Teil der injizierten Elektronen nicht mehr in der Basis durch Rekombination verschwindet, sondern bis an den Rand der Raumladungszone am Kollektor diffundiert.

Dort werden diese Elektronen von dem elektrischen Feld der Raumladungszone erfaßt und in Richtung des positiv gepolten Kollektors bewegt. Da die rechte n-Schicht injizierte Elektronen aufsammelt, wird sie Kollektor genannt.

Die Verhältnisse für $w_B \ll L_N$ sind in Bild 2.16 für einen symmetrischen Transistor skizziert, bei dem die Dotierungen von Kollektor und Emitter gleich groß sind.

Für $w_B \ll L_N$ gelangt der größte Teil der injizierten Elektronen durch die Basis in den Kollektor. Jetzt ist der Emitterstrom nur wenig kleiner als der Kollektorstrom:

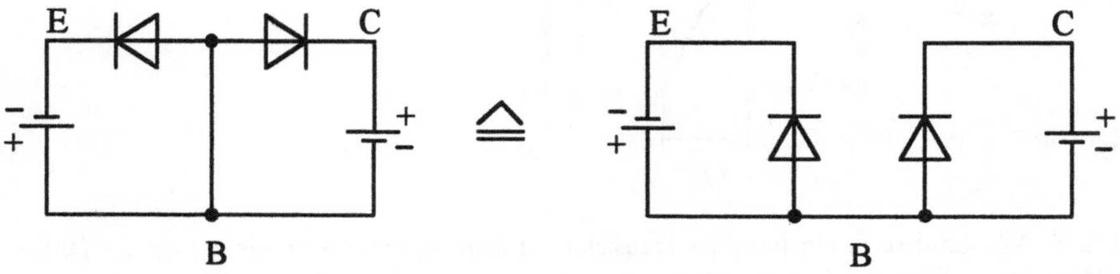

Bild 2.15 Ersatzschaltbild einer npn - Schichtfolge mit zwei Dioden, falls die p - dotierte Basisschicht wesentlich dicker als die Diffusionslänge ist

$$I_C = A\,I_E \quad , \quad A < 1 \quad .$$

(2.21)

A wird statischer Stromverstärkungsfaktor oder Gleichstromverstärkungsfaktor genannt. α ist der dynamische oder differentielle Stromverstärkungsfaktor.

Bei geeigneter Wahl der Dotierungen und der Geometrie der Transistorschichten kann $A \approx 0{,}99$ sein. Der Basisstrom muß die Differenz von Emitter- und Kollektorstrom sein.

$$I_B = I_E - I_C = I_E(1{-}A) \quad .$$

(2.22)

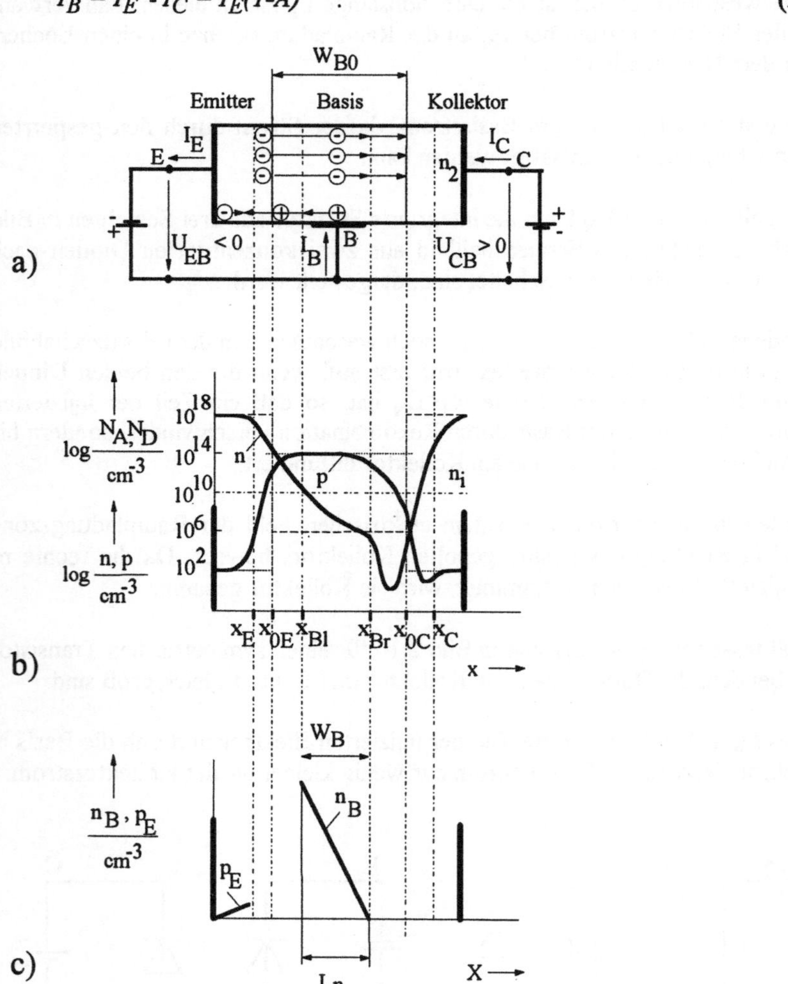

Bild 2.16 Verhältnisse in einem npn - Transistor bei dem die Basisdicke kleiner als die Diffusionslänge ist. a) Schema des Transistors mit Vorspannungen ; b) Dotierungs- und Ladungsträgerdichten über der Länge x im halblogarithmischen Maßstab ; c) Schema des Minoritätsladungsträgerverlaufs in der Basis der effektiven Weite w_B

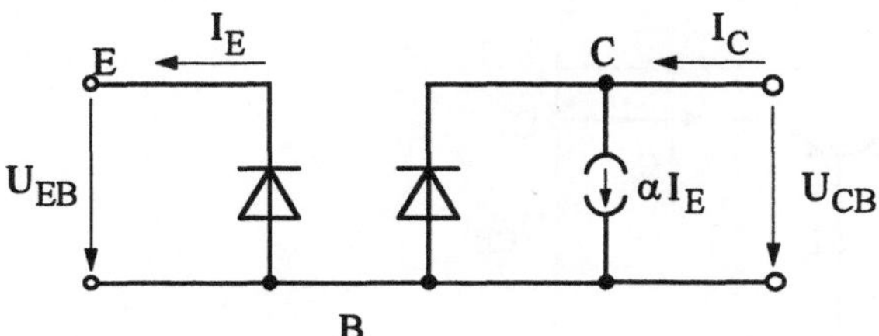

Bild 2.17 Ersatzschaltbild eines npn - Transistors mit zwei Dioden und einer Konstantstromquelle

Er ist für A = 0,99 wesentlich kleiner als der Emitterstrom im Gegensatz zu dem Fall $w_B \gg L_N$. Der Basisstrom setzt sich aus Löchern zusammen, von denen ein Teil in den Emitter injiziert wird und ein anderer Teil mit einem Rest von injizierten Elektronen im Basisraum rekombiniert.

Das Ersatzschaltbild eines npn-Transistors besteht in erster Näherung aus zwei Dioden und einer idealen Stromquelle, die durch den Emitterstrom gesteuert wird. Es ist in Bild 2.17 skizziert.

2.3.2 Grundschaltungen mit bipolaren Transistoren

Das Schaltzeichen eines npn-Transistors ist in Bild 2.18a zu sehen. Der Pfeil gibt die konventionelle Stromrichtung (von positiven Ladungsträgern) des Emitterstromes in Durchlaßrichtung der emitterseitigen pn-Diode an. Entsprechend zeigt der Pfeil im Schaltzeichen eines pnp-Transistors in Bild 2.18b zur Basis hin.

Die willkürliche Festlegung der positiven Zählrichtungen der Spannungen und konventionellen Ströme wird so vorgenommen, daß sich im normalen Betriebsfall positive Größen ergeben.

Die entsprechenden Ströme und Spannungen eines npn-Transistors sind in Bild 2.19 eingezeichnet. Der erste Index der Spannungen bezeichnet immer das angenommene größere Potential und der zweite Index das kleinere Potential. Beispielsweise gilt $U_{BE} = -U_{EB}$.

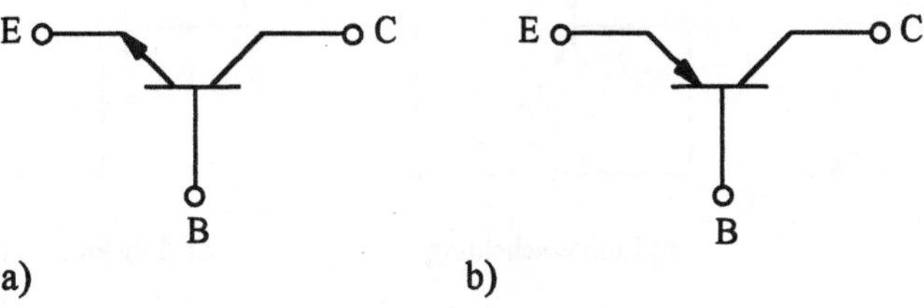

Bild 2.18 Transistorsymbole. a) npn - Transistor ; b) pnp - Transistor

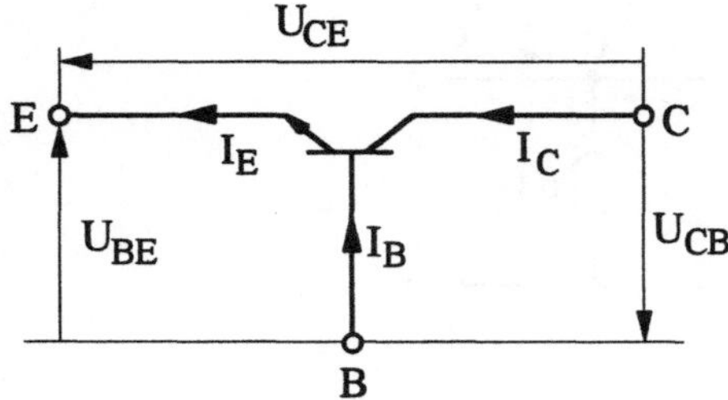

Bild 2.19 Positive Zählrichtungen der konventionellen Ströme und Spannungen bei einem npn - Transistor

Transistoren können im Sinne des Ersatzschaltbildes nach Bild 2.17 als Vierpol aufgefaßt werden. Man spricht von einer Basisschaltung, wenn der Basisanschluß die durchgehende Elektrode zwischen Eingang und Ausgang ist. Eine Basis-, Emitter- und Koilektor-Schaltung sind in Bild 2.20 zu sehen, die jeweils verschiedene Eigenschaften haben.

Die Beschreibung der Transistoreigenschaften ist in der Regel mit einigem Aufwand verbunden, da Eingangs- und Ausgangsgrößen in nichtlinearer Weise zusammenhängen. Beispielsweise wird der Eingangswiderstand $R_E = U_{BE}/I_E$ annähernd durch eine Diodenkennlinie, d.h. durch eine Exponentialfunktion beschrieben.
Daher arbeitet man gerne mit graphischen Darstellungen, die gemessene Abhängigkeiten wiedergeben.

Zur Basisschaltung eines npn-Transistors nach Bild 2.20a gehört das Eingangskennliniendiagramm in Bild 2.21. Im gewählten linearen Maßstab ist der Emitterstrom unterhalb der "Knickspannung" von 0,5 Volt verschwindend klein. Nur der interessante Aussteuerungsbereich $0{,}55 < U_{BE}/V < 0{,}65$ zeigt den Einfluß der Kollektor-Basis-Spannung. Bei starker Injektion, also großen Basis-Emitter-Spannungen, wächst der Emitterstrom mit der Kollektor-Basis-Spannung an, da mit breiterwerdender Kollektor-Sperrschicht noch mehr injizierte Elektronen den Kollektor erreichen und noch weniger Elektronen nach Rekombination als Basisstrom abfließen.

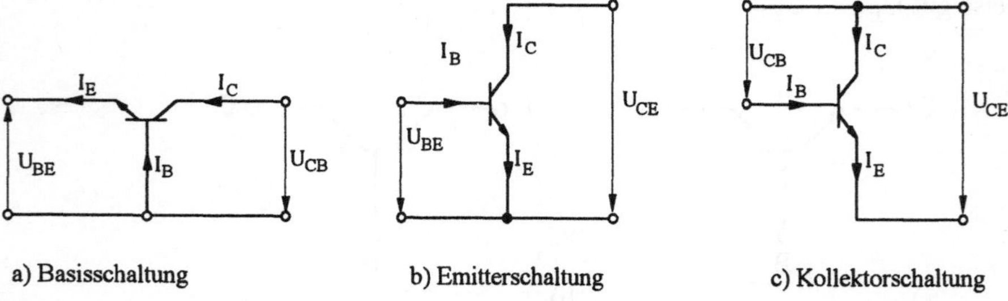

a) Basisschaltung   b) Emitterschaltung   c) Kollektorschaltung

Bild 2.20 Drei Grundschaltungen eines npn - Transistors mit den positiven Zählrichtungen

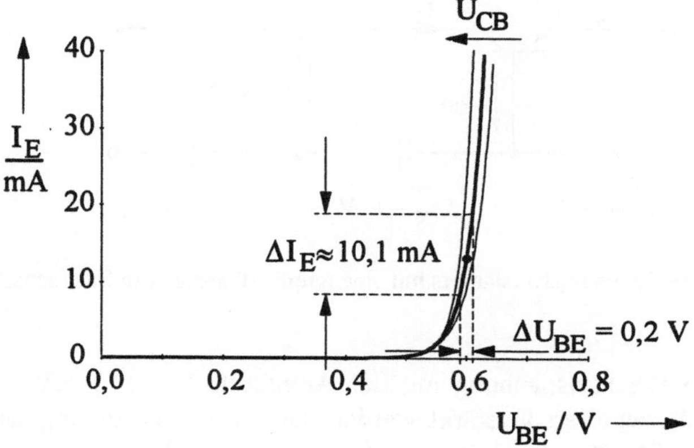

Bild 2.21 Eingangskennlinienfeld eines npn - Transistors in Basisschaltung mit der Kollektor-Basis-Spannung als Parameter

Das zu Bild 2.21 gehörende Ausgangskennlinienfeld des npn-Transistors ist im Bild 2.22 zu sehen. Es ist der Kollektor-Strom über der Kollektor-Basis-Spannung mit der Basis-Emitter-Spannung als Parameter aufgetragen. Der Kollektor-Strom steigt nur geringfügig mit der Kollektor-Basis-Spannung an. Dagegen nimmt erwartungsgemäß der Kollektor-Strom sehr stark mit der Basis-Emitter-Spannung zu, da der Stromverstärkungsfaktor nur wenig kleiner als 1 ist.

Mit den beiden Kennlinienfeldern in den Bildern 2.21 und 2.22 soll als Beispiel die Spannungsverstärkung des npn-Transistors in der Basis-Schaltung nach Bild 2.23 ermittelt werden.

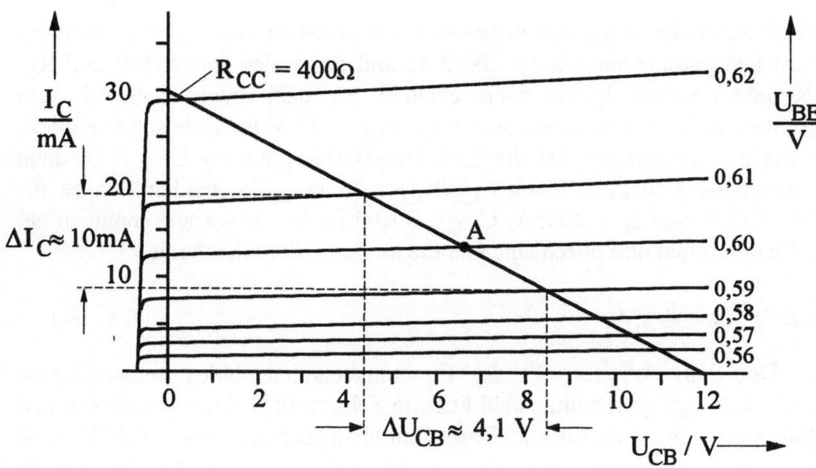

Bild 2.22 Ausgangskennlinienfeld eines npn - Transistors in Basisschaltung mit der Basis-Emitter-Spannung am Eingang als Parameter

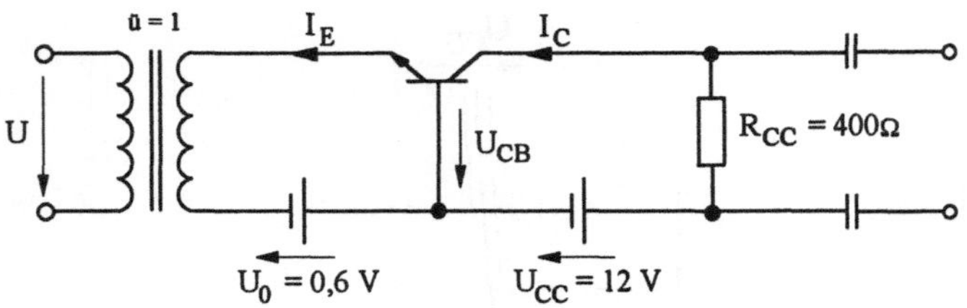

Bild 2.23 Schaltbild eines Spannungsverstärkers mit einem npn - Transistor in Basisschaltung

Eine niederfrequente Wechselspannung mit der Amplitude $U = \pm 10$ mV soll auf einen wesentlich größeren Wert verstärkt werden. Die Wechselspannung wird am Eingang eines idealen Transformators mit den Übersetzungsverhältnissen ü = 1 eingespeist. Auf der Sekundärseite des Transformators ist eine Gleichspannungsquelle und die Emitter-Basis-Strecke eines npn-Transistors in Reihe geschaltet. Auf diese Weise überlagern sich die Gleichspannung und die auf der Primärseite des Transformators eingespeiste Wechselspannung. Mit der Gleichspannung $U_0 = 0{,}6$ V wird der Arbeitspunkt A des Verstärkers in dem Eingangskennlinienfeld nach Bild 2.21 oberhalb der Knickspannung bei dem Emitterstrom $I_E = 13{,}3$ mA festgelegt. Um den Arbeitspunkt schwankt also die Wechselspannung mit $\pm$ 10 mV. Die gesamte Änderung des Emitter-Stromes infolge der Wechselspannung ist $\Delta I_E = 10{,}1$ mA.

Am Ausgang des npn-Transistors ist eine Gleichspannung $U_{CC} = 12$ V in Reihe mit einem ohmschen Lastwiderstand $R_{CC} = 400$ Ω vorgesehen. Die Koppelkondensatoren am Ausgang sollten für die Frequenz f der Wechselspannung eine nahezu vernachlässigbar kleine Reaktanz darstellen und gleichzeitig die Gleichspannung U_{CC} vom Ausgang des Verstärkers fernhalten.

Die Kollektor-Basis-Spannung am Ausgang des Transistors wird einmal bestimmt durch das Ausgangskennlinienfeld in Bild 2.22 und durch den Lastwiderstand R_L. Ist der Kollektor-Strom $I_C = 0$, dann entsteht an dem Lastwiderstand kein Spannungsabfall und die volle Speisespannung $U_{CC} = 12$ V liegt zwischen Kollektor und Basis des Transistors. Ist die Kollektor-Basis-Spannung $U_{CB} = 0$, dann fließt der maximale Kollektor-Strom $U_{CC}/R_{CC} = 30$ mA. Die beiden Punkte für $I_C = 0$, $U_{CC} = 12$ V und $I_C = 30$ mA, $U_{CC} = 0$ sind in das Ausgangskennlinienfeld in Bild 2.22 eingetragen und durch eine Gerade im Sinne der Gleichung

$$U_{CB} = U_{CC} - R_{CC}\, I_C \qquad\qquad (2.23)$$

verbunden. Der dem Arbeitspunkt des Eingangskennlinienfeldes entsprechende Arbeitspunkt im Ausgangskennlinienfeld liegt im Schnittpunkt der Lastgeraden und der Kennlinie des Transistors für eine Basis-Emitter-Spannung $U_{BE} = 0{,}60$V. Eine Änderung der Eingangswechselspannung um ± 10 mV d.h. um $\Delta U_{BE} = 0{,}02$ V führt auf eine wesentlich größere Spannungsänderung am Lastwiderstand $\Delta U_{CB} = 4{,}1$ V.

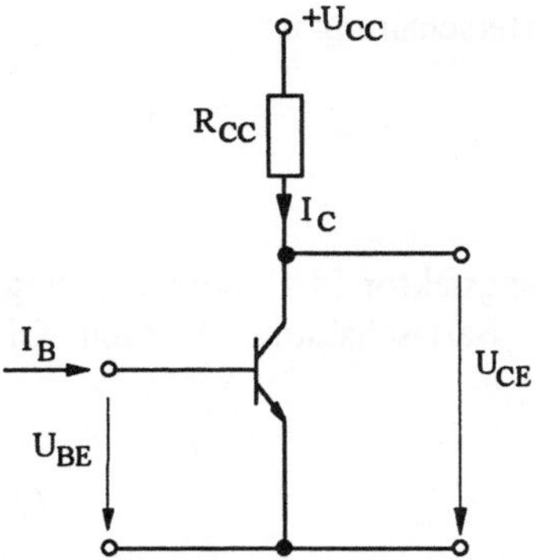

Bild 2.24 Ersatzschaltbild eines Inverters in Emitterschaltung

Die erzielte Spannungsverstärkung ist demnach

$$V = \frac{\Delta U_{CB}}{\Delta U_{BE}} = \frac{4,1}{0,02} = 205 \qquad (2.24)$$

Eine Emitterschaltung mit einem npn-Transistor und einem Lastwiderstand R_{CC} ist im Bild 2.24 gezeigt.

Es wird nur eine Spannungsquelle gebraucht. Der positive Pol der Spannungsquelle ist mit dem einen Ende des Widerstandes R_{CC} und der negative Pol mit dem Emitter des Transistors verbunden. Mit kleinen Basisströmen am Eingang können sehr große Änderungen des Kollektorstroms hervorgerufen werden.

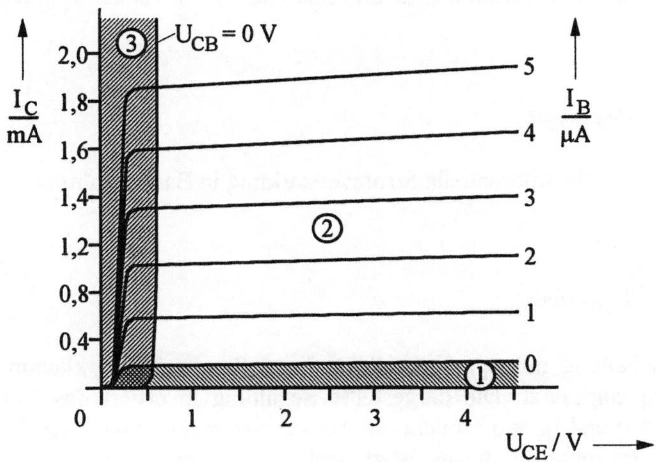

Bild 2.25 Ausgangskennlinienfeld eines Inverters mit einem npn - Transistor in Emitterschaltung. Parameter ist der Basisstrom. (1) Sperrbereich, (2) Arbeitsbereich und (3) Sättigungsbereich

Der statische Stromverstärkungsfaktor in Emitterschaltung ist

$$B = \frac{I_C}{I_B} = \frac{I_C}{I_E - I_C} \ . \tag{2.25}$$

Damit läßt sich der statische Stromverstärkungsfaktor in Emitterschaltung durch den statischen Stromverstärkungsfaktor in Basisschaltung A nach Gl. 2.21 ausdrücken:

$$B = \frac{A}{1 - A} \tag{2.26}$$

Beispielsweise ist B = 100 für A = 0,99. Aus diesen Gründen ist auch der Eingangswiderstand in Emitterschaltung wesentlich größer als der in Basisschaltung. Das Kleinsignal-Ausgangskennlinienfeld eines npn-Transistors vom Typ BC 548C in Emitterschaltung d.h. I_C über U_{CE} ist in Bild 2.25 gezeigt.

Man unterscheidet drei Bereiche:

1. den Sperrbereich für vernachlässigbar kleine Basis-Ströme,
2. den Arbeitsbereich, in dem die Emitter-Basis-Diode in Vorwärtsrichtung und die Kollektor - Basis-Diode in Sperrichtung vorgespannt sind,
3. den Übersteuerungsbereich oder Sättigungsbereich, in dem beide Dioden des Transistors in Durchlaßrichtung betrieben werden.

Die statische Stromverstärkung bei konstanter Kollektor-Emitterspannung ändert sich geringfügig in Abhängigkeit von dem Basisstrom. Für Kleinsignalaussteuerungen ist daher die Definition einer differentiellen Stromverstärkung nützlich

$$\beta_d = \frac{\partial I_C}{\partial I_B}\bigg|_{U_{CE}=const} \ . \tag{2.27a}$$

Entsprechend gilt für die differentielle Stromverstärkung in Basisschaltung

$$\alpha_d = \frac{\partial I_C}{\partial I_E}\bigg|_{U_{CB}=const} \ . \tag{2.27b}$$

Die Emitterschaltung mit npn-Transistoren wird für die Verwirklichung logischer Funktionen eingesetzt. Die dargestellte Schaltung invertiert das Eingangssignal. Für U_{BE} = 0 und I_B = 0 erreicht die Ausgangsspannung zwischen Kollektor und Emitter den maximal möglichen Wert, andererseits wird eine positive Basis-Emitter-Spannung einen großen Kollektorstrom zur Folge haben, der in dem Lastwiderstand R_{CC} einen großen Spannungsabfall hervorruft. Dadurch erreicht die Kollektor-Emitter-Spannung ein Minimum.

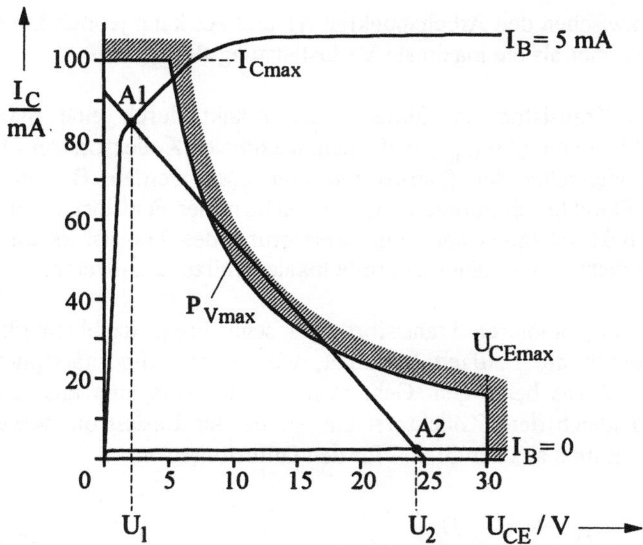

Bild 2.26 Ausgangskennlinien eines npn - Transistors in Emitterschaltung mit einer linearen
Lastkennlinie und mit den maximal zulässigen Strömen und Spannungen im Dauerbetrieb

Die Konstruktion der Lastgeraden kann nach dem gleichen Verfahren vorgenommen werden, das anhand der Basisschaltung bereits beschrieben worden ist:

$$U_{CE} = U_{CC} - I_C R_{CC} \qquad (2.28)$$

In Bild 2.26 sind wesentliche Kennlinien eines npn-Transistors in Emitterschaltung
gezeigt.

Die Lastgerade infolge des Widerstands R_{CC} führt auf die beiden Schnittpunkte
A1 und A2 für die Basisströme $I_B = 5$ mA und $I_B = 0$. Die beiden Arbeitspunkte A1
und A2 entsprechen den beiden Stellungen eines elektronischen Schalters, der bei
A1 eingeschaltet und bei A2 ausgeschaltet ist. Das Verhältnis der Widerstände in
den beiden Schalterstellungen ist im Gegensatz zu einem mechanischen Schalter
nicht unendlich groß, sondern endlich.

Die thermische Belastung der Transistoren darf eine gewisse Grenze nicht überschreiten, da der spezifische Widerstand von Halbleitern einen negativen Tempera-
turkoeffizienten besitzt, der zu einer Konzentration der Ströme auf heißen Stellen
führt. Siliziumtransistoren sollen eine Temperatur von 150° nicht überschreiten. Die
maximal zulässige Verlustleistung ist $P_{Vmax} = I_C \cdot U_{CE}$, wobei die Verluste im
hochohmigen Eingangskreis vernachlässigt werden können. Die Hersteller von
Transistoren geben die maximale Verlustleistung an. Im Ausgangskennlinienfeld
eines pnp-Transistors erscheint die maximal zulässige Verlustleistung als eine
Hyperbel. Unterhalb des gestrichelten Bereiches ist ein Dauerbetrieb möglich, d.h.
die Arbeitspunkte A1 und A2 müssen unterhalb der Grenzleistungshyperbel liegen.

Beim Umschalten zwischen den Arbeitspunkten A1 und A2 kann jedoch kurzzeitig die Verlustleistung höher als die maximale Verlustleistung P_{Vmax} sein.

Der Betrieb eines Transistors ist ferner eingeschränkt durch eine maximale Kollektor- Emitter-Spannung U_{CEmax} und einem maximalen Kollektorstrom I_{Cmax}, die ebenfalls vom Hersteller der Transistoren angegeben werden. Bei zu hoher Spannung tritt ein Durchbruch infolge zu großer elektrischer Feldstärken auf. Und bei zu großen Kollektorströmen kann eine Zerstörung des Transistors durch zu große lokale Stromdichten und damit zu große lokale Erhitzung auftreten.

Die Umschaltzeit eines bipolaren Transistors oder seine Frequenzabhängigkeit ist im wesentlichen durch die Laufzeit bestimmt, welche die Minoritätsträger zur Diffusion durch die Basis benötigen. Geht man von der Annahme aus, daß der Emitterstrom etwa gleich dem Kollektorstrom ist, da der Basisstrom wesentlich kleiner ist, so erkennt man aus der Gl. 2.8 für den Diffusionsstrom

$$I_E \approx I_C = -e \cdot D_n \frac{dn_{pU}}{dx} \approx \frac{D_n}{w_B}\left(A \cdot e \cdot n_{p0} \cdot e^{\frac{U_{BE}}{U_T}} \right) \quad , \tag{2.29}$$

daß die Minoritätsträgerdichte von der Emitter-Sperrschicht zur Kollektor-Sperrschicht linear abfallen muß. Denn bei einem nichtlinearen Abfall der Minoritätsträgerdichte würde der Diffusionsstrom sich entlang der Basis ändern und einen großen Basis-Strom hervorrufen. Die Ladung in der Basis ist also bei einem linearen Abfall:

$$Q_B \approx \frac{e \cdot n_{pU} \cdot w_B}{2} A = \frac{w_B}{2}\left(A \cdot e \cdot n_{p0} \cdot e^{\frac{U_{BE}}{U_T}} \right) . \tag{2.30}$$

Mit der Näherung 2.29 läßt sich die Basis-Ladung auch durch den Kollektor-Strom ausdrücken:

$$Q_B \approx \frac{w_B}{2} I_C \frac{w_B}{D_n} = \frac{w_B^2}{2D_n} I_C = \tau_B \cdot I_C \quad . \tag{2.31}$$

Die Zeitkonstante

$$\tau_B = \frac{w_B^2}{2D_n} = \frac{w_B^2}{2\mu_n U_T} \tag{2.32}$$

wird Basislaufzeit genannt. Sie kann durch Miniaturisierung der effektiven Basis-Breite sehr stark verkleinert werden. Da sie der Diffusionskonstante, bzw. der Beweglichkeit der Minoritätsträger umgekehrt proportional ist, führen Elektronen als Minoritätsträger in bipolaren Transistoren auf kürzere Basislaufzeiten als Löcher.

Bei gleicher effektiver Basisbreite w_B haben also npn-Transistoren kürzere Umschaltzeiten als pnp-Transistoren.

Die Minoritätsträger in der Basis haben eine mittlere Lebensdauer τ_n, nach der sie mit Löchern rekombinieren.

Der Rekombinationsstrom von Löchern, der von dem Basis-Anschluß geliefert wird, ist gerade so groß, daß das Verhältnis Q_B/τ_n sich nicht ändert. Ändert sich die Ladung Q_B mit der Zeit, z.B. durch eine Änderung der Basis-Emitter-Spannung, so fließt ein Zusatzstrom. Der Basis-Strom setzt sich also aus zwei Komponenten zusammen:

$$I_B = \frac{Q_B}{\tau_n} + \frac{dQ_B}{dt} \tag{2.33}$$

Die gesuchte Abhängigkeit zwischen Kollektor- und Basis-Strom gewinnt man durch Einsetzung von Gl. 2.31 in Gl. 2.33

$$I_B \approx \frac{\tau_B}{\tau_n} I_C + \tau_B \frac{dI_C}{dt} \quad . \tag{2.34}$$

Mit dem Ansatz für sinusförmige Ströme

$$I_B = \hat{I}_B e^{j\omega t} \quad \text{und} \quad I_C = \hat{I}_C e^{j\omega t} \tag{2.35}$$

wird der Stromverstärkungsfaktor in Emitter-Schaltung

$$\beta = \frac{\hat{I}_C}{\hat{I}_B} \approx \frac{1}{\dfrac{\tau_B}{\tau_n} + j\omega\tau_B} \quad . \tag{2.36}$$

Für $\omega = 0$ erhält man den Gleichstromverstärkungsfaktor

$$\beta_0 = \frac{\tau_n}{\tau_B} \approx B \quad . \tag{2.37}$$

Damit läßt sich der Stromverstärkungsfaktor in übersichtlicher Form angeben:

$$\beta \approx \frac{\beta_0}{1 + j\omega\tau_B\beta_0} \quad . \tag{2.38}$$

Die Frequenzabhängigkeit der Stromverstärkung in Emitterschaltung ist in doppellogarithmischer Darstellung in Bild 2.27 gezeigt.

Gegen niedrige Frequenzen wird die Stromverstärkung β durch β_0 bestimmt. Gegen große Frequenzen, d.h. für $1 \ll \omega\tau_B\beta_0$, nimmt die Stromverstärkung β mit $1/\omega$ ab. Auf doppellogarithmischem Papier ergibt sich eine Steigung von -1.

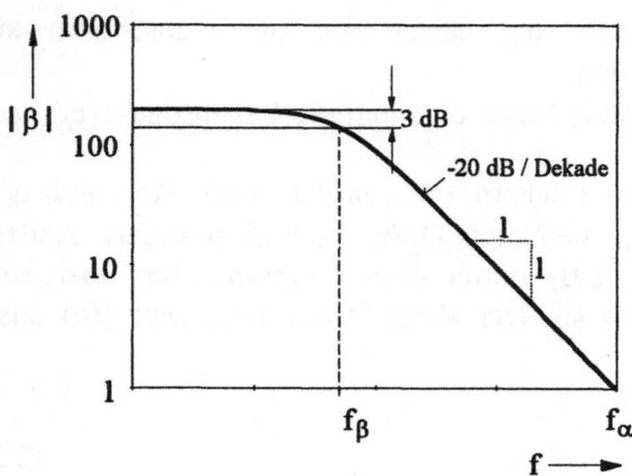

Bild 2.27 Graphische Bestimmung der Grenzfrequenz mit Hilfe der doppellogarithmischen Darstellung des Frequenzganges der Stromverstärkung

Man spricht auch von einem Abfall mit 6 dB pro Oktave oder 20 dB pro Dekade. Die Grenzfrequenz ist erreicht, wenn die Stromverstärkung auf 70,7%, d.h. um 3 dB abgesunken ist. Nach Gl. 2.38 ist dies der Fall für $\omega\tau_B\beta_0 = 1$ oder

$$f_\beta = \frac{1}{2\pi\tau_B\beta_0} \quad . \tag{2.39}$$

Die 3 dB Grenzfrequenz der Stromverstärkung in Basis-Schaltung α läßt sich aus der Stromverstärkung in Emitterschaltung nach Gl. 2.26 ableiten. Es ist

$$\alpha = \frac{\beta}{1+\beta} \quad . \tag{2.40}$$

Mit Gl. 2.33 wird

$$\alpha = \frac{\beta_0}{1+\beta_0} \frac{1}{1+\dfrac{j\omega\tau_B\beta_0}{1+\beta_0}} \quad . \tag{2.41}$$

Für $\beta_0 > 100$ erhält man die sehr gute Näherung

$$\alpha \approx \frac{\alpha_0}{1+j\omega\tau_B} \quad . \tag{2.42}$$

Es ist daher sinnvoll, die 3 dB Grenzfrequenz in Basis-Schaltung nach folgender Gleichung zu definieren:

$$f_\alpha = \frac{1}{2\pi\tau_B} = \beta_0 \cdot f_\beta \quad . \tag{2.43}$$

Sie ist also β_0 mal größer als die 3 dB Grenzfrequenz in Emitter-Schaltung. Die Basisschaltung hat also eine wesentlich größere Tiefpaß-Bandbreite als die Emitterschaltung. Die 3 dB Grenzfrequenz in Basis-Schaltung wird auch Transitfrequenz genannt, da sie der Basis-Laufzeit umgekehrt proportional ist. Für $f = f_\alpha$ und $\beta_0 > 100$ wird der Betrag der Stromverstärkung in Emitter-Schaltung gerade 1.

2.3.3 Ladungssteuerungsmodell

Zur Abschätzung von Einschwingvorgängen von bipolaren Transistoren wird häufig das sogenannte Ladungssteuerungsmodell verwendet. Es geht aus von der stark vereinfachten Annahme, daß die drei statischen Ströme I_E, I_C, I_B durch eine Basisladung und drei Zeitkonstanten dargestellt werden können.

$$I_C = \frac{Q}{\tau_C}$$

$$I_B = \frac{Q}{\tau_B} \tag{2.44}$$

$$I_E = \frac{Q}{\tau_E}$$

Mit der Kirchhoff'schen Beziehung

$$I_E = I_C + I_B \tag{2.45}$$

wird der Zusammenhang zwischen den Zeitkonstanten deutlich:

$$\frac{1}{\tau_E} = \frac{1}{\tau_C} + \frac{1}{\tau_B} \quad . \tag{2.46}$$

Die zeitlich veränderlichen Ströme sollen von der zeitlich veränderlichen Ladung $q(t)$ abhängen. Der Basisstrom setzt sich aus dem Rekombinationsstrom q/τ_B zur Aufrechterhaltung der Basisladung und aus dq/dt zur Änderung der Basisladung zusammen. Da der Basisstrom über den Emitter abfließt, muß der Emitterstrom wie der Basisstrom neben $q(t)$ auch dq/dt enthalten:

$$i_B = \frac{q}{\tau_B} + \frac{dq}{dt} \tag{2.47}$$

$$i_E = \frac{q}{\tau_E} + \frac{dq}{dt} \quad . \tag{2.48}$$

Der dynamische Kollektorstrom ist infolgedessen

$$i_C = i_E - i_B = \frac{q}{\tau_E} - \frac{q}{\tau_B} = \frac{q}{\tau_C} \tag{2.49}$$

der Ladung q(t) proportional und unabhängig von der ersten Ableitung der Ladung, da er ein Diffusionsstrom ist. Dabei wird die Zeit zum örtlichen Aufbau des Ladungsdreiecks der Minoritätsträger in der Basis nach Bild 2.16 vernachlässigt.
Die Gleichungen 2.47 und 2.48 sind inhomogene Differentialgleichungen erster Ordnung, die nach der Methode der Variation der Konstanten gelöst werden können. Für τ_B = const. gilt:

$$q(t) = e^{-t/\tau_B} \left[\int_0^t e^{\frac{t'}{\tau_B}} \cdot i_B(t')dt' + q(0) \right] . \tag{2.50}$$

2.3.4 Der gesättigte Transistorinverter

Das Schaltverhalten einer Inverterstufe in Emitterschaltung wird durch die Belastungen am Eingang und Ausgang bestimmt.
Am Eingang wird ein Basisvorwiderstand R_B zur Begrenzung des Basisstromes nach Bild 2.28a vorgesehen, so daß der Sättigungsbereich des Transistors nach Bild 2.25 nicht durchlaufen wird. Falls der Basiswiderstand des Transistors $r_B \ll R_B$ ist, kann der Basisstrom i_B als eingeprägt angesehen werden. Er soll zum Zeitpunkt t=0 auf den Wert U_I/R_B sprungförmig ansteigen. Dann lautet die entsprechende Differentialgleichung

$$i_B = \frac{U_I}{R_B} = \frac{q}{\tau_B} + \frac{dq}{dt} \qquad . \tag{2.51}$$

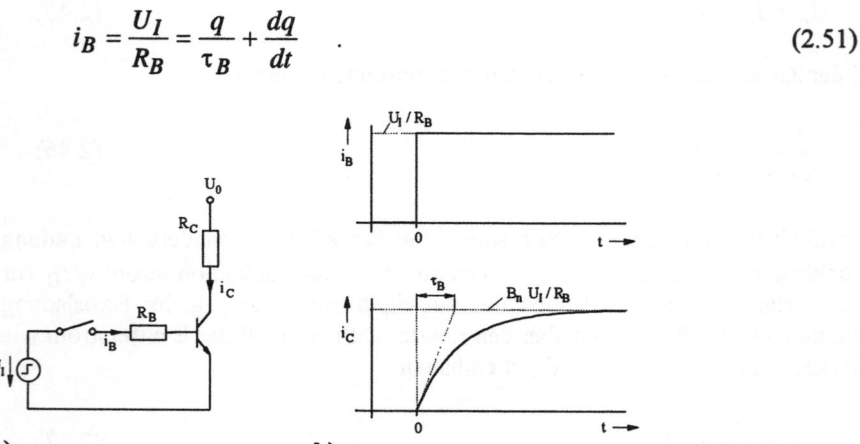

Bild 2.28 Einschaltverhalten eines bipolaren Transistors in Emitterschaltung. a) Schaltbild mit Lastwiderstand R_C und Basiswiderstand R_B; b) Zeitabhängigkeit der Ströme am Eingang und Ausgang

Sie kann durch den Ansatz 2.50 und der Anfangsbedingung q(t) = 0 bei t = 0 gelöst
werden:

$$q(t) = \tau_B \frac{U_I}{R_B}\left(1 - e^{-t/\tau_B}\right) \qquad\qquad (2.51a)$$

Mit $i_C = q(t)/\tau_C$ und $B = I_C/I_B = \tau_B/\tau_C$ wird

$$i_C(t) = B \cdot I_B \cdot \left(1 - e^{-t/\tau_B}\right) \quad . \qquad\qquad (2.52)$$

Die den Strömen i_B und i_C entsprechenden Zeitfunktionen sind in Bild 2.28b zu
sehen.

Die starke Verschleifung der Anstiegsflanke des Kollektorstromes kann verkleinert
werden, wenn kurz nach dem Schalten mehr Strom durch eine Kapazität parallel
zum Vorwiderstand nach Bild 2.29a in die Basis fließen kann als einige
Zeitkonstanten nach dem Schaltvorgang.

In Bild 2.29b ist der Kollektorstrom i_C für verschiedene Zeitkonstanten $R_B \cdot C$ als
Reaktion auf einen Spannungssprung an der Basis des Transistors dargestellt.
  Nimmt man näherungsweise an, daß die Basiseingangsimpedanz gegenüber der
Impedanz des RC-Gliedes zu vernachlässigen ist, und daß die Spannung sprung-
förmig ansteigt, so ist der Basisstrom

$$i_B = \frac{U_I}{R_B} + C\frac{dU}{dt} = \frac{U_I}{R_B} + C \cdot U_I \cdot \delta(t) \quad , \qquad\qquad (2.53)$$

wobei $\delta(t)$ ein Dirac-Impuls bzw. ein extrem schmaler Nadelimpuls zur Zeit t=0
sein soll.

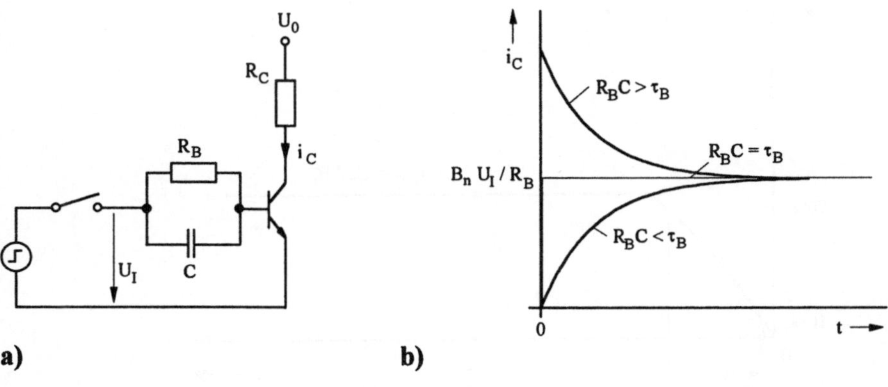

Bild 2.29 Emitterschaltung für besonders schnelles Einschalten. a) Schaltbild, b) Übergangs-
funktionen für drei wichtige Fälle

Die Integration von i_B nach dem Ansatz von 2.50 ergibt für den Dirac-Impuls die Sprungfunktion und für die zeitliche Abhängigkeit der Ladung

$$q(t) = \frac{U_I}{R_B}\tau_B\left[1-\left(1-\frac{R_BC}{\tau_B}\right)\cdot e^{-t/\tau_B}\right]$$

Mit $i_C = q/\tau_C$ und $B = \tau_B/\tau_C$ wird

$$i_C(t) = \frac{U_I}{R_B}B\left[1-\left(1-\frac{R_BC}{\tau_B}\right)\cdot e^{-t/\tau_B}\right] \quad . \tag{2.54}$$

Falls die Zeitkonstante des RC-Gliedes und die Basislaufzeit gleich groß sind, haben Kollektor- und Basisstrom einen sprungförmigen Anstieg. Für $R_BC > \tau_B$ ist der kapazitive Basisstrom größer als für $R_BC = \tau_B$. Dadurch wird auch der Kollektorstrom kurz nach dem Schalten größer als im quasistationären Zustand sein wird. Für $RC < \tau_B$ steigt i_C nach einem Sprung asymptotisch auf den Endwert, wie in Bild 2.29b skizziert ist.

Bisher wurde vereinfachend angenommen, daß der Kollektorstrom allein durch den Basisstrom bestimmt wird und beliebig anwachsen kann. Wird aber der Kollektorstrom durch den Kollektorwiderstand R_C und die Versorgungsspannung U_0 auf den Sättigungswert

$$I_{CS} = U_0 / R_C \tag{2.55}$$

begrenzt, so ergeben sich der in Bild 2.30 gezeigte zeitliche Übergang für eine Schaltung mit Basisvorwiderstand nach Bild 2.28:

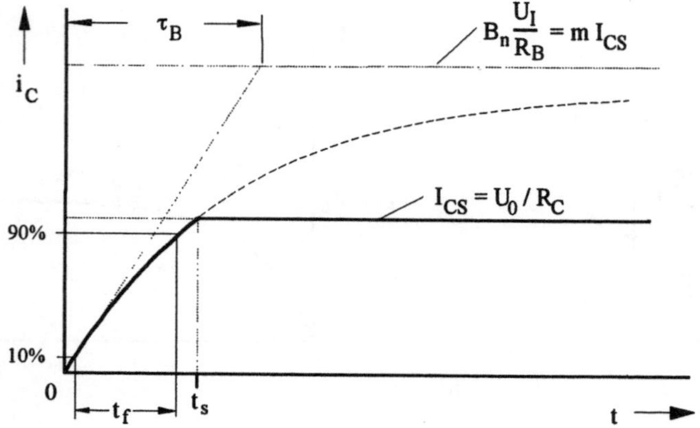

Bild 2.30 Einschaltvorgang mit Begrenzung des Kollektorstroms

Der Basisstrom I_{BS} bei Erreichen des Sättigungsstroms I_{CS} sei m-mal kleiner als der tatsächlich eingestellte Vorwärtsstrom:

$$I_{Bf} = m \cdot I_{BS} = m\frac{I_{CS}}{B} = m\frac{U_0}{B \cdot R_C} \quad , \quad m \geq 1 \tag{2.56}$$

Aus der Übergangsfunktion

$$i_C(t) = m \cdot I_{CS}\left(1 - e^{-t/\tau_B}\right) \tag{2.57}$$

wird für $i_C(t_{90}) = 0{,}9\,I_{CS}$ und $i_C(t_{10}) = 0{,}1\,I_{CS}$ die Einschaltzeit gewonnen:

$$t_f = t_{90} - t_{10} = \tau_B \ln\frac{m - 0{,}1}{m - 0{,}9} \quad . \tag{2.58}$$

Für m=1 erhält man die bekannte Einschaltzeit $t_f \approx 2{,}2\,\tau_B$. Für m >> 1, also bei starker Übersteuerung in den Sättigungsbereich, wenn die Einschaltzeiten sehr klein werden, spricht man von einer gesättigten Transistorlogik.

Leider wird im Übersteuerungs- oder Sättigungsbereich nach Bild 2.25 zusätzlich die Kollektor-Basis-Diode leitend, so daß Minoritätsträger sowohl von der Emitter- als auch von der Kollektorseite in die Basiszone injiziert werden. Der entsprechende Ladungsanstieg der Minoritätsträger in der Basis kann durch die Überlagerung der Ladung eines Transistors im normalen Betrieb und im inversen Betrieb beschrieben werden, wenn also die Funktionen von Emitter und Kollektor vertauscht sind. Die Elektronenladungen in der Basis eines npn-Transistors seien daher mit den Indizes n und i gekennzeichnet. Für den normalen Betrieb brauchen die Gl. 2.44 bis Gl. 2.49 nur mit dem Index n versehen werden.

$$i_{Cn} = \frac{q_n}{\tau_{Cn}}$$

$$i_{Bn} = \frac{q_n}{\tau_{Bn}} + \frac{dq_n}{dt}$$

$$i_{En} = \frac{q_n}{\tau_{En}} + \frac{dq_n}{dt}$$

$$B_n = \frac{I_C}{I_B} = \frac{\tau_{Bn}}{\tau_{Cn}}$$

$$\frac{1}{\tau_{En}} = \frac{1}{\tau_{Bn}} + \frac{1}{\tau_{Cn}} = \frac{1}{\tau_{Bn}}(1 + B_n) \tag{2.59}$$

Für den inversen Betrieb gilt:

$$i_{Ei} = -\frac{q_i}{\tau_{Ei}}$$

$$i_{Bi} = \frac{q_i}{\tau_{Bi}} + \frac{dq_i}{dt}$$

$$i_{Ci} = -\frac{q_i}{\tau_{Ci}} - \frac{dq_i}{dt}$$

$$B_i = -\frac{I_E}{I_B} = \frac{\tau_{Bi}}{\tau_{Ei}}$$

$$i_{Ei} = i_{Bi} + i_{Ci} \quad \rightarrow \quad -\frac{1}{\tau_{Ei}} = \frac{1}{\tau_{Bi}} - \frac{1}{\tau_{Ci}}$$

$$\frac{1}{\tau_{Ci}} = \frac{1}{\tau_{Bi}} + \frac{1}{\tau_{Ei}} = \frac{1}{\tau_{Bi}}(1 + B_i) \qquad (2.60)$$

Die tatsächlichen Ladungen ergeben sich aus der linearen Überlagerung der normalen und inversen Größen nach Bild 2.31:

$$q = q_n + q_i$$

$$i_B = i_{Bn} + i_{Bi} = \frac{q_n}{\tau_{Bn}} + \frac{q_i}{\tau_{Bi}} + \frac{d}{dt}(q_n + q_i)$$

$$i_C = i_{Cn} + i_{Ci} = \frac{q_n}{\tau_{Bn}}B_n - \frac{q_i}{\tau_{Bi}}(1 + B_i) - \frac{dq_i}{dt}, \qquad (2.61)$$

Ein Lösungsweg zur Bestimmung der Ladungen q, q_n und q_i mit Hilfe der drei Gln. 2.61 und noch festzulegender Ansteuerungsströme soll im folgenden skizziert werden.

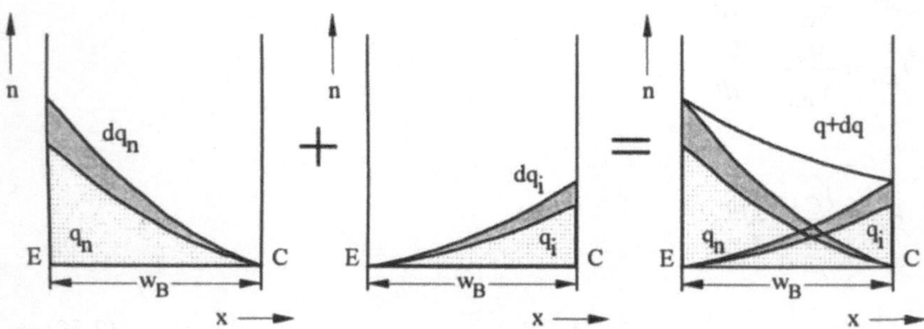

Bild 2.31 Schema der Ladungsverteilung in der Basis bei Sättigung

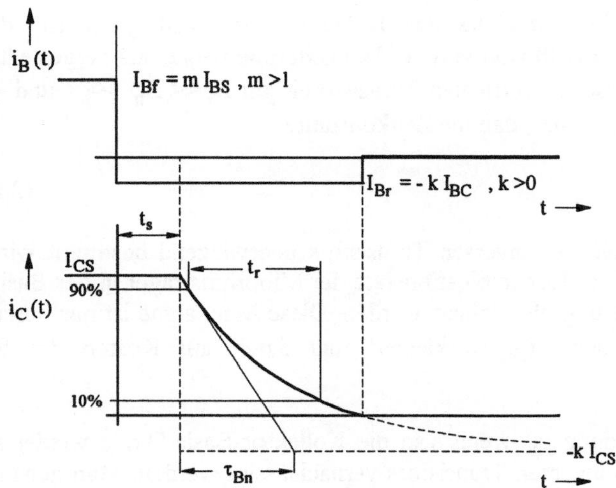

Bild 2.32 Abfall des Kollektorstroms aus der Sättigung nach sprungförmigen Übergang des Basisstroms von I_{Bf} = m I_{BS} auf I_{Br} = -k I_{BS}

Der Basisstrom werde nach Bild 2.32 zum Zeitpunkt t = 0 von dem Vorwärtsstrom I_{Bf} = + m I_{BS} (mit m ≥ 1) auf den Rückwärtsstrom I_{Br} = -k I_{BS} (mit k > 0) umgeschaltet, wobei I_{BS} der Strom an der Sättigungsgrenze nach Gl. 2.56 ist. Mit I_B = -k I_{CS} / B_n erhält man näherungsweise die Ladung q_i infolge des inversen Betriebs, wenn der Transistor mit m I_{BS} in die Sättigung ausgesteuert worden war:

$$q_i(t) \propto \left[(m-1)e^{-t/\tau_S} - (k+1)\left(1 - e^{-t/\tau_S}\right) \right] \quad , \tag{2.62}$$

wobei τ_S die Sättigungszeitkonstante ist:

$$\tau_S = \tau_{Bn}\frac{1+B_i}{1+B_i+B_n} + \tau_{Bi}\frac{1+B_n}{1+B_i+B_n} \quad . \tag{2.63}$$

Die Ladung q_i wird durch den negativen Basisstrom abgebaut. Die Sättigungszeit ist beendet, wenn $q_i(t_S)$ = 0 ist. Nach Gl. 2.62 wird:

$$t_S = \tau_S \ln\frac{k+m}{k+1}. \quad m \geq 1, \;\; k > 0 \tag{2.64}$$

Sie ist um so kürzer, je kleiner der positive Basisstrom beim Einschalten und je größer der negative beim Ausschalten ist.

Die Sättigungszeitkonstante läßt sich nur sehr schwer aus der Geometrie und der Dotierung der Transistoren berechnen. Immerhin läßt sich für die am meisten vorkommenden sogenannten vertikalen Transistoren eine Näherung angeben, bei denen im Gegensatz zu dem Schema in Bild 2.16 die Dotierung des Emitters an der

Oberfläche am größten und die des Kollektors am niedrigsten ist, da das Dotierungsprofil durch Diffusion von der Halbleiteroberfläche aus hergestellt wird. Für diese unsymmetrischen vertikalen Transistoren gilt $B_i \ll B_n \gg 1$ und $\tau_{Bn} \approx \tau_{Bi}$ und damit nach Gl. 2.63 , daß die Zeitkonstante

$$\tau_S \propto \tau_{Bi} \tag{2.65}$$

von den Eigenschaften des inversen Transistors überwiegend bestimmt wird. Sie kann durch eine größere Rekombinationsrate der Minoritätsträger in der Basis, d.h. durch eine Golddotierung, verkleinert werden. Diese Maßnahme ist nur beschränkt anwendbar, da sie auch τ_{Bn} verkleinert und damit auf Kosten der Stromverstärkungen geht.

Nach Abbau der Ladung q_i, wenn also die Kollektor-Basis-Diode wieder sperrt, kann der Einfluß des inversen Transistors vernachlässigt werden. Man gewinnt mit den Differentialgleichungen 2.61 und $I_B = -k\, I_{CS}/B_n$

$$i_C(t) = I_{CS}\left[e^{-t'/\tau_{Bn}} - k\left(1 - e^{-t'/\tau_{Bn}}\right)\right] \quad , \tag{2.66}$$

wobei $t' = t - t_S$ ist.

Aus der Bedingung $i_C(t'_{10}) = 0{,}1\, I_{CS}$ nach $i_C(t'_{90}) = 0{,}9\, I_{CS}$ ergibt sich die Abfallzeit des Kollektorstroms, bzw. die Anstiegszeit der Kollektorspannung

$$t_r = t'_{90} - t'_{10} = \tau_{Bn} \ln \frac{0{,}9 + k}{0{,}1 + k} \quad . \tag{2.67}$$

Die Anstiegszeit der Kollektorspannung wird mit wachsendem k, also negativem Basisstrom kleiner. Für $k = 0$ ist $t_r \approx 2{,}2\, \tau_{Bn}$. Der Index r (rise time) soll an den Anstieg der Ausgangsspannung erinnern, da es sinnvoll ist, die Eingangs- <u>und</u> Ausgangsgrößen auf Spannungen zu beziehen.

Eine zusammenfassende Darstellung der Spannung und Ströme in einem bipolaren Inverter ist in Bild 2.33 zu sehen. Bis auf die Sperrverzögerung t_d sind alle Größen bereits erklärt. Während der Sperrverzögerung t_d ist die Eingangsspannung kleiner als die sogenannte Knickspannung $U_k \approx 0{,}5$ V der Basis-Emitter-Diode und der Transistor sperrt.

Die Zeit zur Aufladung der Kapazitäten C_{BE} und C_{CE} von U_{gL} auf U_K ist

$$t_d = (R_g + R_B + r_B)\,(C_{BE} + C_{BC}) \ln \frac{U_{gH} - U_{gL}}{U_{gH} - U_K}, \tag{2.68}$$

wenn $R_L C_{BC} \ll t_d$ vorausgesetzt werden kann. Während der Sperrverzögerung ist also der Basisstrom etwas größer als I_{Bf} und der Kollektorstrom leicht negativ.

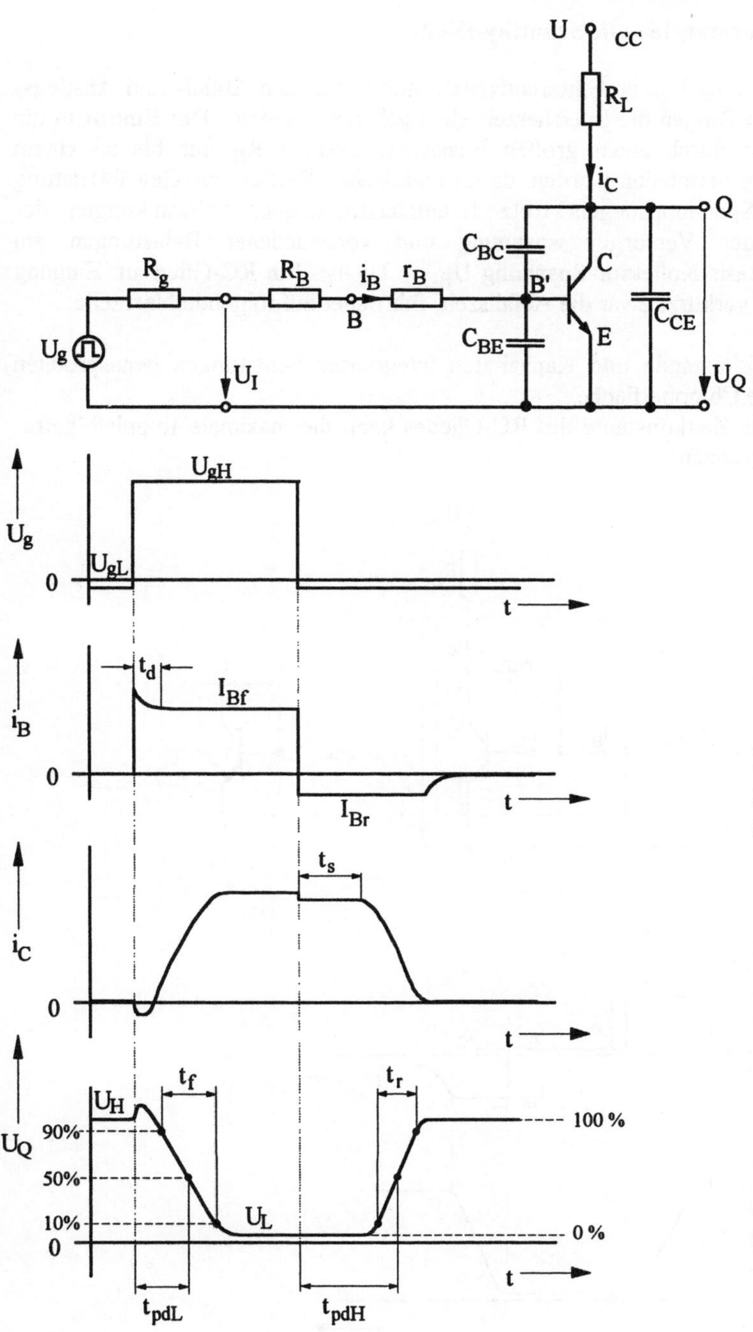

Bild 2.33 Ströme und Spannungen an einer Emitterschaltung als Funktion der Zeit beim Ein -
und Ausschalten

2.3.5 Transistorinverter mit Schottky-Diode

Zur Verwirklichung kurzer Gatterlaufzeiten muß neben den Abfall- und Anstiegszeiten vor allen Dingen die Speicherzeit klein gehalten werden. Der Eintritt in die Sättigung kann durch einen großen Basisvorwiderstand R_B nur bis zu einem gewissen Grade vermieden werden, da im praktischen Betrieb zur Gewährleistung des unteren Spannungspegels trotz Exemplarstreuungen, Schwankungen der Temperatur, der Versorgungsspannung und verschiedener Belastungen am Ausgang die Basis-Kollektor-Spannung $U_{BC} > U_K$ ist. Ein RC-Glied am Eingang nach Bild 2.29 verkürzt zwar die Abfallzeit, führt aber auf folgende Nachteile:

1. Große Widerstände und Kapazitäten integrierter Schaltungen beanspruchen eine große Chipoberfläche.
2. Eine große Zeitkonstante des RC-Gliedes kann die maximale Impulsfolgefrequenz begrenzen.

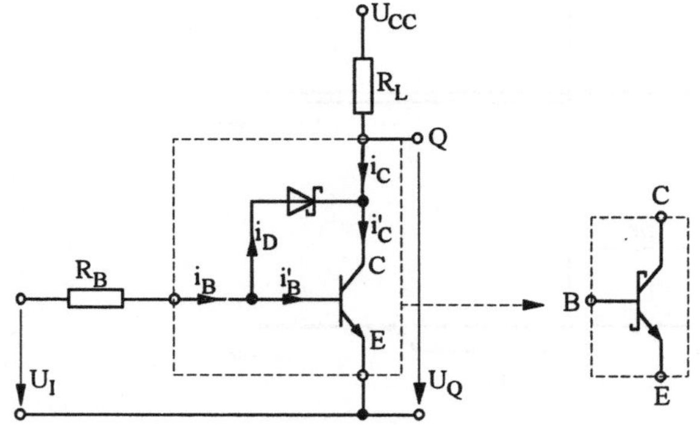

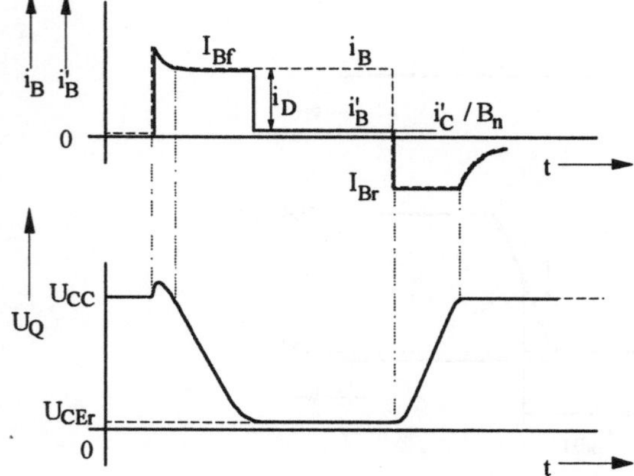

Bild 2.34 Emitterschaltung mit integrierter Schottky-Diode zwischen Basis und Kollektor zur Vermeidung der Sättigung, Symbol des Transistors mit integrierter Schottky-Diode, Zeitabhängigkeit der Ströme und Spannungen beim Ein - und Ausschalten

Käufliche integrierte Digitalschaltungen besitzen kein lineares RC-Glied am Eingang, sondern eine nichtlineare Schottky-Diode zur Begrenzung der Basis-Kollektor-Spannung. Die Schaltung eines Schottky-Dioden-Inverters und die zugehörigen Strom- und Spannungsverläufe sind in Bild 2.34 zu sehen.

Die Schottky-Diode übernimmt den überschüssigen Basisstrom, da sie mit $U_{KSD} \approx 0{,}3$ V eine um etwa 0,2 V kleinere Knickspannung als die pn-Diode des Transistors zwischen Basis und Kollektor besitzt, so daß letztere praktisch gesperrt bleibt. Der Basisstrom i_B des Schottky-Dioden-Transistors kann nach Bild 2.34b wesentlich größer gewählt werden als für den quasistationären Kollektorstrom notwendig ist, um den Aufbau des Ladungsdreiecks (nach Bild 2.31) in der Basis nach dem Schaltvorgang zu beschleunigen. Nach Anlegen einer sprungförmigen positiven Spannung U_I übernimmt der innere Transistor den vollen Basisstrom $i_B = i'_B$, da die Ausgangsspannung zunächst größer als die Eingangsspannung, d.h. $U_Q > U_I$ ist, und daher die Schottky-Diode gesperrt bleibt. Im quasistationären Zustand kann $I_B \gg i'_B$ sein.

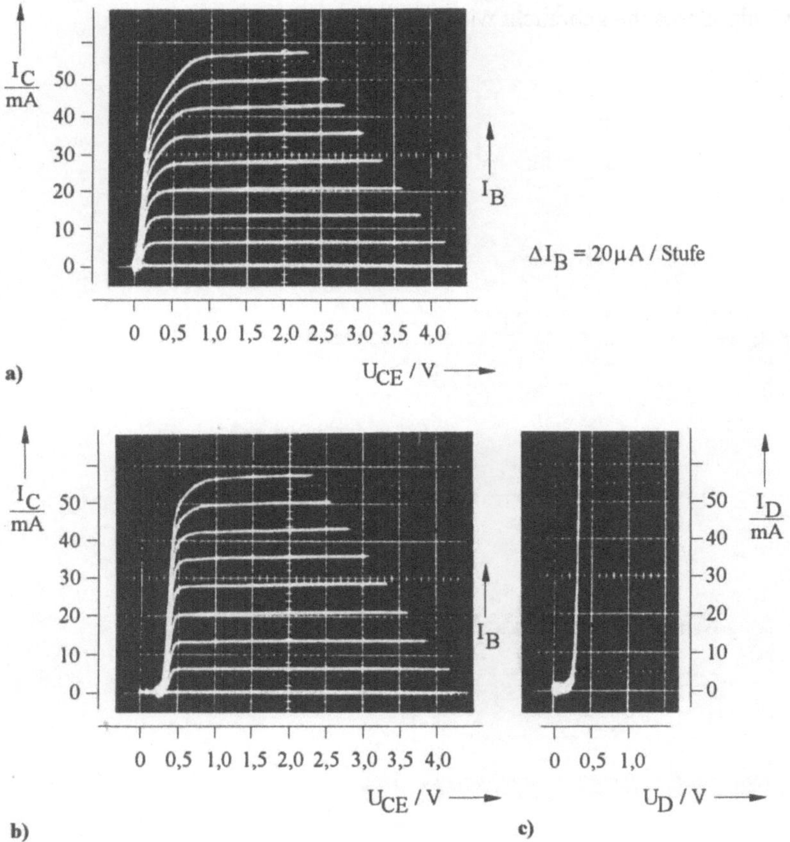

Bild 2.35 Kollektorstrom in Abhängigkeit der Kollektor-Emitter-Spannung mit dem Basisstrom als Parameter: a) ohne, b) mit Schottky-Diode, c) Kennlinie der Schottky-Diode zwischen Basis und Kollektor

Beim Ausschalten folgt der Schottky-Dioden-Strom praktisch ohne Verzögerung der Spannung, da sie nur Majoritäts- und keine Minoritätsträger besitzt. Die dreiecksförmig gebliebene Ladungsverteilung in der Basis kann rasch abgebaut werden, so daß der Kollektorstrom entsprechend schnell abnimmt.

Die Ausgangskennlinienfelder eines Transistors mit und ohne Schottky-Diode sind in Bild 2.35a und b gezeigt. Eine I,U Kennlinie einer Schottky - Diode allein ist in Bild 2.35c zu sehen.

Die beiden Transistorkennlinien unterscheiden sich im wesentlichen nur durch eine um etwa $U_{KSD} = 0{,}3$ V größere Kollektor-Emitter-Restspannung des Schottky-Dioden-Transistors, da eine Aussteuerung bis tief in die Sättigung, $U_{BC} > 0{,}3$ V, verhindert wird.

Querschnitt und Aufsicht eines Multiemitter-Schottky-Dioden-Transistors in Bild 2.36 demonstrieren, daß für die Integration der Schottky-Diode nur eine geringe zusätzliche Chipoberfläche gebraucht wird.

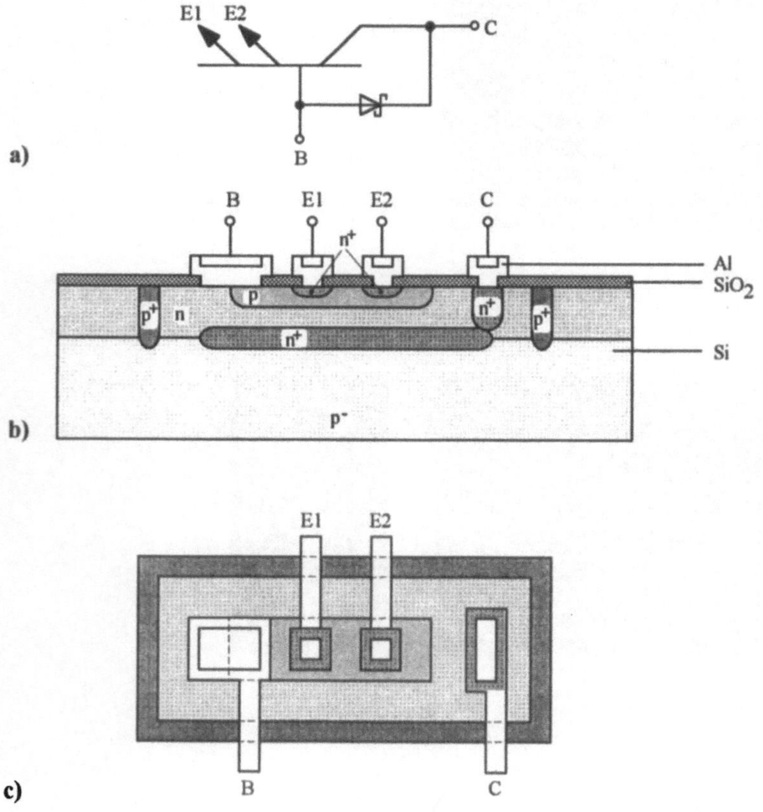

Bild 2.36 Multiemitter-Transistor mit Schottky-Diode. a) Schaltzeichen, b) Querschnitt senkrecht zur Oberfläche der integrierten Struktur und c) Aufsicht

Auf einem schwach mit Akzeptoren dotierten Substrat liegt eine Schicht geringer Donatorendichte. Eine niedrige Dotierung markiert man durch ein hochgestelltes Minuszeichen, eine hohe Dotierung durch ein hochgesetztes Pluszeichen.

Der Transistorbereich der n-Schicht wird durch einen p^+-Ring von anderen Bereichen der n-Schicht elektrisch isoliert, da seine pn-Übergänge gesperrt bleiben. In der n-Schicht erkennt man die p-dotierte Basiswanne, die zwei n^+-Zonen für zwei elektrisch getrennte Emitter enthält. Zur Verringerung des Kollektorbahnwiderstandes r_C (siehe Bild 1.9) ist eine sogenannte vergrabene n^+-Schicht unter Basis- und Emitteranschlüssen zu erkennen. Alle Anschlußkontakte mit dem Halbleiter für Basis, Emitter und Kollektor bestehen gegenwärtig meistens aus Aluminium.

Die Schottky-Diode wird in einfacher Weise dadurch gebildet, daß der Basisanschluß sowohl die p- als auch die n-Schicht kontaktiert. Aluminium bildet nämlich einerseits mit einer n-Schicht einen gleichrichtenden Schottky-Kontakt, d.h. eine Diode, und andererseits mit der p-Schicht einen ohmschen Kontakt. Am Kollektor C bildet Aluminium einen ohmschen Kontakt mit dem Halbleiter, da er dort lokal sehr hoch dotiert ist ($n^+ \approx 10^{20}$ / cm^3).

Auf diese Weise kann die Funktion einer Schottky-Diode mit weniger als 10% zusätzlicher Chipfläche integriert werden ohne daß Zuleitungskapazitäten auftreten, die bei einem Brettaufbau unvermeidbar sind.

Die Schottky-Dioden-Logik hat gegenüber der gesättigten Transistorlogik die folgenden Vorteile:

1. wesentlich kürzere Schaltzeiten durch Vermeidung der Sättigung,
2. kleinere Verlustleistung durch kleinere Spannungshübe, kleinere Umschaltenergien,
3. höhere Stromverstärkung, da eine Golddotierung nicht mehr gebraucht wird, um durch verstärkte Rekombination die Sättigungszeit zu reduzieren,
4. flexiblerer Schaltungsentwurf, da pn- und Schottky-Dioden und laterale pnp-Transistoren großer Basisweite zur Verfügung stehen, die mit Golddotierung eine zu kleine Stromverstärkung hätten.

Diese Vorteile erreicht man um den Preis:

1. eines ausgefeilteren, aufwendigeren Entwurfs, besonders für schnelle Schaltungen,
2. geringerer technologischer Herstellungstoleranzen,
3. eines kleineren Störabstandes infolge einer größeren Restspannung.

Die Schottky-Dioden-Technik hat sich heute für die mittleren und höheren Geschwindigkeitsbereiche weitgehend durchgesetzt.

2.4 Feldeffekttransistoren

Feldeffekttransistoren haben wie bipolare Transistoren mindestens drei Anschlüsse. Sie tragen die Namen Source (S), Drain (D) und Gate (G). Häufig ist zusätzlich ein Substratanschluß (Sub) vorhanden. Source- und Drainelektroden bilden mit dem Halbleiterkristall einen ohmschen Kontakt, so daß durch eine Längsspannung U_{DS} ein Strom I_D fließt. Der Widerstand im Halbleiterplättchen zwischen Source und Drain nach Bild 2.37 ist etwa

$$ R \approx \rho \frac{l}{tw} = \frac{1}{en\mu} \frac{l}{tw} = \frac{l}{Q'\mu w} \qquad , \qquad (2.69) $$

wobei die Flächenladung $Q' = e \cdot n \cdot t$ ist. Der Widerstand R kann durch das elektrische Querfeld einer Gateelektrode zwischen Source und Drain geändert werden.

Zwei technische Möglichkeiten stehen zur Verfügung, den Widerstand in Abhängigkeit der Gate-Source-Spannung zu verändern:

1. die Dicke t des Widerstandskanals bei konstanter Ladungsträgerdichte n oder

2. die Ladungsträgerdichte n, bzw. die Flächenladung Q' des Kanals bei konstanter Dicke t.

Im ersten Fall spricht man von einem Sperrschicht-Feldeffekttransistor nach Bild 2.38a, da die Dicke t des Kanalwiderstandes durch die Raumladungszone einer gesperrten Diode bestimmt wird, die mit der Gateelektrode verbunden ist. Die Gateelektrode ist durch eine Sperrschicht vom Kanal elektrisch isoliert.

Im zweiten Fall spricht man von einem Isolierschicht-Feldeffekttransistor nach Bild 2.38b, da die Gateelektrode durch ein Oxid von dem Kanalwiderstand elektrisch isoliert ist, in dem Ladungsträger influenziert werden können.

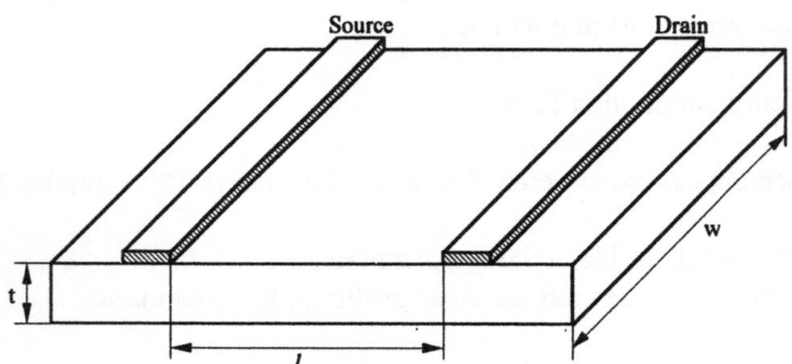

Bild 2.37 Struktur eines Widerstandes zwischen Source und Drain in einer Siliziumschicht der Dickt t, der Breite w und der Länge *l*

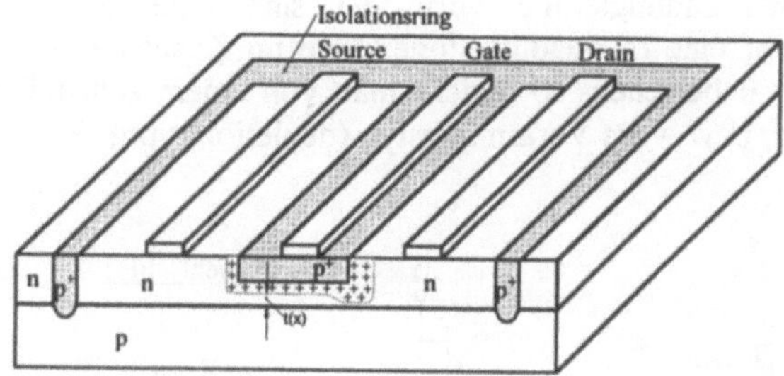

a)

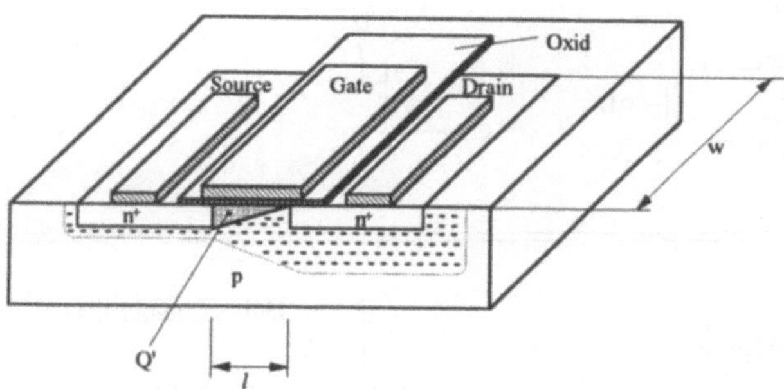

b)

Bild 2.38   Skizze a) eines Sperrschicht-Feldeffekttransistors und b) eines Isolierschicht-Feldeffekttransistors

In beiden Fällen besteht der Strom zwischen Source und Drain aus Majoritätsträgern, entweder aus Löchern oder Elektronen. Im Gegensatz zu bipolaren Transistoren spielen bei Feldeffekttransistoren Minoritätsträgereffekte keine entscheidende Rolle.

2.5 Sperrschicht-Feldeffekttransistoren

Die Gatediode eines Sperrschicht-Feldeffekttransistors kann entweder durch einen pn-Übergang oder durch einen gleichrichtenden Metall-Halbleiterkontakt, d.h. einen Schottky-Kontakt, verwirklicht werden. Man unterscheidet zwischen "Junction Field Effect Transistor (JFET)" und "Metal Semiconductor Field Effect Transistor (MESFET)". Da beide Transistortypen sehr ähnliche Eigenschaften besitzen, soll hier nur der JFET qualitativ beschrieben werden.

Bild 2.39 zeigt die Skizzen eines p-Kanals und eines n-Kanals JFET und die zugehörigen Schaltungssymbole. Bereits bei der Gatespannung $U_{GS} = 0$ haben infolge der Diffusionsspannung U_D die Raumladungszonen an den pn-Übergängen, in denen keine beweglichen Ladungsträger vorhanden sind, eine nicht zu vernachlässigende Breite. Bleibt eine raumladungsfreie Zone im Kanal zwischen den pn-Übergängen für $U_{GS} = 0$ bestehen, so spricht man von einem selbstleitenden (normally on) Transistortyp, bzw. vom Verarmungstyp (depletion type).

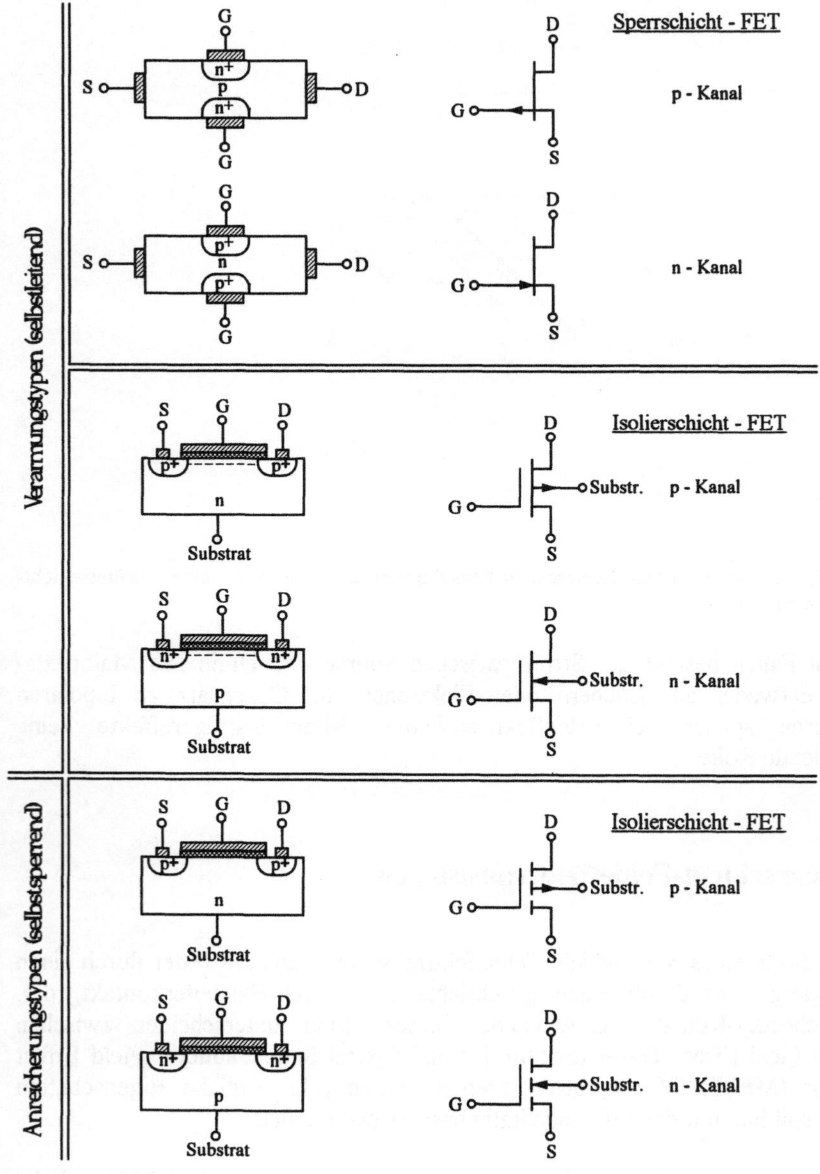

Bild 2.39 Skizzen und Schaltungssymbole von verschiedenen Sperrschicht - und Isolierschicht - Transistoren

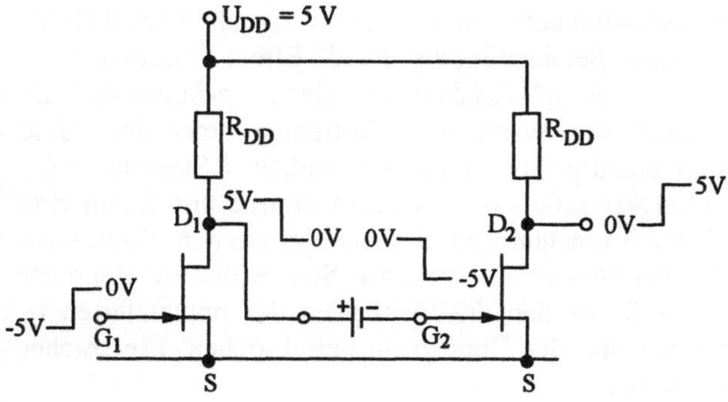

Bild 2.40 Reihenschaltung von zwei gleichen Invertern mit FETs vom Verarmungstyp mit Spannungswandler

Ein n-Kanal Verarmungstyp braucht eine negative Gatespannung, $U_{GS} < 0$, damit die beiden Raumladungszonen sich berühren und der Strompfad der beweglichen Ladungsträger unterbrochen wird. Solche Feldeffekttransistoren werden gerne für Verstärkerschaltungen eingesetzt, weil die Steilheit und der Eingangswiderstand (einer gesperrten Diode) sehr groß sein können. Die digitalen Anwendungen der n-Kanal JFET vom Verarmungstyp sind selten, da die Drainelektrode einer Stufe nicht direkt mit der Gateelektrode der nächsten Stufe verbunden werden kann. Beispielsweise wird eine zusätzliche Spannungsquelle zwischen der ersten und zweiten Inverterstufe nach Bild 2.40 gebraucht, um den Transistor der zweiten Stufe sperren zu können und eine Überlastung der Gatediode in Vorwärtsrichtung mit 5 V zu vermeiden.

Sperrschicht-Feldeffektransistoren vom Anreicherungstyp, die ohne zusätzliche Spannungsquellen eine direkte Kopplung von Inverterstufen erlauben, haben eine hinreichend dünne Kanalzone, so daß sich dort schon bei der Gatespannung, $U_{GS} = 0$, die Raumladungszonen berühren und den Drainstrom abschnüren. Sie werden in den leitenden Zustand durch kleine positive Gatespannungen in Vorwärtsrichtung der Gatedioden $|U_{GS}| < U_D$, geschaltet. Die Herstellungsschwierigkeiten der dünnen Kanalzone schränken den Einsatz dieser Transistortypen ein.

2.6 Isolierschicht-Feldeffekttransistoren

Isolierschicht-Feldeffekttransistoren (Isolated Gate Field Effect Transistor: IGFET) haben gegenüber Sperrschicht-Feldeffekttransistoren den Vorteil, daß unabhängig von der Polarität der Gatespannung keine ohmschen Gateströme fließen können, die zu Verlusten führen. Eine Übersicht der vier wesentlichen Typen ist in Bild 2.39 zu finden. Die Gateelektrode aus Aluminium oder hochdotiertem polykristallinem Silizium liegt auf einer hochwertigen Siliziumdioxidschicht, die durch thermische Oxidation hergestellt wird. Die Source- und Drainelektroden liegen auf Bereichen oder Taschen sehr hoher Dotierung (n^+, p^+), die in einem Substrat mit der umgekehrten Dotierungsart eindiffundiert sind. Ein n-Kanal Metall-Oxid-Feldeffekttransistor (Metal Oxide Semiconductor Field Effect Transistor: = MOSFET) hat beispielsweise zwei n^+-Taschen in einem p-Substrat. Ein Verarmungstyp liegt in der Regel vor, wenn die p-Dotierung unter dem Gate hinreichend klein ist und das Gateoxid positive Ladungen enthält. (Siehe auch Gl. 2.92) Für besondere Anwendungszwecke kann zwischen Source und Drain eine dünne n-Schicht zum Beispiel durch Ionenimplantation erzeugt werden. Dann kann bei der Gatespannung $U_{GS} = 0$, ein Strom vom Drain zur Source fließen. Bei einer negativen Gatespannung, $U_{GS} < 0$, werden die Elektronen der implantierten n-Schicht unter dem Gate verdrängt und der Drainstrom unterbrochen. Ein solcher Transistor ist also ein Verarmungstyp.

Es gibt p- und n-Kanal-Verarmungstypen, wie aus Bild 2.39 zu entnehmen ist. Der Betrieb der beiden Typen unterscheidet sich durch das Vorzeichen ihrer Spannungen. n-Kanal-Transistoren können schneller aus- und eingeschaltet werden als p-Kanal-Transistoren, da die Beweglichkeit der Elektronen größer als die der Löcher ist.

Zur Zeit werden hauptsächlich n-Kanal Isolierschicht-Feldeffekttransistoren vom Anreicherungstyp eingesetzt. Die Skizze des Querschnitts und das Schaltungssymbol sind unten in Bild 2.39 zu sehen. Die n^+-diffundierten Taschen von Source und Drain liegen in einem p-Substrat. Sie sind nicht mit einer n-Schicht verbunden. Bei der Gatespannung $U_{GS} = 0$ und ohne Ladungen zwischen Gateelektrode und Halbleiter fließt kein Drainstrom, da die pn-Übergänge von Source und Drain gesperrt bleiben, solange die Source-Substrat-Spannung, $U_{S-Sub} \geq 0$, ist. Das elektrische Feld einer positiven Gatespannung vertreibt die Löcher in der Kanalzone unter dem Gate, so daß eine negative Raumladung der ionisierten Akzeptoren übrig bleibt. Bei hinreichend großer positiver Gatespannung sammeln sich in der negativen Raumladungszone, besonders an der Oberfläche des Halbleiters, Elektronen. Ist an der Halbleiteroberfläche die Zahl der Elektronen größer als die der Löcher, so spricht man von Inversion. Starke Inversion liegt vor, wenn bei großer positiver Gatespannung die Zahl der Elektronen an der Halbleiteroberfläche unter dem Gate größer ist als die der Löcher tief im Substrat, wo Löcher Majoritätsträger sind. Elektronen in der Kanalzone werden durch den an der Oberfläche leicht positiv vorgespannten pn-Übergang der Sourcetasche injiziert und durchlaufen den in Sperrichtung vorgespannten pn-Übergang der Draintasche. Bei hinreichend positiven Gatespannungen kann also ein Drainstrom fließen. Da Elektronen die Ladungsträger sind, spricht man von einem n-Kanal (im p-dotierten Halbleiter) Transistor. Ein Strom von einem Isolierschicht-Feldeffekttransistor durch das Substrat zum nächsten Bauelement kann nicht fließen, solange die Source-Substratspannung, $U_{S-Sub} \geq 0$, und eine parasitäre Inversion zwischen den Bauelementen vermieden wird. Ein Isolierschicht-Feldeffekttransistor muß also nicht von einem Isolationsring (p, n oder Schottky) wie Sperrschicht-Feldeffekttransistoren und bipolare Transistoren umgeben werden, da er sich selbst isoliert. Durch Wegfall der Isolationsringe können auf einer gegebenen Halbleiteroberfläche eine wesentlich größere Zahl an Isolierschicht- als Sperrschicht-Feldeffekttransistoren integriert werden. Gegenüber bipolaren Transistoren haben Isolierschicht-Feldeffekttransistoren die folgenden Vorteile:

Kleinerer Flächenbedarf, einfachere Struktur und niedrigere Herstellungskosten. Isolierschicht-Feldeffekttransistoren sind vorzüglich für die Großintegration geeignet, wenn eine große Zahl von Schaltungen eines Subsystems, z.B. eines Speichers oder Mikroprozessors, auf einem Halbleiterchip untergebracht werden muß.

Die Kennlinien des Isolierschicht-Feldeffekttransistors werden im folgenden formelmäßig abgeleitet, um das Verständnis seines Verhaltens zu vertiefen. Der Querschnitt des Steuerbereiches des Gates, die Ladungsverteilung und das Potential in der Kanalzone sind in Bild 2.41 skizziert.

Für die Ableitung wird angenommen:

1)   Die Austrittsarbeit eines Elektrons aus dem Gatemetall und aus dem Halbleiter ist gleich groß.
2)   Die Beweglichkeit der Elektronen μ_{neff} in der Kanalzone ist konstant.
3)   Nur die Driftstromdichte $j = q_v \cdot v_n$ wird berücksichtigt.
4)   Die Sperrströme der pn-Übergänge werden vernachlässigt.
5)   Im Kanal ist das Querfeld wesentlich größer als das Längsfeld, $E_y > E_x$.
6)   Die Dicke der Inversionsschicht h ist konstant.

Der konventionelle Strom in Richtung der positiven x-Achse I_x ist:

$$I_x = \frac{dQ(x)}{dt} = \frac{dQ(x)}{dx}\frac{dx}{dt} \tag{2.70}$$

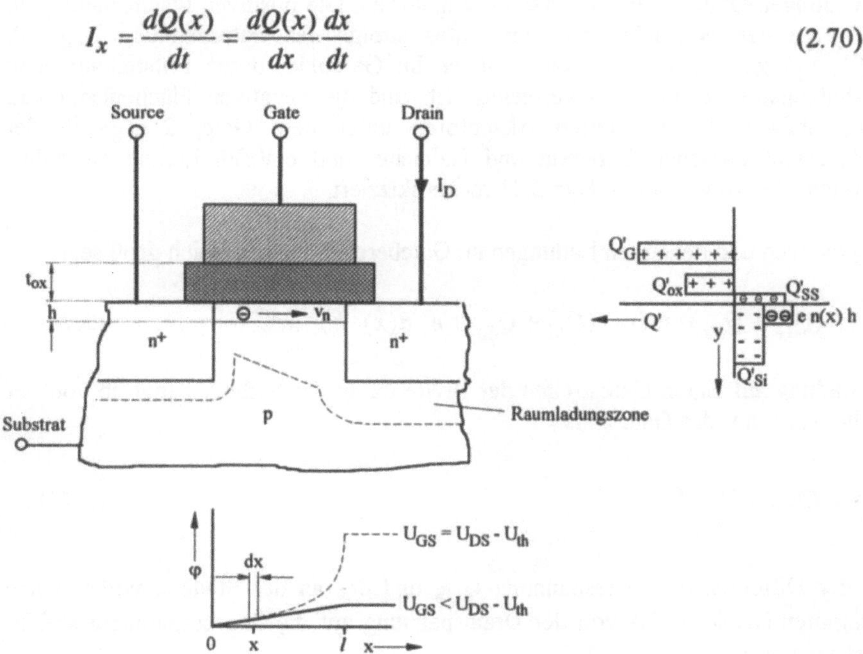

Bild 2.41 Querschnittsskizze eines Isolierschicht - Feldeffekttransistors mit den Ladungsarten im Steuerungsbereich des Gates und dem elektrischen Potential φ längs des Inversionskanals unter dem Gate

Er hat das umgekehrte Vorzeichen wie die positive Zählrichtung des Drainstromes von Drain zur Source:

$$I_D = -I_x \quad .$$

Die bewegliche negative Ladung der Majoritätsträger im Volumen h·wdx

$$dQ = -e \cdot n(x) \cdot (h \cdot wdx) \tag{2.71}$$

bewegt sich mit der Geschwindigkeit v_n in positiver x-Richtung:

$$v_n = \frac{dx}{dt} = -\mu_{neff} E_x = \mu_{neff} \frac{d\phi(x)}{dx} \quad . \tag{2.72}$$

Damit wird der Drainstrom

$$I_D = e\,(n(x) \cdot h \cdot w)\,\mu_{neff}\,\frac{d\phi(x)}{dx} \quad . \tag{2.73}$$

Die Zahl n(x) der im Kanal influenzierten Elektronen pro Volumen an der Stelle x wird durch die Ladungen im Gatebereich bestimmt. Sie werden gerne als Flächenladungen Q' in der Einheit As/cm^2 angegeben. Die positiven Flächenladungen: 1. Q'_G auf der Metallelektrode des Gates infolge der Gatespannung $U_{GS} > 0$, 2. Q'_{ox} infolge festsitzender Natriumionen im Gateoxid, deren Entstehung beim Herstellungsprozeß nicht zu vermeiden ist, und die negativen Flächenladungen: 1. Q'_{Si} infolge der ionisierten Akzeptoren unter dem Gate, 2. Q'_{SS} in der Grenzschicht zwischen Gateoxid und Halbleiter und e·n(x)·h infolge der influenzierten Elektronen sind in Bild 2.41 rechts skizziert.

Die positiven und negativen Ladungen im Gatebereich müssen gleich groß sein:

$$(Q'_G + Q'_{ox}) \cdot wdx = (Q'_{Si} + Q'_{SS} + e \cdot n(x) \cdot h) \cdot wdx \quad . \tag{2.74}$$

Die Ladung auf einem Gatestreifen der Breite dx an der Stelle x hängt ab von der Flächenkapazität des Gateoxids

$$C'_{ox} = \frac{\varepsilon_0 \varepsilon_{ox}}{t_{ox}} \tag{2.75}$$

und der Differenz der Gatespannung U_{GS} und des an der Stelle x vorhandenen Kanalpotentials $\phi(x)$, das von der Drainspannung auf die Sourcespannung abfällt. Es ist $\phi(0) \equiv 0$.

$$Q'_G \cdot wdx = C'_{ox}(U_{GS} - \phi(x))\,wdx \quad . \tag{2.76}$$

Mit Hilfe von Gln. 2.74 und 2.76 läßt sich Q'$_G$ eliminieren und die Elektronendichte angeben.

$$en(x) = \frac{C_{ox}'}{h}\left[U_{GS} - \phi(x) - \frac{Q_{Si}' + Q_{SS}' - Q_{ox}'}{C_{ox}'}\right] \qquad . \tag{2.77}$$

Die Zahl der am Sourceende des Kanals influenzierten beweglichen Elektronen n(0) ist Null, wenn der Ausdruck in Klammern für $\phi(0)=0$ bei einer bestimmten Gatespannung, der sogenannten Schwellspannung U$_{th}$ verschwindet. Der Index th deutet auf das englische Wort "threshold" hin.

$$U_{th} = \frac{1}{C_{ox}'}(Q_{Si}' + Q_{SS}' - Q_{ox}') \qquad . \tag{2.78}$$

Damit erhält Gl. 2.77 die Form

$$e \cdot n(x) = \frac{C_{ox}'}{h}\left[U_{GS} - U_{th} - \phi(x)\right] \qquad . \tag{2.79}$$

Der Drainstrom nach Gln. 2.6/1,2 und 8 wird also

$$I_D = C_{ox}' \cdot \mu_{neff} \cdot w \cdot \left[U_{GS} - U_{th} - \phi(x)\right]\frac{d\phi(x)}{dx} \qquad . \tag{2.80}$$

Da der Drainstrom längs der Kanalzone konstant sein muß, ist die Integration nach x besonders einfach und nach ϕ geschlossen möglich:

$$\int_0^l I_D dx = \int_0^{U_{DS}} C_{ox}' \cdot \mu_{neff} \cdot w[U_{GS} - U_{th} - \phi(x)]d\phi , \tag{2.81}$$

$$I_D = \mu_{neff} \cdot C_{ox}' \cdot \frac{w}{l}\left[(U_{GS} - U_{th})U_{DS} - \frac{U_{DS}^2}{2}\right] \qquad . \tag{2.82}$$

Häufig faßt man die in erster Näherung spannungsunabhängigen Größen vor der Klammer in Gl. 2.82 mit dem Faktor zusammen:

$$\beta = \mu_{neff}\frac{\varepsilon_0 \cdot \varepsilon_{ox}}{t_{ox}}\frac{w}{l} \qquad . \tag{2.83}$$

Für sehr kleine Drainspannungen ist der quadratische gegenüber dem linearen Anteil in der Klammer von Gl. 2.82 zu vernachlässigen. Der Drainstrom wird der Drainspannung proportional für $U_{DS} \ll U_{GS} - U_{th}$. In diesem Bereich steigt das Potential im Kanal linear von der Source zum Drain; es gilt die ausgezogene Linie in Bild 2.41.

Für $U_{DS}=U_{GS}$ - U_{th} = $\phi(l)$ geht nach Gl. 2.79 die Zahl der influenzierten beweglichen Elektronen an der Drainseite des Kanals $n(l)\to 0$.

Man spricht von einer Abschnürung (pinch off) des Kanals. Der entsprechende Verlauf des Potentials $\phi(x)$ nach Gl. 2.80 ist in Bild 2.41 durch eine gestrichelte Linie dargestellt. Die elektrische Feldstärke E = -dϕ/dx geht nach dem bisher verwendeten Modell für $U_{DS}= U_{GS}$ - U_{th} an der Drainseite so gegen unendlich, daß $n(l)$d$\phi(l)$/dx einen endlichen Wert ergibt, der dem Drainstrom proportional ist.

Unendlich große elektrische Feldstärken und Elektronengeschwindigkeiten sind im Halbleiter physikalisch nicht möglich. Die Notwendigkeit, eine verfeinerte Theorie für $\mu_{neff} \neq$ const zu entwickeln, wird deutlich.

Für $U_{DS} > U_{GS}$ wandert der Abschnürpunkt x_P, bei dem die influenzierte Ladung Null wird, immer weiter von der Drain zur Source, so daß nur noch die Gatespannung die Zahl der influenzierten Ladungen und damit den Drainstrom bestimmt. Der Drainstrom nimmt einen von der Drainspannung unabhängigen Sättigungswert an. Daher wird der Aussteuerungsbereich $U_{DS} \geq U_{GS}$ - U_{th} Sättigungsbereich genannt. Eine nützliche Näherung wird durch Einsetzen von $U_{DS} = U_{GS}$ - U_{th} in Gl. 2.82 gewonnen:

$$I_D = \beta \frac{1}{2}(U_{GS} - U_{th})^2 \ . \tag{2.84}$$

Das Kennlinienfeld eines Isolierschicht-Feldeffekttransistors vom Anreicherungstyp ist in Bild 2.42a im linearen und Sättigungsbereich nach den Näherungen 2.82 und 2.84 skizziert.

Diese Näherungen stimmen gut mit Messungen und genaueren Rechnungen überein, solange die mittlere elektrische Feldstärke im Kanal

$$\frac{U_{DS}}{l} < E_C = 13\,kV\,/\,cm = 1{,}3\,V\,/\,\mu m \tag{2.85}$$

die Elektronen noch nicht auf ihre Sättigungsgeschwindigkeit im Silizium $v_S \approx 10^7$ cm/s beschleunigen konnte. Für E < E_C kann die Beweglichkeit durch eine Konstante angenähert werden.

Im Bereich $U_{DS}\,/\,l > E_C$ werden die Drainströme um den Faktor

$$k = 1 + \frac{\dfrac{|U_{DS}|}{l}}{E_C} \tag{2.86}$$

kleiner als nach den Gln. 2.82 und 2.84 zu erwarten wäre.

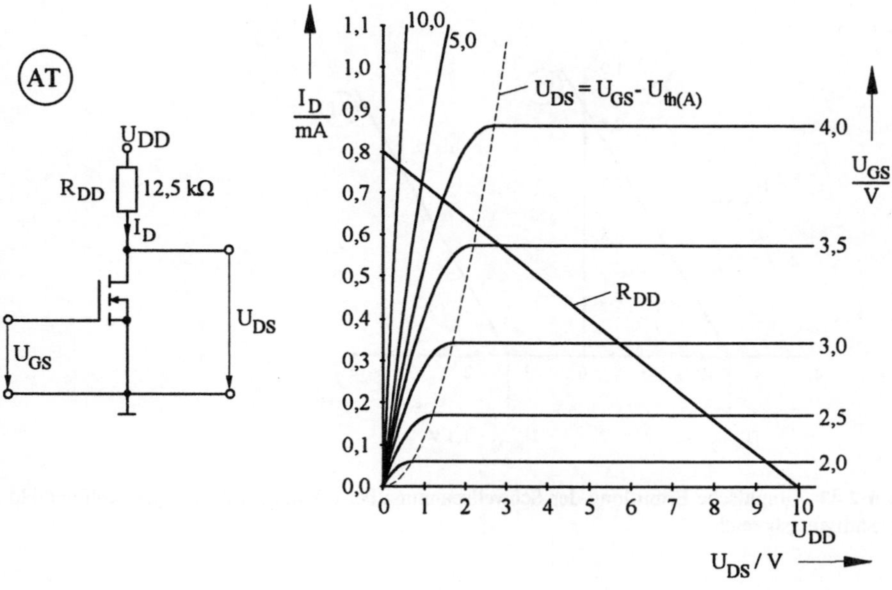

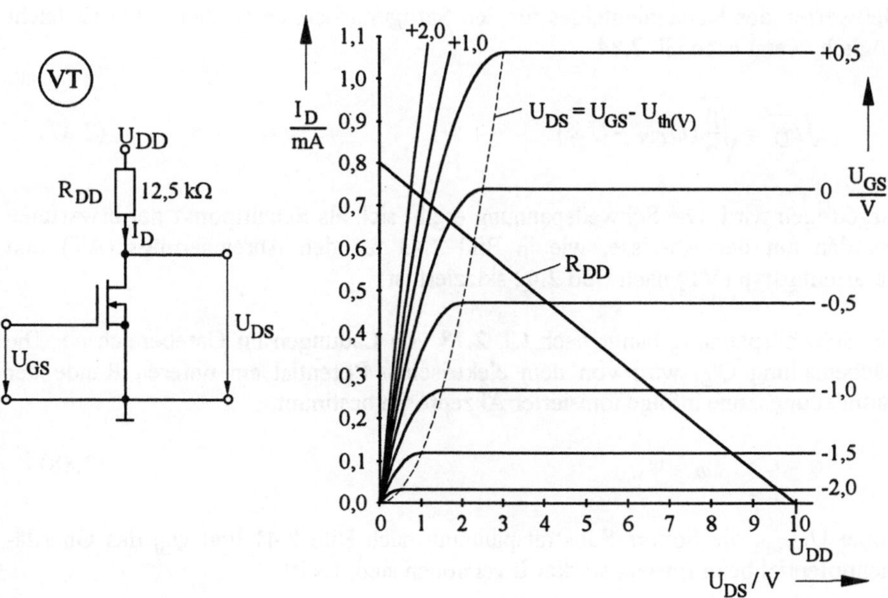

Bild 2.42 Inverterschaltungen mit einem Isolierschicht - Feldeffekttransistor vom Anreicherungstyp (AT) und mit einem vom Verarmungstyp (VT) und zugehörige Ausgangskennlinienfelder mit
der Gate-Source-Spannung als Parameter

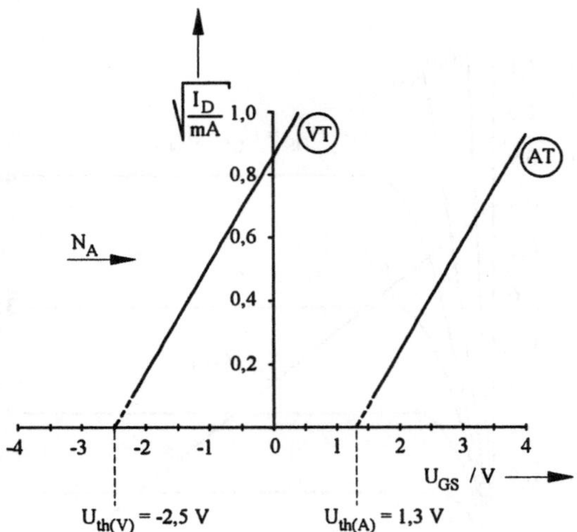

Bild 2.43 Graphische Ermittlung der Schwellspannung bei bekanntem Ausgangskennlinienfeld im Sättigungsbereich

Die Schwellspannung in den Gln. 2.82 und 2.84 ist dem Spannungsbedarf zur Aussteuerung eines Feldeffekttransistors proportional und daher eine wichtige Größe für die Auslegung von Schaltungen. Eine graphische Extrapolation mit den Meßwerten des Kennlinienfeldes für den Sättigungsbereich in Bild 2.42a ist leicht möglich, wenn nach Gl. 2.84

$$\sqrt{I_D} = \sqrt{\frac{\beta}{2}}(U_{GS} - U_{th})$$ (2.87)

aufgetragen wird. Die Schwellspannung ergibt sich als Schnittpunkt der erwarteten Geraden mit der Abszisse, wie in Bild 2.43 für den Anreicherungs (AT) und Verarmungstyp (VT) nach Bild 2.42 skizziert ist.

Die Schwellspannung hängt nach Gl. 2.78 von Ladungen im Gatebereich ab. Die Flächenladung Q'_{Si} wird von dem elektrischen Potential am unteren Rande der Raumladungszone infolge ionisierter Akzeptoren bestimmt.

$$\phi = U_{S-Sub} + \psi_{si},$$ (2.88)

wobei U_{S-Sub} die Source-Substratspannung nach Bild 2.41 und ψ_{Si} das Oberflächenpotential beim Einsatz starker Inversionen sind. Es ist

$$\psi_{si} \equiv 2(W_{Fi} - W_F)/e = 2\frac{kT}{e}\ln\frac{N_A}{n_i}.$$ (2.89)

Hierbei sind die Energie des Fermi-Niveaus W_F und die Energie etwa in der Mitte des verbotenen Bandes W_{Fi}. Die Dichte der ionisierten Akzeptoren ist N_A und die Eigenkonzentration ist n_i. Der Zusammenhang zwischen elektrischem Potential und der Raumladung $q_V = -e\,N_A$, die in dem Bereich $0 < y < w_d$ nach Bild 2.41 konstant sein soll, wird durch die Poisson'sche Differentialgleichung beschrieben.

Eine zweimalige Integration ergibt:

$$U_{S-Sub} + \psi_{si} = \int\limits_0^{w_d}\left(\int\limits_0^{w_d}\frac{e\,N_A}{\varepsilon_0\varepsilon_{Si}}dy\right)dy = \frac{e}{\varepsilon_0\varepsilon_{Si}}N_A\frac{w_d^2}{2} \tag{2.90}$$

Damit wird die gesuchte Flächenladung:

$$Q_{Si}' = e\cdot N_A\cdot w_d = \sqrt{2\varepsilon_0\varepsilon_{Si}\cdot e\cdot N_A(U_{S-Sub}+\psi_{si})} \tag{2.91}$$

Die Schwellspannung eines n-Kanal Feldeffekttransistors ist

$$U_{th} = \frac{t_{ox}}{\varepsilon_0\varepsilon_{ox}}\left[\sqrt{2\varepsilon_0\varepsilon_{Si}\cdot e\cdot N_A(U_{S-Sub}+\psi_{si})} + Q'_{SS}-Q'_{ox}\right]+(\phi_{ms}+\psi_{si}) \tag{2.92}$$

Der Ausdruck in eckigen Klammern entspricht Gl. 2.78. Der Zusatz in runden Klammern soll hier nicht abgeleitet werden. Er beschreibt den Unterschied der Austrittsarbeiten ϕ_{ms} eines Elektrons aus Aluminium und p-dotiertem Silizium und den zusätzlichen Einfluß des Oberflächenpotentials ψ_{Si}. In diesem Fall ist $\phi_{ms} = -0{,}8$ V und $\psi_{Si} \approx 0{,}75$ V, wenn das p-Silizium einen spezifischen Widerstand $\rho = 2{,}3$ Ωcm hat. Der Zusatz $\phi_{ms} + \psi_{Si} = -0{,}05$ V hat also ein sehr kleiner Wert. Die Schwellspannung eines n-Kanal Feldeffekttransistors ist infolge der positiven Natriumionen im Oxid bei geringer Substratdotierung N_A negativ und bei starker Dotierung positiv. Durch Wahl der Substratdotierung läßt sich ein Anreicherungstyp oder ein Verarmungstyp nach Bild 2.42a oder b herstellen. Ferner wächst die Schwellspannung mit zunehmender Source-Substratspannung.

Das elektrische Ersatzschaltbild eines Feldeffekttransistors für kleine Signale im Sättigungsbereich ist in Bild 2.44 skizziert.

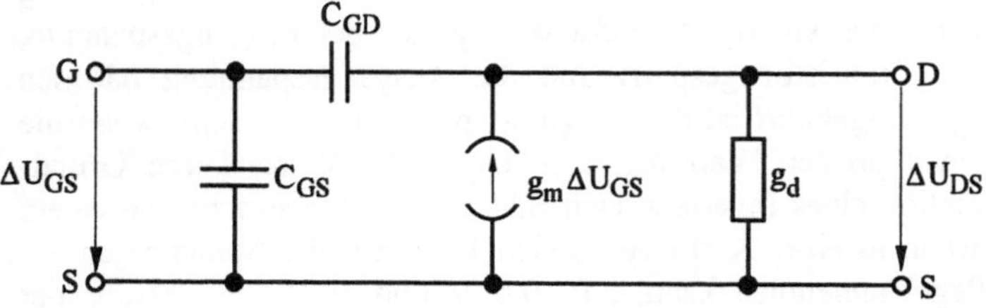

Bild 2.44 Kleinsignalersatzschaltbild eines Feldeffekttransistors

Die Kapazität zwischen Gate und Source und Drain und Gate sind C_{GS} und C_{DG}. Da $C_{DG} \ll C_{GS}$ ist, soll in der folgenden Näherung nur die Gate-Source-Kapazität betrachtet werden:

$$C_{GS} \approx \frac{\varepsilon_0 \cdot \varepsilon_{ox}}{t_{ox}} w \cdot l = C'_{ox} \cdot w \cdot l \qquad (2.93)$$

Der Ausgangsleitwert g_D ist im Sättigungsbereich oft vernachlässigbar klein. Die Steilheit g_m ist

$$g_m = \frac{dI_D}{dU_{GS}} = \mu_{neff} \frac{\varepsilon_0 \cdot \varepsilon_{ox}}{t_{ox}} \frac{w}{l} (U_{GS} - U_{th}) = \mu_{neff} C_{GS} (U_{GS} - U_{th}) \cdot \frac{1}{l^2} \qquad (2.94)$$

Für die Verstärkung als Verhältnis der Ströme am Eingang und Ausgang gewinnt man:

$$V = \frac{\Delta I_D}{\Delta I_G} = \frac{g_m \cdot \Delta U_{GS}}{\omega C_{GS} \cdot \Delta U_{GS}} = \frac{g_m}{\omega \cdot C_{GS}} \qquad (2.95)$$

Sie wird 1 bei der Grenzfrequenz

$$f_g = \frac{g_m}{2\pi C_{GS}} = \frac{1}{2\pi} \frac{\mu_{neff}}{l^2} (U_{GS} - U_{th}). \qquad (2.96)$$

Die Grenzfrequenz der Feldeffekttransistoren kann nach Gl.2.96 durch eine Verkleinerung der Kanallänge l sehr stark (bis etwa 100 GHz !) erhöht werden. Aus ganz ähnlichen Gründen können hohe Grenzfrequenzen, bzw. kurze Umschaltzeiten $\tau \propto 1/f_g$ durch Miniaturisierung der Basisbreite w_B der bipolaren Transistoren nach Gl. 2.3/13 verwirklicht werden.

2.7 Grundschaltungen mit n-Kanal Feldeffekttransistoren

Das Kennlinienfeld und das Schaltungssymbol eines n-Kanal Feldeffekttransistors vom Anreicherungstyp zeigt Bild 2.42a. Der Schwellwert ist $U_{th} = 1{,}3$ V. Wird ein solcher Transistor über einen ohmschen Widerstand R_{DD} an die Betriebsspannung U_{DD} gelegt, so entsteht eine wichtige Grundschaltung. Bei der Eingangsspannung Null am Gate ist der Transistor gesperrt und die Ausgangsspannung hat den maximalen Wert U_{DD}. Umgekehrt ist die Ausgangsspannung sehr klein, wenn die Eingangsspannung einen großen Wert hat, z.B. $U_{DD} = 10$ V ist. Diese Grundschaltung hat die Funktion eines Inverters nach Bild 2.45a. Man spricht von einem logischen Inverter, wenn in einer Kette von vielen Invertern die Spannungen am Eingang nur zwei Pegel annehmen kann, z.B. 0,6 V und 10 V, die häufig mit L (low) und H (high) gekennzeichnet werden. Solche Inverter können auf einfache Weise logisch hintereinander geschaltet werden, d.h. die Ausgangsspannung des einen Inverters kann direkt ohne zusätzliche Schaltmaßnahmen mit dem Eingang des folgenden Inverters gekoppelt werden, besonders wenn für $U_{GS} = 10$ V die Restspannung U_{DSr} des eingeschalteten Transistors kleiner bleibt als die Schwellspannung U_{th}

$$U_{DSr} < U_{th} \quad . \tag{2.97}$$

Diese Bedingung ist für Schalttransistoren vom Verarmungstyp nicht mehr erfüllt, wie dem Kennlinienfeld nach Bild 2.42b zu entnehmen ist.

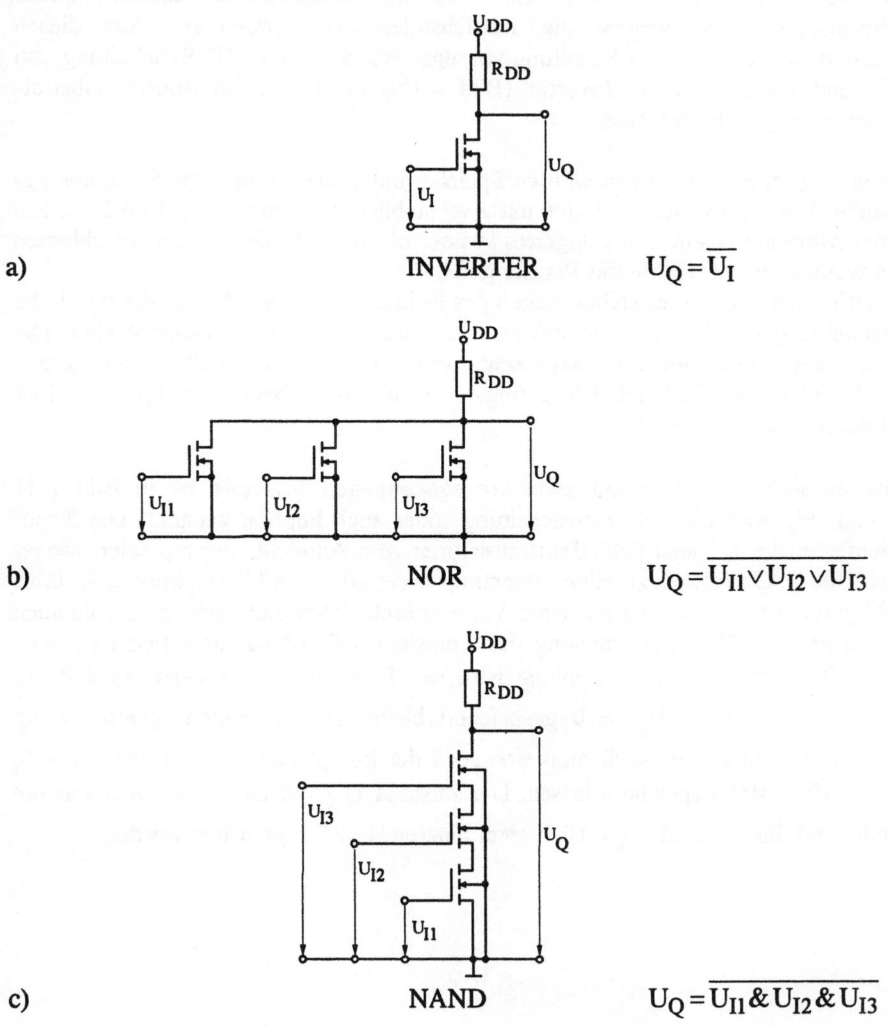

Bild 2.45 Inverter, NOR- und NAND - Schaltung mit Isolierschicht-Feldeffekt-Transistoren vom Anreicherungstyp, deren Substratanschluß das gleiche Potential besitzt.

Werden die Ausgänge mehrerer Inverter parallel geschaltet und die Lastwiderstände zu einem gemeinsamen Widerstand R_{DD} zusammengefaßt, so entsteht die NOR-Schaltung nach Bild 2.45b. Nimmt eine der drei Eingangsspannungen den Pegel H an, so ist der Ausgang auf dem Pegel L. Die NAND-Schaltung nach Bild 2.45c hat am Ausgang einen Pegel L, wenn alle Eingänge gleichzeitig auf dem Pegel H sind.

Eine integrierte NAND-Schaltung besitzt Feldeffekttransistoren, deren Substratanschluß nach Bild 2.45c häufig auf Masse liegt. In diesem Fall werden die Source-Substrat-Spannungen an drei in Reihe geschalteten Transistoren verschieden und führen nach Gl. 2.92 auf entsprechend unterschiedliche Schwellspannungen, welche die Betriebstoleranzen verkleinern. Aus diesen Gründen wird eine NAND-Schaltung vorzugsweise durch eine NOR-Schaltung und vor- und nachgeschaltete Inverter (Bild 4.1/9) ersetzt, deren Source-Substrat-Spannungen gleich groß sind.

Neben logischen Funktionen werden Speicherfunktionen in digitalen Systemen gebraucht. Ein mechanisches Modell mit zwei stabilen Zuständen zeigt Bild 2.46. Ein in der Mitte auf einem Keil gelagertes Wasserrohr ist an beiden Enden verschlossen und weniger als zur Hälfte mit Wasser gefüllt.

Offensichtlich gibt es stabile Lagen des Rohres $A = H$ und $A = L$, die durch die Ansammlung des Wassers am linken oder rechten Rohrende bestimmt sind. Die labile Lage des Rohres ist waagerecht, wenn in beiden Rohrhälften sich gerade gleich viel Wasser befindet. Die geringste Störung der labilen Lage führt zu einer der beiden stabilen Lagen.

Eine bistabile Schaltung mit zwei kreuzgekoppelten Invertern ist in Bild 2.47 gezeigt. Sie wird bistabile Kippschaltung oder auch Flipflop genannt. Die Kennlinienfelder der n-Kanal Feldeffekttransistoren vom Anreicherungstyp seien wieder nach Bild 2.42a festgelegt. Eine Spannung $U_A = 10$ V am Flipflopknoten A, führt infolge der Kreuzkopplung auf einen voll eingeschalteten und damit niederohmigen Transistor T_1. Die Drainspannung des Transistors T_1 ist auf dem Pegel L, bzw. $U_{\overline{A}} \approx 0$. Durch die Kreuzkopplung wird der Transistor T_2 gesperrt, so daß der Zustand $U_A \approx 10$V, $U_{\overline{A}} \approx 0$ gespeichert bleibt. Da die beiden Inverter völlig symmetrisch aufgebaut sind, muß sich auch der komplementäre Zustand $U_A \approx 0$, $U_{\overline{A}} = 10$ V stabil speichern lassen. Der Zustand $U_{\overline{A}} \approx 0$ kann also einer binären "Null" und der Zustand $U_A \approx 10$ V einer binären "Eins" zugeordnet werden.

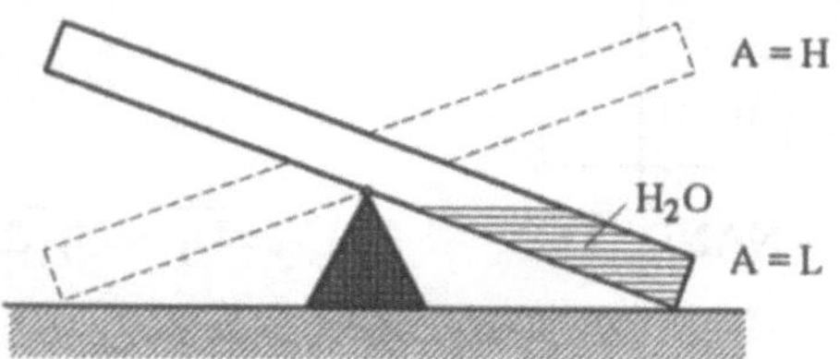

Bild 2.46 Skizze der bistabilen Lage eines symmetrisch gelagerten Rohres, das weniger als zur Hälfte mit Wasser gefüllt ist

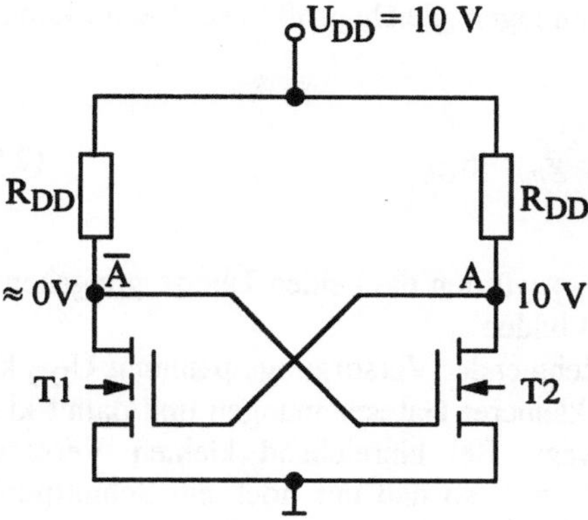

Bild 2.47 Bistabile Kippschaltung aus zwei gleichen, kreuzgekoppelten Invertern

Die statischen Eigenschaften einer bistabilen Kippschaltung werden besonders deutlich, wenn man die Übertragungskennlinien der beiden Inverter mißt und aufträgt, nachdem die Kreuzkopplung unterbrochen worden ist. U_{DS2} = f (U_{GS2}) als Kurve 2 und U_{GS1} = f (U_{DS1}) als Kurve 1 sind in Bild 2.48 für den Fall gezeichnet, daß beide Schalttransistoren durch das Kennlinienfeld in Bild 2.42a beschrieben werden und ein linearer Lastwiderstand R_{DD} = 12,5 kΩ verwendet wird.

Die beiden Inverterübertragungskennlinien schneiden sich in den drei Punkten A, $\overline{A}$ und L. In diesen drei Punkten kann die Kreuzkopplung wiederhergestellt werden, ohne daß sich die Spannungen ändern, da dort U_{DS2}= U_{GS1} und U_{DS1}= U_{GS2} sind.

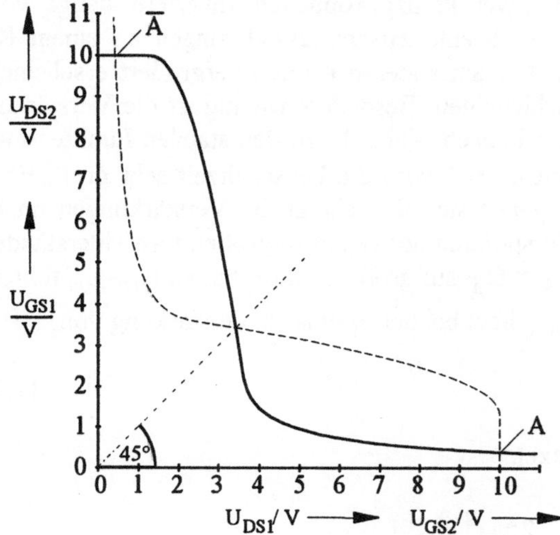

Bild 2.48 Übertragungskennlinie des Inverters mit T2 (——) und die des Inverters mit T1 (- - -)

Im labilen Punkt L sind alle 4 Spannungen gleich groß. Die Verstärkung eines Inverters ist im labilen Punkt L:

$$V_L = \frac{\partial U_{DS}}{\partial U_{GS}} = \frac{\partial I_D}{\partial U_{GS}} \frac{\partial U_{DS}}{\partial I_D} = g_{mL} \cdot R_{DD} \qquad (2.98)$$

In Bild 2.48 ist V_L = 6,6. Für V_L = ∞ würden die beiden Übertragungskennlinien einen rechten Winkel im labilen Punkt bilden.

Die Verstärkung V_L wird mit abnehmender Versorgungsspannung U_{DD} kleiner, da sich der labile Punkt in Richtung kleinerer Gatespannungen und damit kleinerer Steilheiten g_m nach Gl. 2.94 bewegt. Bei hinreichend kleinen Versorgungsspannungen U_{DD} wird schließlich V_L = 1, so daß nur noch ein Schnittpunkt der Inverterübertragungskennlinien übrig bleibt. Bei nur einem Schnittpunkt geht die Bistabilität und mit ihr die gespeicherte Information verloren.

Für die Speicherung einer binären Information in einem Flipflop mit Widerständen muß also immer ein Inverter leitend sein und damit eine Halteleistung P_H zur Verfügung gestellt werden. Weil je ein Schalttransistor gesperrt ist (U_{DSr} < U_{th}), gilt:

$$P_H \approx \frac{U_{DD}^2}{R_{DD}} \qquad (2.99)$$

Der Übergang von dem einen in den anderen stabilen Zustand in Bild 2.47 erfolgt durch eine Entladung der Kapazität $C_A = C_{GS}$ am Knoten A, z.B. über eine Verbindung zwischen Knoten A und Masse. Sie muß solange aufrecht erhalten werden, bis die Spannung U_A kleiner als die labile Spannung U_L ist, so daß der Transistor T_1 immer weniger Strom als Transistor T_2 zieht und schließlich sperrt.

Die Umschaltzeit τ von zwei kreuzgekoppelten Invertern hängt von der Verstärkung eines Inverters ab. Kleine Spannungsänderungen an einem Knoten sollen um die Verstärkung V > 1 am anderen Knoten vergrößert erscheinen, um den Umschaltvorgang zu beschleunigen. Besonders wichtig ist die Verstärkung im labilen Punkt, wenn die Abstände nach Bild 2.48 zu den stabilen Punkten maximal groß sind. Für V_L = 1 + δ mit δ << 1 wird die Umschaltzeit sehr groß. Ebenfalls sehr große Umschaltzeiten ergeben sich für sehr große Verstärkungen im labilen Punkt V_L, da die für große Verstärkung notwendigen großen Lastwiderstände R_{DD} mit den Knotenkapazitäten $C_A = C_{\overline{A}}$ auf große Zeitkonstanten $R_{DD}C_A$ führen. Ein Minimum der Umschaltzeit τ_{min} liegt bei der optimalen Verstärkung von:

$$V_L = 2 \qquad (2.100)$$

und ist mit Gl. 2.96 abzuschätzen:

$$\tau_{min} = \frac{1}{f_g} \approx \frac{2\pi C_A}{g_{mL}} = \frac{2\pi \cdot l^2}{\mu_{neff}} \frac{1}{U_L - U_{th}} \qquad (2.101)$$

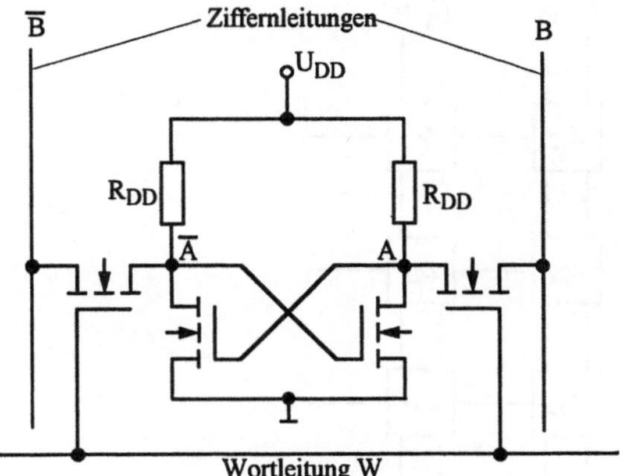

Bild 2.49 Schaltbild einer statischen Speicherzelle mit zwei komplementären Ziffernleitungen B und B̄ und einer orthogonalen Wortleitung

Eine Änderung des Speicherzustandes der Zelle entspricht dem Einschreiben einer binären Information, die von der ursprünglich gespeicherten Information verschieden ist. Zur Durchführung des Schreibvorganges mit Hilfe von Steuerleitungen werden zusätzlich zwei Schalttransistoren verwendet. Das entsprechende Schaltbild einer integrierten Speicherzelle mit 4 Transistoren und zwei Lastwiderständen ist in Bild 2.49 gezeigt.

Der Schaltungskern ist die bistabile Kippschaltung, die aus zwei Schalttransistoren und zwei Lastwiderständen besteht. Die an den Flipflop-Knoten angeschlossenen Ansteuerungstransistoren werden niederohmig durch eine positive Spannung auf der sogenannten Wortleitung W. Die Spannungen auf den beiden parallelen Ziffernleitungen B und B̄ liegen auf komplementären logischen Pegeln A bzw. Ā, wenn eine Information geschrieben werden soll. Beispielsweise wird der Knoten A entladen, wenn die Ziffernleitung B auf Massepotential liegt. Der Schreibvorgang erfolgt bei Koinzidenz der positiven Wortleitungsspannung und der Schreibspannungen auf den Ziffernleitungen.

Beim Auslesen der Information der Zelle sind die Spannungen auf den Ziffernleitungen gleich groß und etwa gleich der Spannung U_L im labilen Punkt nach Bild 2.48, um eine Zerstörung der gespeicherten Information sicher zu vermeiden. Auf diese Weise wird infolge der Innenwiderstände die Spannung am Knoten A immer größer und am Knoten Ā kleiner als U_L bleiben. Nach Sperrung der Ansteuerungstransistoren werden sich die ursprünglichen Speicherzustände A und Ā automatisch regenerieren. Da U_L auf einem Wert zwischen den stabilen Knotenspannungen liegt, wird der Lesestrom in der einen Ziffernleitung die umgekehrte Polarität wie in der anderen haben. Die Differenz der Leseströme in den beiden Ziffernleitungen zeigt die gespeicherte Information der ausgewählten Zelle an.

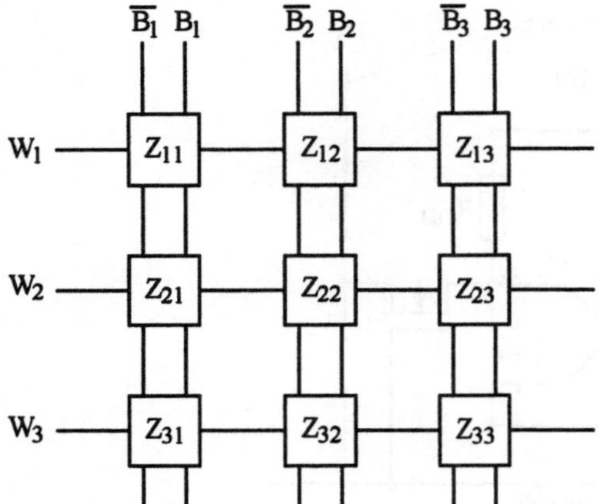

Bild 2.50 Schema einer Speichermatrix mit orthogonalen Wort- und Ziffernleitungen

Die Auswahl oder Selektion einer Zelle Z_{nm} aus vielen Speicherzellen, die nach Bild 2.50 in einer Matrix angeordnet sind, erfolgt durch eine orthogonale Anordnung der Wort- und der beiden Ziffernleitungen.

Viele Speicherzellen können auf einem Halbleiter-Chip integriert werden, wenn die Halteleistung nach Gl. 2.99 hinreichend klein ist, da eine unzulässige Erwärmung zur Zerstörung der Schaltungen führt, wenn die Verlustleistung des Chips die maximale Kühlleistung pro Fläche Q überschreitet. Für Luftgebläsekühlung ist $Q \approx$ 2 W/cm^2. Kleine Verlustleistungen von kreuzgekoppelten Invertern können praktisch nur durch große Lastwiderstände R_{DD} erzielt werden, da die Spannungspegel mehr oder weniger festliegen.

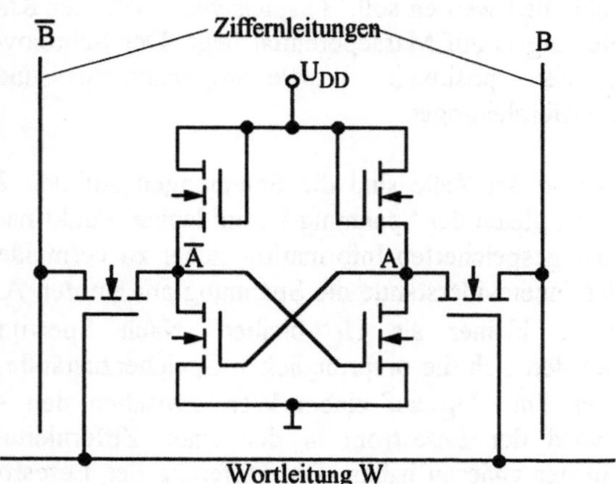

Bild 2.51 Schaltbild einer statischen Sechs - Transistor - Speicherzelle mit Ansteuerungs-leitungen (ohne Lastwiderstände)

Lineare Widerstände könnten durch n-diffundierte Leitungen im p-Substrat realisiert werden. Die Länge und der damit verbundene Platzbedarf solcher Leitungen, auch wenn sie mäanderförmig ausgeführt sind, wäre zu groß. Der zur Verfügung stehende Diffusionsprozeß für die Source- und Draintaschen ergibt einen zu kleinen spezifischen Widerstand und ein weiterer Diffusionsprozeß zur Herstellung von Widerständen würde zu teuer werden.

Zur Vereinfachung der Herstellung einer solchen Speicherzelle und gleichzeitigen Reduzierung des Platzbedarfs ersetzt man die Lastwiderstände in Bild 2.49 durch Transistoren vom gleichen Typ wie die Schalttransistoren. Eine solche 6-Transistorzelle zeigt Bild 2.51.

Eine besonders naheliegende Lösung ist die Verwendung von integrierten Transistoren vom gleichen Anreicherungstyp und mit den gleichen Querschnittseigenschaften. In diesem Fall sind Gate und Drain des Lasttransistors vom Anreicherungstyp nach Bild 2.51 verbunden. Für $U_{DS} = U_{GS}$ gewinnt man aus dem Kennlinienfeld in Bild 2.52, das einem Verhältnis $w_S/l_S = 5$ entspricht, die steilste der drei gestrichelten Kurven.

Der dazugehörige Lastwiderstand R_{DD} ist nicht mehr linear. Er geht gegen sehr große Werte für $U_{GS} < U_{th}$. Der Widerstand des Lasttransistors ist dem Verhältnis w_L/l_L umgekehrt proportional und kann durch geeignete Wahl der Oberflächengeometrie auf einen gewünschten Wert gebracht werden. Die Skizze einer Inverterauslegung zeigt Bild 2.53.

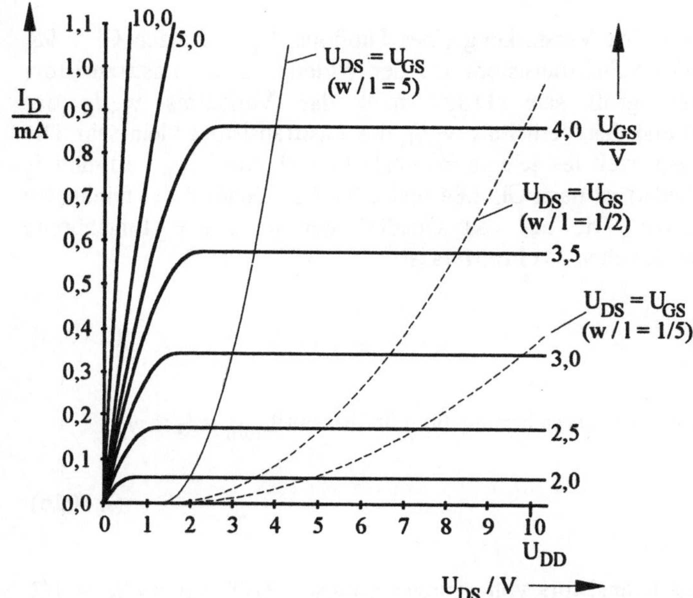

Bild 2.52 Konstruktion der nichtlinearen Strom - Spannungskennlinie eines Lasttransistors vom Anreicherungstyp mit dem Geometrieverhältnis w_L / l_L als Parameter

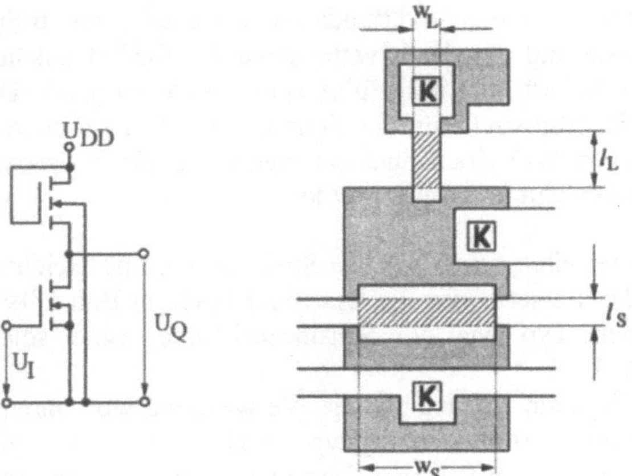

Bild 2.53 Schaltbild und Skizze der Aufsicht eines Inverters mit einem Schalttransistor und einem Lasttransistor vom Anreicherungstyp

Die mit K bezeichneten Quadrate sind Kontakte zwischen der Metallisierung der Zuleitungen und den punktiert angedeuteten n^+-dotierten Taschen von Source und Drain. Die schraffierten Flächen unter der Gate-Metallisierung kennzeichnen die aktiven Kanalflächen der Transistoren, die ein Maß für den Flächenbedarf der Schaltungen sind. Der Flächenbedarf eines Inverters soll möglichst klein sein, um viele Schaltungen auf einen Chip integrieren zu können.

Zur Erzielung der optimalen Verstärkung eines Flipflops, $V_L = 2$ nach Gl. 2.98, müssen die Steilheit des Schalttransistors und der Widerstand des Lasttransistors pro Siliziumoberfläche groß sein. Daher muß das Verhältnis w_S/l_S des Schalttransistors groß und das Verhältnis w_L/l_L des Lasttransistors klein sein. Die durch den Herstellungsprozeß festgelegte minimale Linienbreite L_{min} bestimmt l_S und w_L. Der Flächenbedarf ist nach Gl. 2.84 und 2.94 dem Quadrat der minimalen Linienbreite proportional. Die auf das Quadrat der minimalen Linienbreite bezogenen aktiven Kanalflächen des Inverters ist

$$F_K' = \frac{w_L \cdot l_L}{L_{min}^2} + \frac{w_S \cdot l_S}{L_{min}^2} \ .$$

(2.102a)

Für einen Lasttransistor vom Anreicherungstyp gilt also mit $L_{min} = l_S = w_L$:

$$F_K' = \frac{l_L}{w_L} + \frac{w_S}{l_S} \ .$$

(2.102b)

Die Kennlinie eines Lasttransistors vom Anreicherungstyp (AT) für $w_L/l_L = 1/2$, nach Bild 2.52 ist in Bild 2.54 in das Kennlinienfeld des Schalttransistors mit $w_S/l_S = 5$ eingezeichnet.

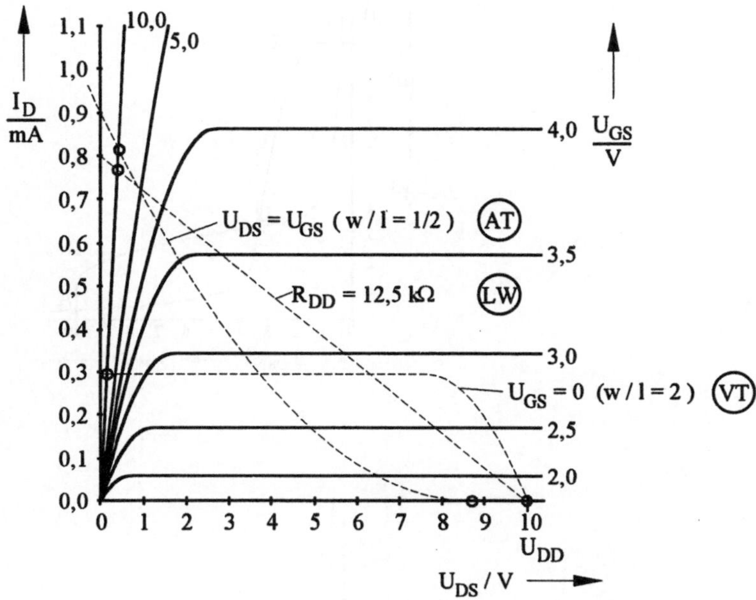

Bild 2.54 Ausgangskennlinienfeld eines Inverters mit einem Schalttransistor vom Anreicherungstyp und verschiedenen Lastkennlinien (LW), (AT) und (VT)

Die Versorgungsspannung ist U_{DD} = 10 V wie in Bild 2.47. Gegenüber dem Lastwiderstand (LW) R_{DD} = 12,5 kΩ ergeben sich zwei neue, durch Kreise gekennzeichnete stabile Arbeitspunkte.

Die maximale Spannung an einem Flipflopknoten A ist um die Schwellspannung des Lasttransistors kleiner als die Batteriespannung

$$U_{Amax} = U_{DD} - U_{th}.$$

(2.103)

Die minimale Knotenspannung bleibt in erwünschter Weise kleiner als die Schwellspannung $U_{Amin} < U_{th}$ (AT) = + 1,3 V.

Die entsprechende Übergangskennlinie der Inverter eines Flipflops ist in Bild 2.55b zu sehen. Im labilen Punkt ist V_L = 2,4, so daß die Umschaltzeit in der Nähe des Minimums liegt. Das Inverterverhältnis ist:

$$\beta_R = \frac{\beta_S}{\beta_L} = \frac{w_S / l_S}{w_L / l_L} = 10$$

(2.104)

und die bezogene Kanalfläche nach Gl. 2.102 ist F'_K = 7.

Inverter mit Lasttransistoren vom Anreicherungstyp erfüllen also alle wesentlichen Aufgaben. Als Nachteil bleibt gegenüber dem linearen Widerstand der Spannungsverlust nach Gl. 2.103.

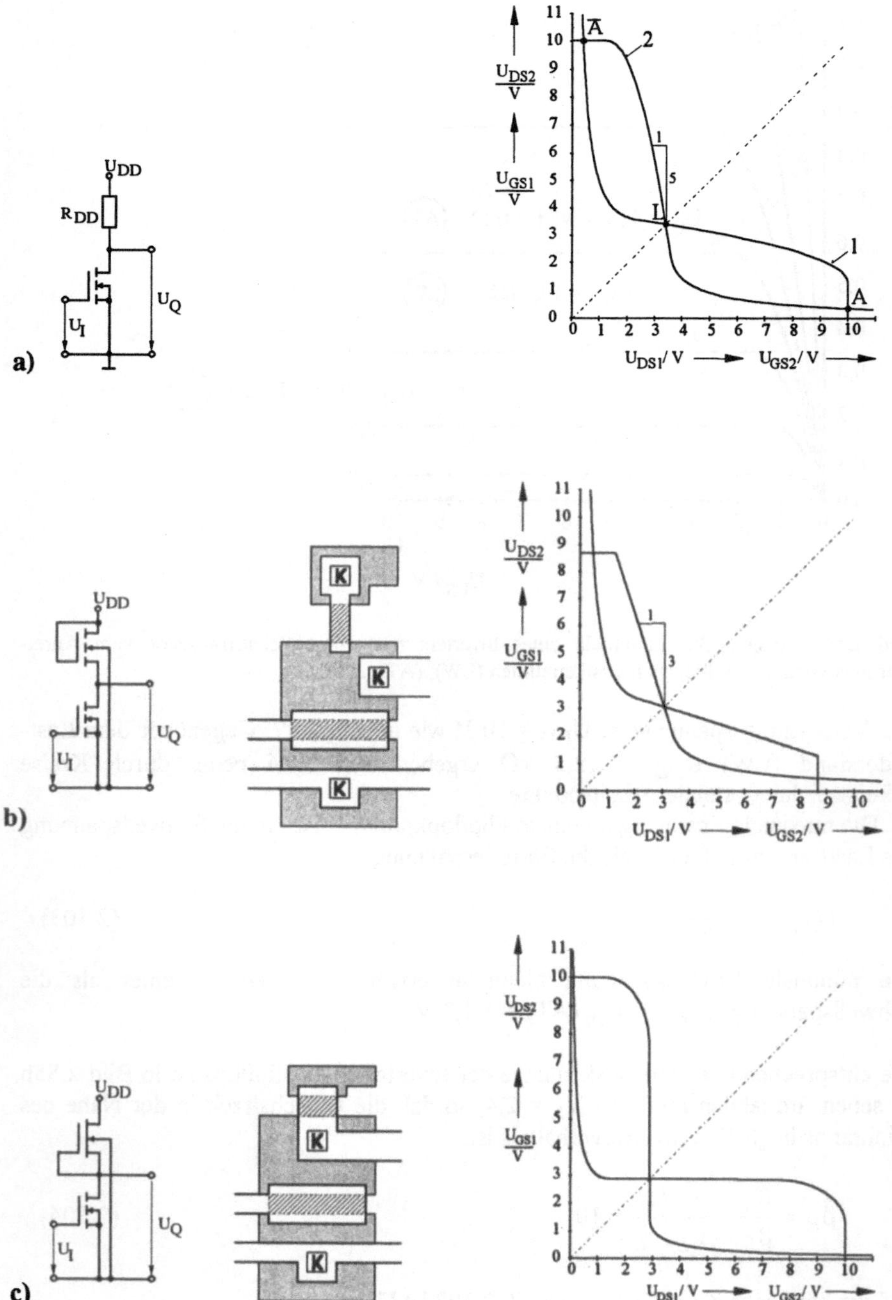

Bild 2.55 Schaltbild, Aufsicht und Übertragungskennlinien von Invertern nach Bild 2.54 mit dem gleichen Schalttransistor und mit a) einem Lastwiderstand, b) einem Lasttransistor vom Anreicherungstyp und c) mit einem Lasttransistor vom Verarmungstyp

Die Ausgangsspannung eines Inverters ist kleiner als die Versorgungsspannung. Dieser Nachteil wird vermieden, wenn als Lasttransistor anstelle eines Anreicherungstyps ein Verarmungstyp mit einem Schwellwert U_{th} = - 2,5 V nach Bild 2.42b eingesetzt wird, bei dem Source und Gate verbunden bleiben, also U_{GS}=0 ist. Als Beispiel sei das Verhältnis w_L/l_L = 2 und damit 2,5 mal kleiner als im Kennlinienfeld von Bild 2.42b. In diesem Fall könnte die bezogene Kanallänge l_L und damit der Flächenbedarf des Lasttransistors viermal kleiner sein als mit einem Anreicherungstyp nach Bild 2.53, wenn die Breite w_L gleich groß gewählt werden würde.

Da aber l_L nicht kleiner als L_{min} gewählt werden kann, bleibt die Anzahl der Strukturquadrate nach Gl. 2.102a für w_L / L_{min} = 2 unverändert F'_K = 7. Die entsprechende Lastwiderstandskennlinie (VT) ist in Bild 2.54 skizziert. Die volle Batteriespannung steht wie bei einem linearen Lastwiderstand als Ausgangsspannung der kreuzgekoppelten Inverter zur Verfügung. Der Lasttransistor vom Verarmungstyp wirkt in einem weiten Spannungsbereich wie eine Stromquelle, d.h. wie ein Generator mit konstantem Strom und einem sehr großen differentiellen inneren Widerstand. Der maximale Strom und die Verlustleistung sind etwa 5,8 mal kleiner durch den Einsatz eines Lasttransistors vom Verarmungstyp anstelle eines vom Anreicherungstyp.

Die Übergangskennlinien sind in Bild 2.55c eingezeichnet. Sie schneiden sich unter fast 90°, so daß die Spannungen in den stabilen Punkten sehr genau definiert sind.

Da die Verstärkung im labilen Punkt V_L >> 2 ist, könnte die aktive Fläche des Schalttransistors weiter verkleinert (w_S / l_S) und eine merklich kleinere bezogene Kanalfläche als F'_K = 7 verwirklicht werden.

Transistoren vom Anreicherungstyp können nach Gl. 2.92 durch solche vom Verarmungstyp durch eine Verringerung der effektiven Akzeptorendichte N_A in der Kanalzone verwandelt werden. Zu diesem Zweck werden ionisierte Donatoren auf hohe Geschwindigkeiten elektrisch beschleunigt und in die Siliziumscheibe geschlossen. Die Beschleunigungsspannung bestimmt die Geschwindigkeit und damit die Eindringtiefe, der Strahlstrom die Zahl und damit die Dichte der implantierten Dotieratome. Diese Technik der Ionenimplantation eignet sich sehr gut für eine definierte Verschiebung der Schwellspannung an Stellen, die durch eine Maske aus Photolack oder dickem Siliziumoxyd freigegeben werden.

Die Kosten für die Herstellung eines Chips sind in grober Näherung unabhängig von der Zahl der auf dem Chip integrierten Schaltungen. Die Kosten pro Schaltung, z.B. pro Speicherzelle, können daher durch eine Miniaturisierung der Siliziumfläche A einer Schaltung erheblich gesenkt werden.

Die Fläche A ist dem Quadrat der minimalen Linienbreite L_{min} einer Struktur, die mit licht- oder elektronenoptischen Methoden noch reproduzierbar hergestellt werden kann, (z.B. die Kanallänge, die Breite einer Verbindungsleitung, der Durchmesser eines Kontaktes zwischen Leitungen) und der Anzahl der

Strukturquadrate F' einer bestimmten Schaltung proportional

$$A = F' L^2_{min}$$ (2.105)

F' ist ein Maß für die Güte der Auslegung einer bestimmten Schaltung für einen vorgegebenen Herstellungsprozeß. Eine 6-Transistor-Speicherzelle mit Anreicherungstransistoren kann im Rahmen der n-Kanal MOSFET-Technologie auf etwa $F' \approx 300$ Strukturquadraten in einer Ebene ausgelegt werden. Die sogenannte 1-Transistorzelle kommt nur mit $F' \approx 30$ aus. Die gegenwärtig erreichten minimalen Linienbreiten liegen in der Fertigung bei 1,0 µm und in der Forschung bei etwa 0,1 µm.

Eine weitere Miniaturisierung nach Gl. 2.105 ist zu erwarten, da die Funktion der Schaltung sich nicht ändert, wenn alle lateralen und vertikalen Abmessungen um den Faktor K verkleinert und die Dotierung im Kanal eines MOSFETs um den Faktor K vergrößert wird. Für Transistoren mit Kanallängen unter 1 µm gilt diese Regel nur sehr bedingt, da dort die Sättigungsgeschwindigkeit der Elektronen zu berücksichtigen ist (Gl. 2.86).

Zur Charakterisierung des Umschaltverhaltens von Invertern soll der Einfluß der verschiedenen Möglichkeiten der Beschaltung eines n-Kanal Transistors vom Anreicherungstyp mit einer "Last"   anhand der 10% - 90% Anstiegszeit beim Aufladen einer kapazitiven Last näher betrachtet werden.

Bild 2.56 zeigt den Idealfall, wenn die Lastkapazität C_L durch einen Stromimpuls der Dauer $t_r / 0,9$ und der Amplitude I_{max1} einer Konstantstromquelle aufgeladen wird. Die Anstiegszeit t_r der Spannung U_Q am Kondensator ergibt sich zu

$$t_r = \frac{0,8 \cdot C_L \cdot U_{DD}}{I_{max1}}$$ (2.106)

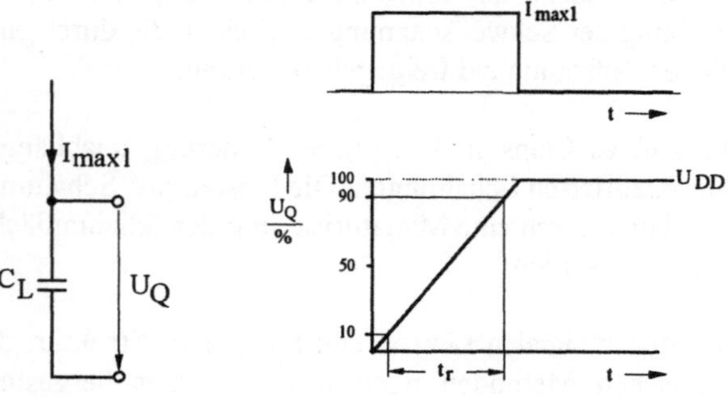

Bild 2.56 Aufladung einer Kapazität mit einer Konstantstromquelle

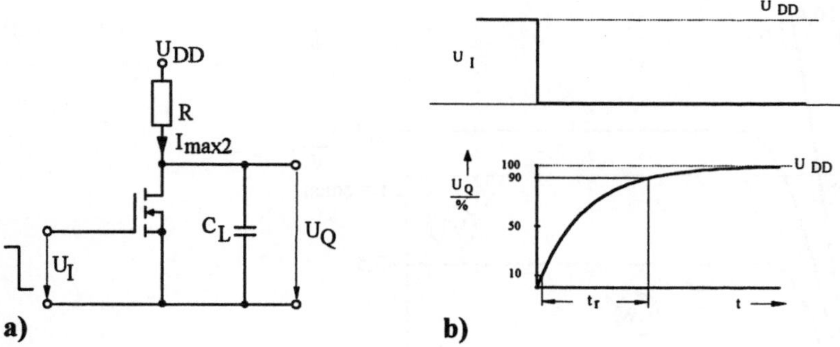

Bild 2.57 Aufladung der Lastkapazität C_L über den Lastwiderstand R bei gesperrtem Schalttransistor

Geht man von einem Spannungssprung auf U_{DD} einer Spannungsquelle mit dem Widerstand R nach Bild 2.57a aus, so erreicht die Spannung an der Lastkapazität C gemäß $U_Q = U_{DD} \cdot (e^{-t/\tau} - 1)$ relativ langsam einen Sättigungswert.

Die Anstiegszeit t_r wird zu

$$t_r = 2{,}2 \cdot C_L \cdot R = 2{,}2 \cdot C_L \frac{U_{DD}}{I_{max2}} \qquad . \tag{2.107}$$

Die größte Anstiegszeit t_{rAt} ergibt sich, wenn als Last ein Transistor vom Anreicherungstyp eingesetzt wird, wie es in Bild 2.58a dargestellt ist, da während des Umschaltvorgangs vom Arbeitspunkt auf U_{DD}-U_{th} weniger Strom zum Aufladen der kapazitiven Last zur Verfügung steht, wie durch die in Bild 2.59 gezeigte Lastkennlinie (AT) verdeutlicht wird.

Sie wird zu

$$t_{rAT} = \frac{8{,}9 \cdot C_L \cdot (U_{DD} - U_{th})}{I_{max3}} \qquad . \tag{2.108}$$

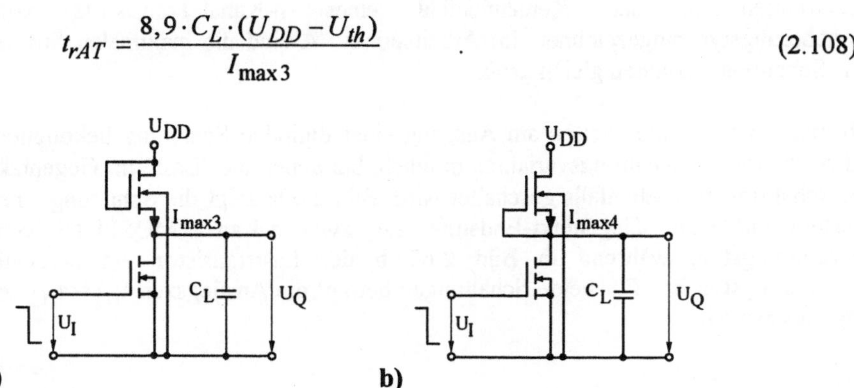

Bild 2.58 Aufladung der Lastkapazität C_L über Lasttransistoren bei gesperrtem Schalttransistor. a) Lasttransistor vom Anreicherungstyp und b) vom Verarmungstyp

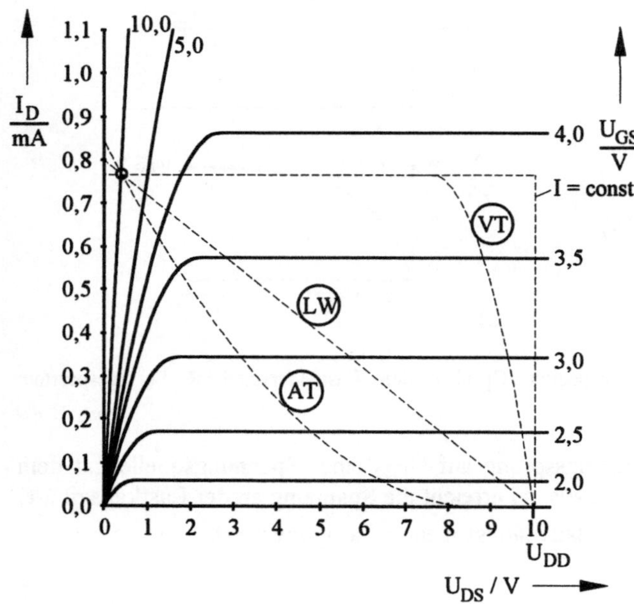

Bild 2.59 Aufladung einer Lastkapazität mit dem gleichen maximalen Ladestrom, aber bei verschiedenen Lastkennlinien

Eine deutliche Verbesserung des Umschaltverhaltens ergibt sich beim Einsatz eines Transistors vom Verarmungstyp als Last (Bild 2.58 b) . Die Anstiegszeit des Ausgangssignals verringert sich zu dem Wert

$$t_{rVT} = \frac{1,1 \cdot C_L \cdot U_{DD}}{I_{max\,4}} \qquad (2.109)$$

Im Bild 2.59 sind die Kennlinien für die in den Bildern 2.56 bis 2.58 gezeigten Lastvarianten in das Kennlinienfeld eines n-Kanal-Transistors vom Anreicherungstyp eingezeichnet. Im Arbeitspunkt A sind die maximalen Ströme aller Schaltungsvarianten gleich groß.

Will man kurze Anstiegszeiten am Ausgang einer digitalen Schaltung bekommen, sind noch weitere Schaltungsvarianten möglich, bei denen die "Last" im Gegentakt zum Schalttransistor ebenfalls geschaltet wird. Bild 2.60a zeigt die Schaltung eines Inverters mit einer Gegentakt-Endstufe aus zwei n-Kanal MOSFETS vom Anreicherungstyp, während in Bild 2.60 b der Lasttransistor ein p-Kanal-Anreicherungstyp ist. Für beide Schaltungen beträgt die Anstiegszeit $t_{rG} = t_{rC}$ der Ausgangsspannung

$$t_{rG} = \frac{1,1 \cdot C_L \cdot U_{DD}}{I_{max\,5}} = t_{rC} \qquad . \qquad (2.110)$$

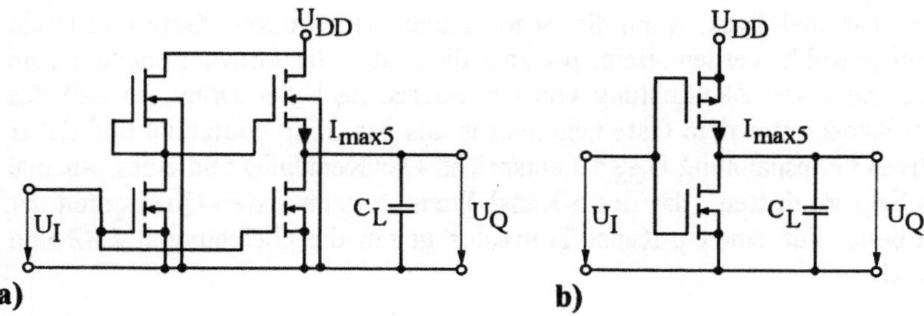

Bild 2.60 Gegentakt - Treiberschaltungen für ein schnelles Auf - und Entladen einer Kapazität:
a) n-Kanal-Transistoren vom Anreicherungs- und Verarmungstyp, b) Komplementär Transistoren
vom Anreicherungstyp (CMOS)

2.8 Grundschaltungen mit komplementären Feldeffekttransistoren

Die Verlustleistung eines Inverters, der aus einem n-Kanal Anreicherungstyp als
Schalttransistor und einem n-Kanal Verarmungstyp als Lasttransistor besteht, kann
weiter erheblich verkleinert werden, wenn der Lasttransistor durch einen p-Kanal
Anreicherungstyp nach Bild 2.61 ersetzt wird.

In diesem Fall kann durch geeignete Dimensionierung erreicht werden, daß für zwei
Eingangsspannungsbereiche entweder der eine oder der andere Transistor sperrt
und daher der quasistationäre Versorgungsstrom außerordentlich klein ist und nur
von den Leckströmen bestimmt wird.

Die Kennlinienfelder eines p- und n-Kanal Feldeffekttransistors vom Anreicherungstyp mit den gleichen Beträgen ihrer Schwellwertspannungen U_{thn} = 1,3 V,
und U_{thp} = -1,3 V sind in Bild 2.62 zu sehen.

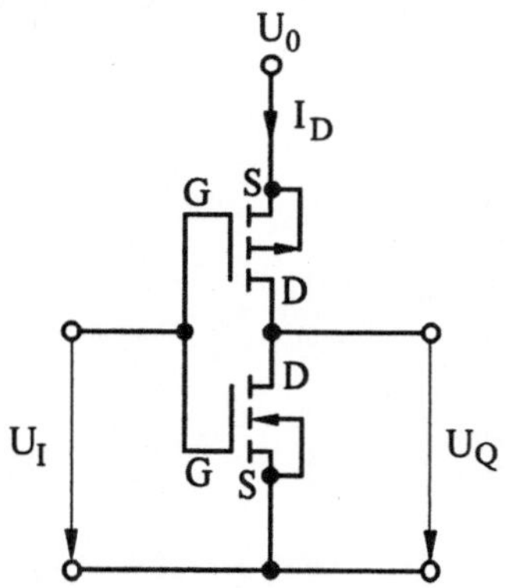

Bild 2.61 Schaltbild eines CMOS - Inverters mit Transistoren vom Anreicherungstyp

Spannungen und Ströme eines p-Kanal Transistors haben umgekehrte Vorzeichen wie die eines n-Kanal Typs, wenn die Bezeichnungen für Source, Gate und Drain entsprechend gewählt werden. Beim p-Kanal fließt also der konventionelle Strom entgegen der positiven Zählrichtung von der Source nach der Drain, so daß das Potential im Kanal unter dem Gate negativer ist als das Sourcepotential und daher einer negativen Gatespannung $U_{GS} < 0$ entspricht. Das Kennlinienfeld eines p-Kanal Transistors liegt im dritten, das des n-Kanal Transistors im ersten Quadranten der I_D , U_{DS}-Ebene. Für einen p-Kanal Transistor gelten die Gleichungen 2.82 und 2.84 entsprechend.

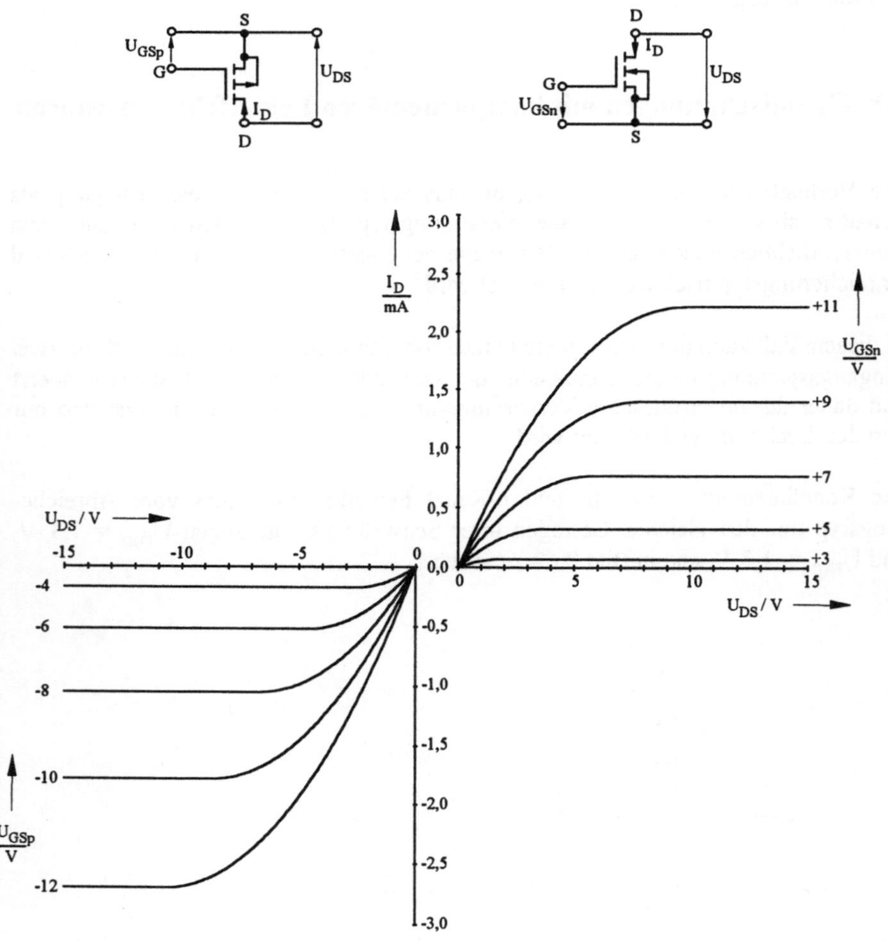

Bild 2.62   Ausgangskennlinienfelder eines p-Kanal- und eines komplementären n-Kanal-Transistors vom Anreicherungstyp, die nach Drehung um 180° zusammenfallen würden

Der Betrag der Ströme eines n- und p-Kanal Transistors ist gleich groß, wenn die Beträge der Spannungen gleich groß sind und nach Gl. 2.84

$$\beta_n = \mu_{neff} \frac{w_S}{l_S} C'_{ox} = \mu_{peff} \frac{w_L}{l_L} C'_{ox} = \beta_p. \tag{2.111}$$

Das Verhältnis

$$\beta_R = \beta_n / \beta_p \tag{2.112}$$

soll hier also eins sein.

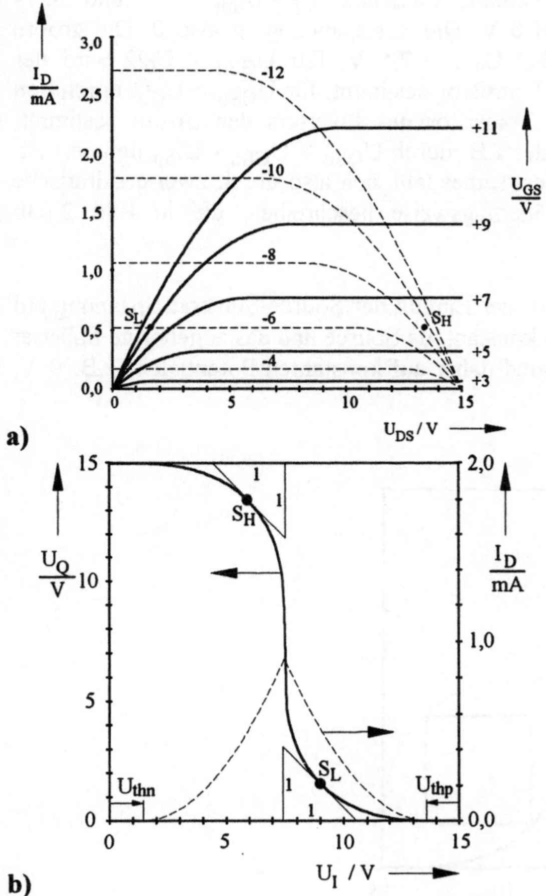

Bild 2.63 Konstruktion der Übertragungskennlinie eines CMOS - Inverters mit verbundenen Gateanschlüssen nach Bild 2.61 aus den Kennlinienfeldern nach Bild 2.62 für eine Versorgungsspannung $U_0 = 15$ V

Da die Oberflächenbeweglichkeit von Elektronen etwa 3mal größer als die der Löcher ist, fließen gleich große Ströme für gleich große Kanallängen, $l_S \approx l_L$, wenn

$$w_L / w_S = 3 \tag{2.113}$$

also die p-Kanal Transistoren eine 3mal größere Breite besitzen. Für diesen Fall gelten die Kennlinien in den Bildern 2.62 und 2.63.

In Bild 2.63a sind die Kennlinien eines n-Kanal Transistors und die eines p-Kanal Transistors als Lasttransistor für eine Versorgungsspannung von $U_0 = 15$ V eingetragen. Im Gegensatz zu einem Inverter mit ausschließlich n-Kanal Transistoren nach Bild 2.54 mit jeweils einer Lastkennlinie hat ein CMOS-Inverter viele Lastkennlinien, ein Lastkennlinienfeld. Die entsprechende Übertragungskennlinie in Bild 2.63b verläuft zwischen $U_I = U_{thn} = 3$ V und $U_0 - |U_{thp}| = 12$ V von $U_Q = 15$ V auf 0 V. Die Restspannung ist also 0. Die größte Verstärkung des Inverters liegt bei $U_0/2 = 7,5$ V. Für $U_{GSn} < U_0/2$ wird der Inverterstrom durch den n-Kanal Transistor bestimmt, für $U_{GSn} > U_0/2$ durch den p-Kanal Transistor. Solange ein Transistor des Inverters den Strom bestimmt, arbeitet er im Sättigungsbereich, der z.B. durch $U_{DSn} > U_{GSn} - U_{thn}$ definiert ist. Der Verlauf des ohmschen Inverterstromes läßt sich also durch zwei quadratische Teilkennlinien nach Gl. 2.84 näherungsweise beschreiben, die in Bild 2.63b gestrichelt eingetragen sind.

Bei einem Komplementärinverter ist der Einfluß der Source-Substrat-Spannung auf die Schwellwerte der Transistoren konstant, da Source und das zugehörige Substrat eines Transistors verbunden sind und daher auf konstanten Potentialen (z.B. 0 V, 15 V) liegen.

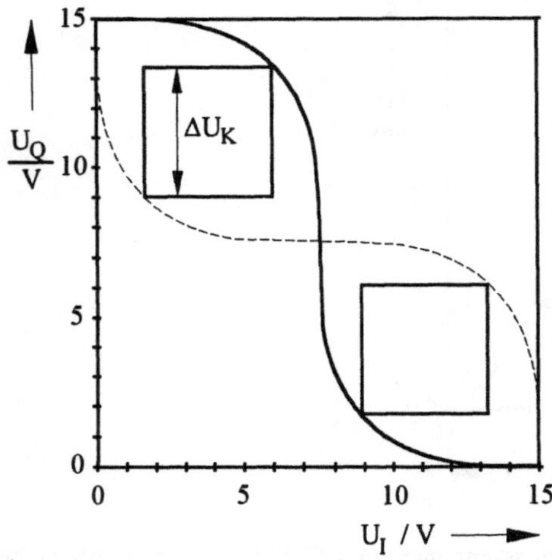

Bild 2.64 Bestimmung der Störabstände eines CMOS - Inverters nach Bild 2.61 aus der Übertragungskennlinie nach Bild 2.63b und der Umkehrfunktion für $U_0 = 15$ V

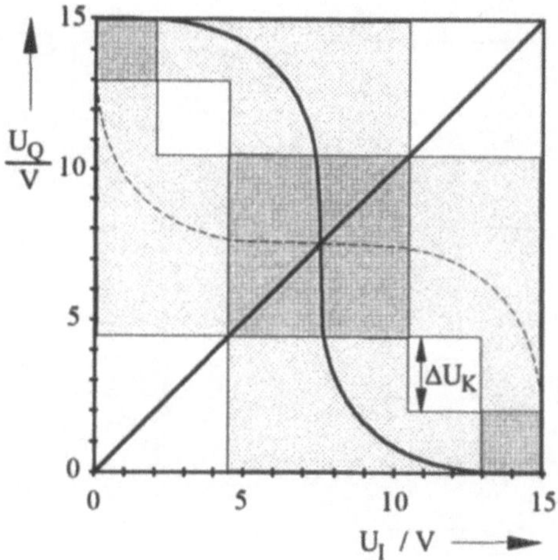

Bild 2.65 Bestimmung der Mindeststörabstände eines CMOS - Inverters nach Bild 2.63 und 2.64

Zur Bestimmung der Störabstände sind in Bild 2.64 die Übertragungskennlinien nach Bild 2.63 und ihre Umkehrfunktion eingezeichnet. Der symmetrische Kettenstörabstand für eine Versorgungsspannung von $U_{CC} = 15$ V ist mit $\Delta U_K = \pm 4,5$ V $\approx 1/3\ U_{CC}$ sehr groß. Auch die Eckpunkte der Herstellungstoleranzen: $U_{ILmax} = 4$ V, $U_{QHmin} = 13,5$ V und $U_{IHmin} = 11$ V, und $U_{QLmax} = 1,5$ V (Motorola MC 14000 B) führen auf quadratische Fenster der Mindeststörabstände $\Delta U_{Kmin} = 2,5$ V nach Bild 2.65, die erheblich größer sind als bei TTL-Schaltungen.

Integrierte CMOS-Inverter nach Bild 2.61 haben neben sehr günstigen Störabständen nach Bild 2.65 auch nachteilige elektrische Eigenschaften. Sie brauchen häufig Schutzschaltungen gegen Überspannungen an ihren Eingängen.

Der Eingang von CMOS-Schaltungen wirkt häufig wie eine Kapazität von 1 pF mit einem Leckstrom von etwa 1 pA. Elektrostatische Ladungen, beispielsweise die eines Menschen, können bei Berührung der Eingangsklemmen über den winzigen Leckstrom nicht abfließen, so daß hohe Spannungen an den Gateelektroden entstehen. Spannungs- oder Stromdurchbrüche sind die Folge, die zur Zerstörung des Bauelementes führen.

Der Stromdurchbruch, der auch "Latch Up-Effekt" genannt wird, tritt in der Regel nicht in Schaltungen, die nur n- oder nur p-Kanal Transistoren enthalten, wohl aber in integrierten CMOS-Schaltungen auf. Zur Veranschaulichung der Verhältnisse sind in Bild 2.66 das Schaltbild und der Halbleiterquerschnitt eines Inverters mit Gateelektroden aus polykristallinem Silizium dargestellt.

Auf einem kristallinen n^+-Substrat liegt eine n-Epitaxieschicht, in die für den n-Kanal Transistor eine p-Wanne diffundiert ist. An der Oberfläche der p-Wanne sind große n^+-Taschen für Source und Drain zu erkennen. Entsprechend große p^+-Taschen werden für den p-Kanal Transistor gebraucht.

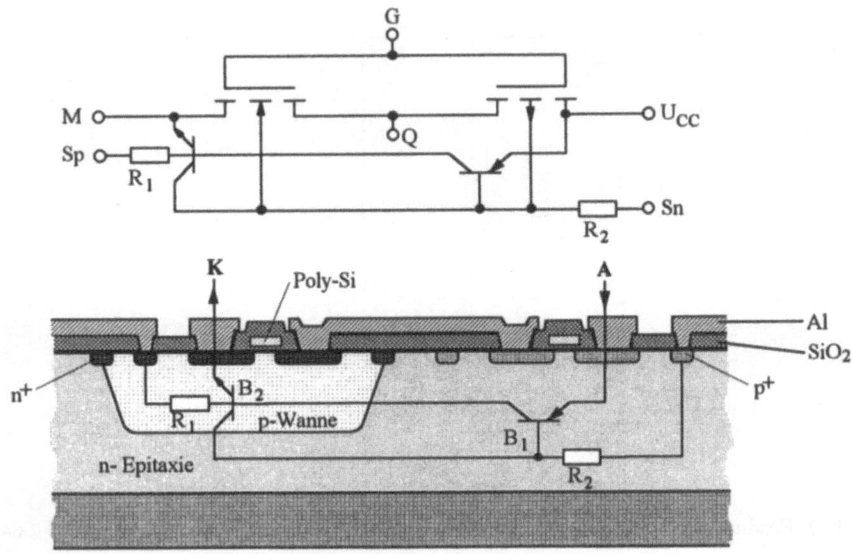

Bild 2.66   Schaltbild eines CMOS - Inverters mit parasitären bipolaren Transistoren und zugehörigem Halbleiterquerschnitt

Die kleinen p^+- und n^+-Taschen, die Kanalstopper genannt werden, verhindern Kriechströme längs der Halbleiteroberfläche zwischen den Bauelementen.

Zwischen Versorgungsspannung und Masse ist parallel zu dem Komplementärinverter nach Bild 2.66 eine Folge von vier Schichten: pnpn, d.h. ein parasitärer Thyristor zu erkennen. Der Vierschichter kann zur Erläuterung seiner Funktionsweise in zwei komplementäre bipolare Transistoren, d.h. hier in einen lateralen pnp- und einen vertikalen npn-Transistor zerlegt werden. Verschiedene symbolische Darstellungen eines Thyristors sind in den Bildern 2.67 a) bis d) zu sehen. Zwischen Anode A und Kathode K des Thyristors kann ein so großer Strom fließen, daß das Bauelement zerstört wird, wenn der Thyristor vom sperrenden in den leitenden Zustand übergeht, d.h. wenn durch Spannungs- oder Stromimpulse die Summe der Stromverstärkungen beider Transistoren größer als 1 wird:

$$A_{npn} + A_{pnp} > 1 \qquad\qquad (2.114)$$

Eine typische Thyristorkennlinie ist in Bild 2.67e dargestellt. Nach Überschreiten der Zündspannung verhält sich der Thyristor ähnlich wie eine Diode in Durchlaßrichtung. An diese Eigenschaft erinnert das normgerechte Symbol in Bild 2.67d.

Im leitenden Zustand eines Thyristors ist die mittlere Diode zwischen p-Wanne und n-Epitaxieschicht in Durchlaßrichtung gepolt. Dieser Zustand kann durch eine positive Impulsamplitude U_{SpM} ausgelöst, bzw. gezündet werden.

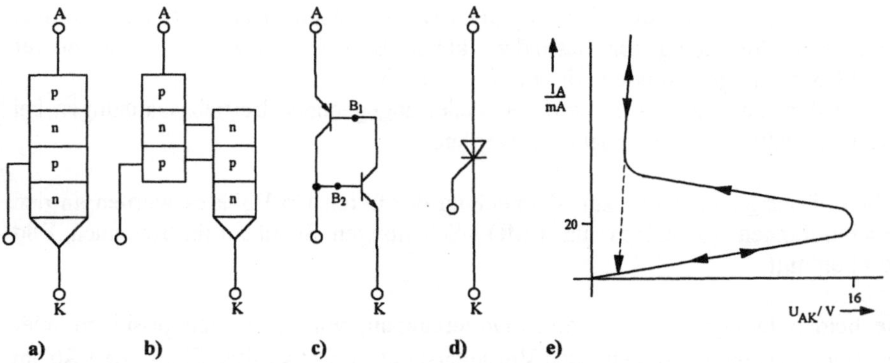

Bild 2.67 Thyristor mit Zündelektrode: a) Darstellung mit 4 Schichten, b) Ersatzdarstellung mit den drei Schichten eines pnp- und eines npn-Transistors, c) Ersatzschaltbild, d) Schaltsymbol und e) Strom-Spannungs-Kennlinie

Ein Zündpotential kann sich selbst nach Verbindung der metallischen Anschlüsse S_p mit M und S_n mit U_{CC} infolge der Bahnwiderstände R_1 und R_2 aufbauen. Durch kleine Bahnwiderstände, die den Emitter-Basis-Dioden parallel liegen, wird die Injektion von Minoritätsträgern vermindert und eine Thyristor-Zündung weitgehend verhindert.

Leider ist es aus Platzgründen nicht immer möglich, metallische Anschlüsse S_p, S_n in der Nähe jeder aktiven Zone zu integrieren.

Beispielsweise verbindet nach Bild 2.68 die Firma Eurosil die p- und n-Substratbereiche von Gate-Arrays, die bis zu etwa 3 Transistoren eines Typs enthalten können, über hochdotierte (p^+, bzw. n^+) Halbleiterkanäle mit der Masse bzw. mit der Versorgungsspannung.

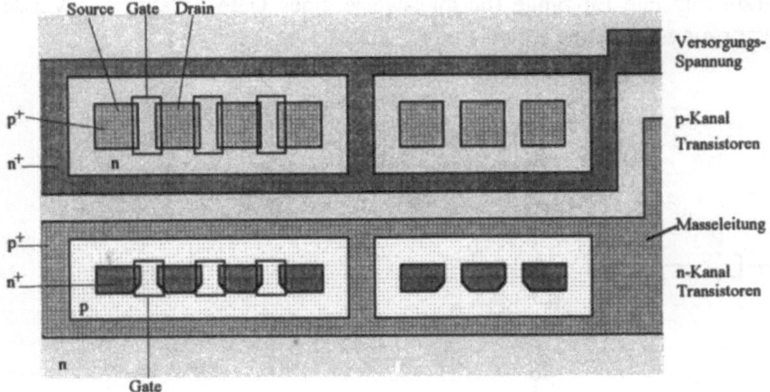

Bild 2.68 Skizze der Anordnung von p^+-, n^+-, n- und p-Bereichen eines Gate-Arrays für CMOS - Schaltungen der Firma Eurosil

Die Gefahr einer Thyristor-Zündung kann weiter entscheidend verringert werden, durch eine Auslegung für besonders kleine Betriebsspannungen. Low power CMOS-Schaltungen arbeiten mit nur $U_{CC} = 1,5$ V.

In jedem Fall müssen die vom Hersteller angegebenen Betriebsspannungen bei CMOS-Schaltungen streng beachtet werden.

Neben diesen Maßnahmen zur Vermeidung des Latch Up-Effektes werden an den Anschlußfahnen von Chips mit CMOS-Schaltungen Schutzstrukturen nach Bild 2.69 benötigt.

Die beiden Dioden schützen den Invertereingang vor zu großen positiven oder negativen Spannungsspitzen. Der Vorwiderstand von etwa 400 Ω soll den Strom der Schutzdioden begrenzen, z.B. wenn die Versorgungsspannung des Chips bereits abgeschaltet oder unterbrochen ist, die logischen Eingänge aber noch auf dem hohen logischen Pegel $U_I = U_{CC}$ liegen. Schutzstrukturen im Innern integrierter CMOS-Schaltungen sind meist entbehrlich.

Trotz der integrierten Schutzstrukturen bleiben CMOS-Chips empfindlich gegen Überspannungen. Folgende Schutzmaßnahmen zur Vermeidung elektrostatischer Aufladungen infolge von Textilien mit Kunststoffasern, isolierenden Schuhen oder Böden werden häufig gefordert:

1.   Maschinen, Werkzeuge und Personen, die mit den Klemmen in Berührung kommen können, sollen das gleiche Potential besitzen.
2.   70% Luftfeuchtigkeit der Arbeitsräume.
2.1 Erdung der Tischplatte und der Handgelenke von Personen eines Arbeitsplatzes.
2.2 Hochohmige Erdung des Lötkolbens oder des Lötbades.
2.3 Auswechseln von Chips nur bei spannungslosen Fassungen.
3.   Blockkondensatoren großer Kapazität an Versorgungsleitungen in der Nähe der Chips.
4.   Unbenutzte logische Eingänge (beispielsweise eines Gate-Arrays) auf Masse oder Versorgungsspannung legen.

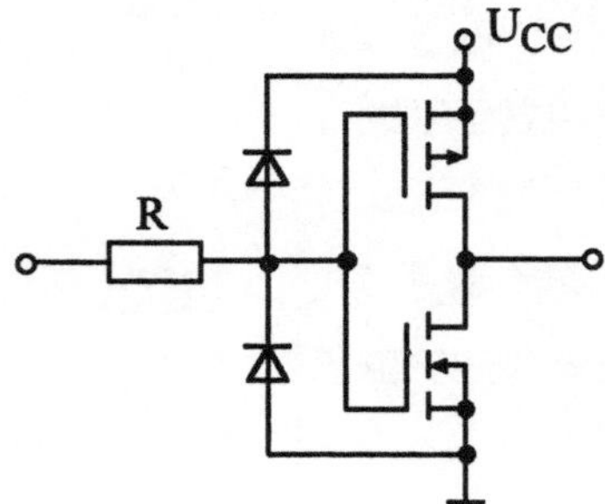

Bild 2.69 Schaltbild eines CMOS-Inverters mit zwei Dioden und einem Widerstand zum Schutz gegen Überspannungen am Eingang

CMOS-Schaltungen können eine sehr kleine Verlustleistung besitzen. Sie hängt von der statischen und dynamischen Verlustleistung nach Gleichung 1.12 ab. Während die statische Verlustleistung bei CMOS-Schaltungen fast vernachlässigbar klein ist, sind die bei jedem Auf- und Entladen der Lastkapazitäten C_L entstehenden dynamischen Verluste dominierend. Nach Gleichung 1.24 ist mit $R_L = 0$ und $r_c = 0$:

$$P = P_{ST} + P_{DY} \approx P_{ST} + C_L \cdot U_{cc} \cdot \Delta U \cdot f_p, \qquad (2.115)$$

wobei f_p die Taktfrequenz und ΔU der Spannungshub sind. Bei kleinen Taktfrequenzen kann die mittlere Verlustleistung von CMOS-Schaltungen erheblich kleiner sein als die von Schaltungen mit z.B. MOS-Transistoren vom n-Kanal-Anreicherungstyp. Bei hohen Taktfrequenzen wirken sich die großen Lastkapazitäten der CMOS-Schaltungen nachteilig aus. Die Eingangskapazität eines CMOS-Inverters ist die Summe der Kapazitäten des n- und p-Kanal Transistors:

$$C_L = C_N + C_P \approx 4 \cdot C_N, \qquad (2.116)$$

wobei nach Gl. 2.113 $C_P \approx 3\,C_N$ ist. Sie ist also etwa 4 mal größer als die eines entsprechenden N-Kanal-Inverters.

Die mittlere Verlustleistung verschiedener Gattertypen ist in Bild 2.70 über der Taktfrequenz aufgetragen. Der Verlustleistungsanstieg der CMOS-Schaltungen (z.B. National Semiconductor CD4000-Serie und $U_{CC} = 5$ V) kann unter 1 mW/MHz liegen. Bei Oberhalb von $f_p = 10$ MHz ist die Verlustleistung der gegenwärtigen CMOS-Schaltungen eher größer als die der anderen Technologien.

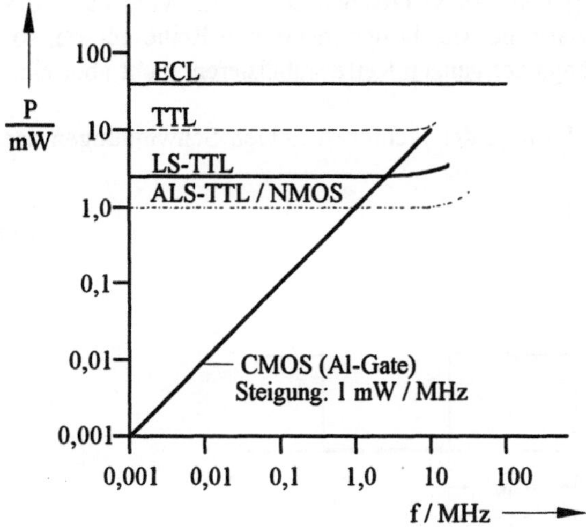

Bild 2.70 Typische Verlustleistung in Abhängigkeit von der Frequenz von wichtigen Schaltkreisfamilien

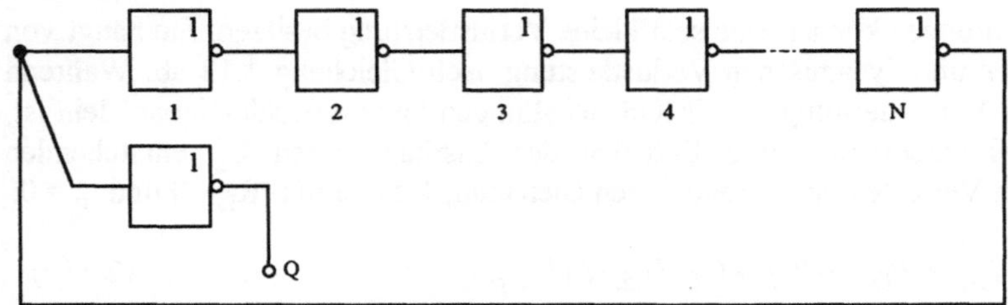

Bild 2.71 Blockschaltbild eines Ringoszillators aus N Invertern in Reihe und aus zusätzlich einem Inverter für die hochohmige Auskopplung des Prüfsignals Q

Neben der Verlustleistung ist die Verzögerung des Signals t_{pd} zwischen Eingang und Ausgang eine wichtige Größe der Auslegung einer Schaltung. Ihre direkte Messung an einzelnen integrierten Gattern ist oft schwierig, wenn sie kürzer als die Auflösungsgrenze der zur Verfügung stehenden Oszillographen, oder ihre zulässige Lastkapazität besonders bei CMOS-Schaltungen wesentlich kleiner als die Kapazität der Prüfspitzen ist.

In diesen Fällen muß eine besondere Prüfschaltung, d.h. eine Kette von Invertern mit Rückkopplung nach Bild 2.71, die Ringoszillator genannt wird, integriert werden.

Zur Auskopplung des Prüfsignals Q ist ein zusätzlicher Inverter vorgesehen, um an der Prüfstelle ein Inverter im Zuge der Kette nicht durch die Kapazität der Prüfspitzen zu belasten.

Die Kette wird sich selbst erregen, wenn eine willkürlich angenommene Störung nach Verzögerung durch N Inverterstufen $N{\cdot}t_{pd}$ und der Verstärkung $N{\cdot}V > 1$ am Eingang der Kette mit umgekehrtem Vorzeichen erscheint. Wäre das Vorzeichen der Störung gleich, bzw. wäre die Anzahl der Inverter in Reihe gerade, so würde sich der H- oder L-Pegel längs der ganzen Kette stabilisieren, nicht aber eine Oszillation einstellen.

Für ungerade N ist die Periode der rechteckförmigen Schwingungen nach Bild 2.72:

$$T = 2\,N\,t_{pd},\tag{2.8/6}$$

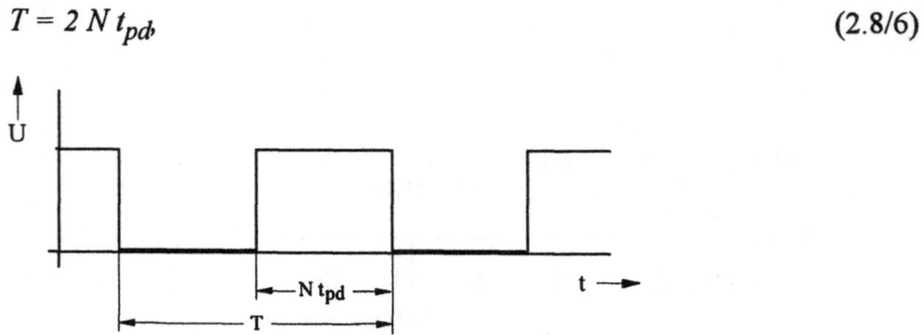

Bild 2.72 Ringoszillatorschwingung bei N Invertern mit je einer Gatterlaufzeit t_{pd}

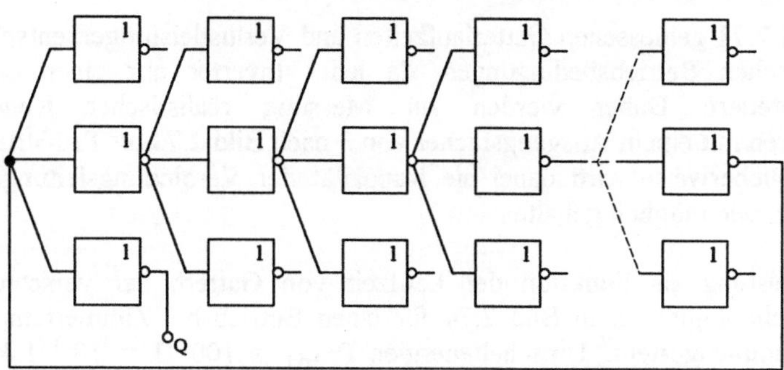

Bild 2.73   Prüfschaltung eines Ringoszillators, bei dem jede Stufe des Rings mit den Eingängen von drei weiteren Stufen belastet ist

Die Periode T kann wesentlich leichter gemessen werden als t_{pd}, da sie 2 N mal. d.h. in der Regel um mehr als eine Größenordnung länger sein kann als die Gatterlaufzeit und da die Frequenz der nach Bild 2.71 ausgekoppelten Schwingungen nicht durch die Eigenschaften der Prüfspitzen verändert wird.

Die Leistung pro Gatter ist aus dem gesamten Strom I_D, der die N Inverter speist, zu berechnen.

$$P = I_D\, U_{CC}/N. \tag{2.118}$$

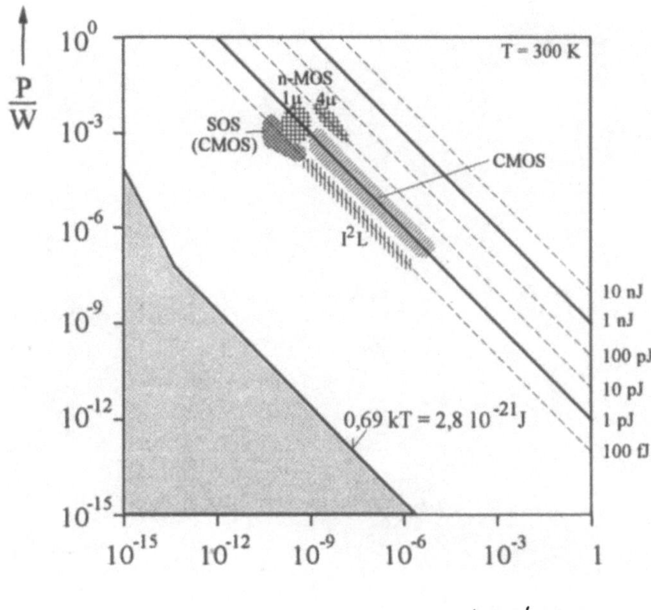

Bild 2.74 Verlustleistung P wichtigen Halbleiterschaltungen in Abhängigkeit der Gatterlaufzeit t_{pd}

Die nach Bild 2.71 gemessenen Gatterlaufzeiten und Verlustleistungen entsprechen nicht realistischen Betriebsbedingungen, da jeder Inverter nur einen einzigen Inverter ansteuert. Daher werden zur Messung realistischer Kennwerte Ringoszillatoren mit einem Ausgangsfächer von 3 nach Bild 2.73 als Prüfstrukturen integriert. Üblicherweise wird dabei die Kapazität der Verbindungsleitungen der Gatter so klein wie möglich gehalten.

Die Verlustleistung als Funktion der Laufzeit von Gattern der verschiedenen Halbleiter-Technologien ist in Bild 2.74 für einen Betrieb bei Zimmertemperatur (300 K) zusammengestellt. Umschaltenergien $P\,t_{pd} = 100$ fJ $= 10^{-13}$J können gegenwärtig mit Halbleitergattern verwirklicht werden. Sie liegen 8 Größenordnungen über der thermodynamischen Grenze $kT \cdot \ln 2 = 2{,}8 \cdot 10^{-21}$J.

3 Genormte Schaltzeichen

Zur Darstellung logischer Funktionen digitaler Schaltungen werden vereinfachende Symbole benötigt, um komplexe Zusammenhänge durch graphische Schaltpläne darstellen zu können. Genormte Symbole sind notwendig, um einem großen Kreis von Fachleuten eine sichere und eindeutige Auslegung der Schaltpläne zu ermöglichen.

Schaltzeichen werden wie die Symbole einer Schrift im Laufe ihrer Geschichte auf den jeweiligen Stand der technischen Entwicklung durch die Festlegung von Normen angepaßt. Die letzte Normung in der Bundesrepublik Deutschland fand 1984 statt und wurde unter der Bezeichnung DIN 40900 Teil 12 veröffentlicht. Sie enthält die internationale Norm IEC 617-12 von 1983.

Wichtige Grundelemente dieser neuesten Norm sind im folgenden zusammengestellt und werden durch vereinfachte Formulierungen erläutert. Der genaue Wortlaut der Definitionen kann bei Bedarf in den DIN - Normen nachgelesen werden.

Als Grundelement dient ein Rechteck, dessen Seitenkanten in den Abmessungen frei wählbar sind. Die logische Funktion der Rechtecke, ihrer Ein- und Ausgänge werden durch zusätzliche Symbole festgelegt.

3.1 Eingänge

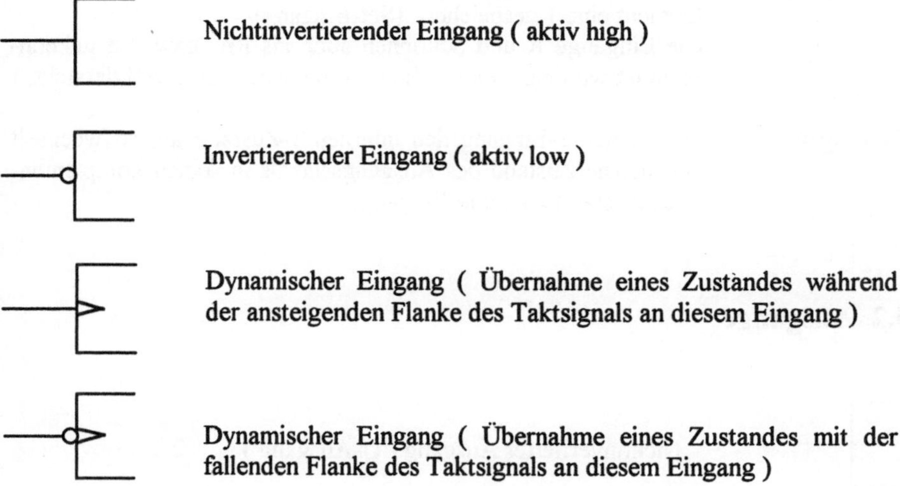

Nichtinvertierender Eingang (aktiv high)

Invertierender Eingang (aktiv low)

Dynamischer Eingang (Übernahme eines Zustandes während der ansteigenden Flanke des Taktsignals an diesem Eingang)

Dynamischer Eingang (Übernahme eines Zustandes mit der fallenden Flanke des Taktsignals an diesem Eingang)

Zwei Eingänge innerhalb einer komplexeren Schaltung mit einer zusätzlichen Verknüpfung (anstelle des ? steht dann das Symbol für die entsprechende logische Funktion)
Die einzelnen Eingänge können mit entsprechenden Buchstaben, welche eine ganz bestimmte Bedeutung haben, versehen werden.

Eingangsbezeichnungen im Innern des Grundelements:

Cn - Eingang   Dieser Clock- oder Takt Eingang gibt den mit der Zahl n gekennzeichneten Eingängen nur dann die durch andere Symbole definierte Wirkung, wenn Cn sich im internen 1-Zustand befindet.

Gn - Eingang   Alle Ein- oder Ausgänge, welche von diesem Eingang gesteuert werden, stehen in einer UND- Beziehung zu diesem Eingang.

nJ,nK,nD -   Die durch die Zahl n gekennzeichneten Eingänge können gesteuert werden. Nimmt der J-Eingang den internen 1-Zustand an, wird im Element eine 1 gespeichert, nimmt der K-Eingang den internen 1-Zustand an, wird im Element eine 0 gespeichert. Sind beide Eingänge J=K=1, so erfolgt bei jeder Periode des Clock-Signals ein Wechsel des Ausgangssignals in den komplementären Zustand. Der interne Logikzustand des D-Eingangs wird im Element gespeichert.

R - Eingang   Nimmt der R-Eingang den internen 1-Zustand an, so wird im Element eine 0 gespeichert. (Reset-Eingang)

S - Eingang   Nimmt der S-Eingang den internen 1-Zustand an, so wird im Element eine 1 gespeichert. (Set-Eingang)
Die Eingänge R und S können auch als Rn bzw. Sn gekennzeichnet werden, wobei n die entsprechende Kennzahl darstellt.

T - Eingang   Nimmt der T-Eingang den internen 1-Zustand an, so wechselt der interne Zustand des Ausgangssignals in seinen komplementären Zustand. (Toggle-Eingang)

3.2 Ausgänge

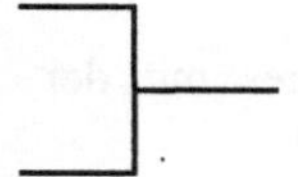

Nichtinvertierter Ausgang (Q-Ausgang)

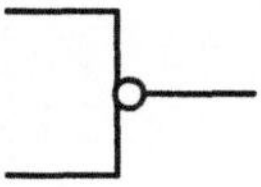

Invertierter Ausgang ($\overline{Q}$-Ausgang)

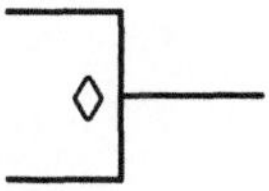

Offener Ausgang allgemein, bei dem ein Pegel am Ausgang niederohmig ist. (z.B. offener Kollektor, offener Emitter, usw.)

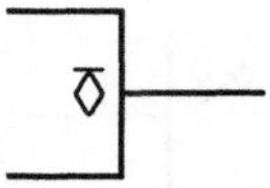

Offener Ausgang, logisch High-Typ, z.B. offener Emitter npn-Transistor, open Source bei n-Kanal Feldeffekttransitor. (niederohmiger High-Pegel am Ausgang)

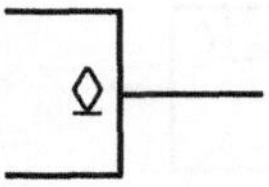

Offener Ausgang, logisch Low-Typ, z.B. offener Kollektor eines npn Transistors, open Drain bei n-Kanal Feldeffekttransistor. (niederohmiger Low-Pegel am Ausgang)

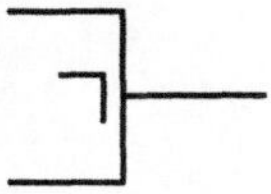

Retardierter Ausgang (postponed output). Eine Zustandsänderung dieses Ausgangssignals wird so lange aufgeschoben, bis das Eingangssignal, welches die Zustandsänderung veranlaßt hat, wieder in seinen ursprünglichen Ausgangszustand zurückgekehrt ist.

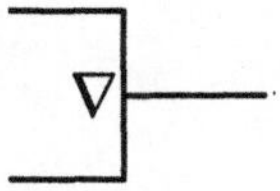

Tristate Ausgang. Zusätzlich zu den logischen Zuständen High und Low gibt es noch einen hochohmigen dritten Zustand.

3.3 Logische Grundelemente

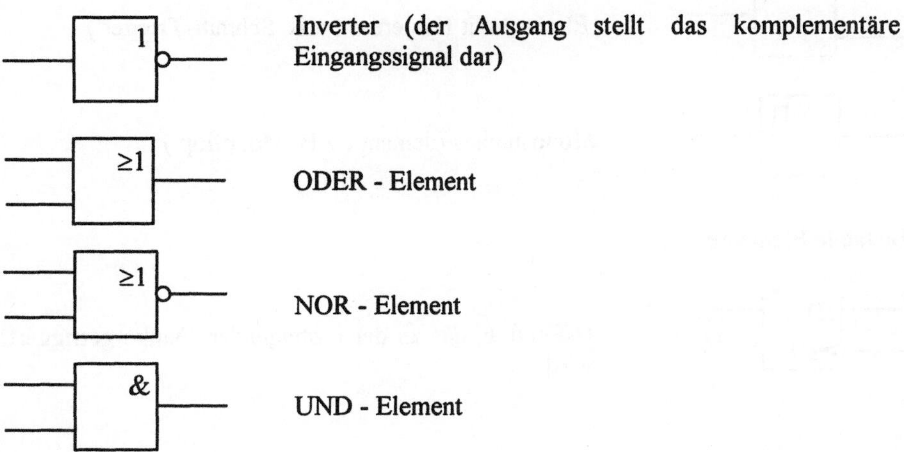

Inverter (der Ausgang stellt das komplementäre Eingangssignal dar)

ODER - Element

NOR - Element

UND - Element

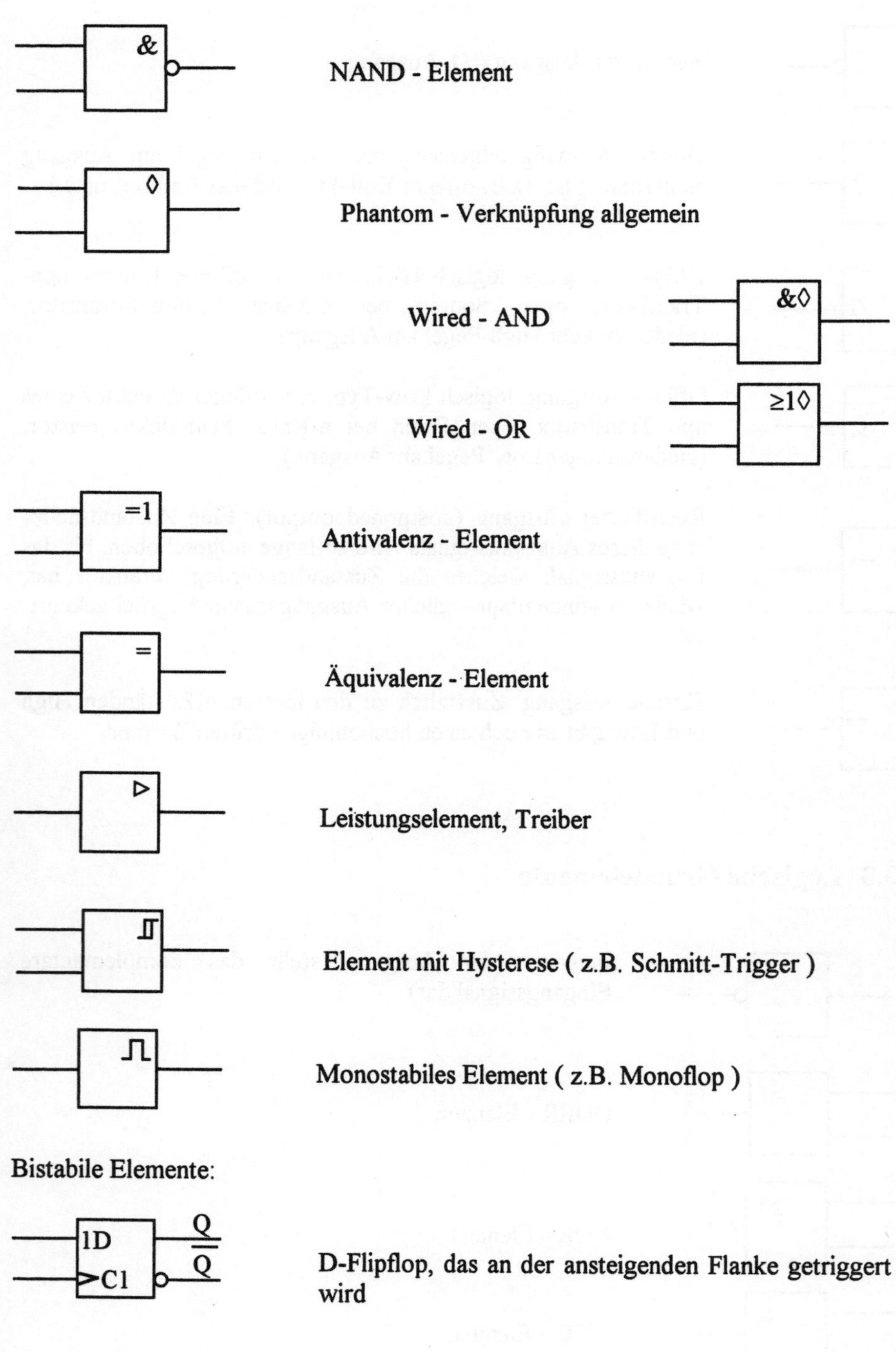

NAND - Element

Phantom - Verknüpfung allgemein

Wired - AND

Wired - OR

Antivalenz - Element

Äquivalenz - Element

Leistungselement, Treiber

Element mit Hysterese (z.B. Schmitt-Trigger)

Monostabiles Element (z.B. Monoflop)

Bistabile Elemente:

D-Flipflop, das an der ansteigenden Flanke getriggert wird

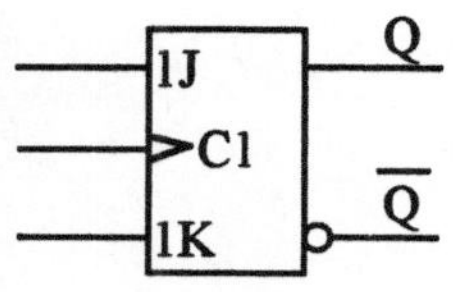

JK-Flipflop, das an der ansteigenden Flanke getriggert
wird

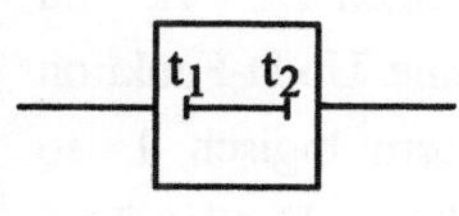

Verzögerungselement
(t_1 = Verzögerungszeit der ansteigenden Flanke ; t_2
= Verzögerungszeit der fallenden Flanke vom
Eingang zum Ausgang des Elements)

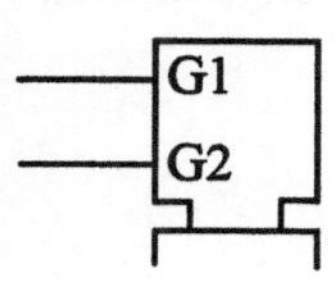

Steuerteil eines Elements

Die in einem Steuerteil eines integrierten Bausteins verwendeten Buchstaben haben
nach der Norm die Bedeutung einer Abhängigkeit der gesteuerten Eingänge von
den Steuersignalen. Im Einzelnen sind dies:

Gn   UND-Verknüpfung mit einem oder mehreren Eingängen

Vn   ODER-Verknüpfung mit einem oder mehreren Eingängen

Nn   EXOR-Verknüpfung mit einem oder mehreren Eingängen

Mn   Mode (Betriebsartenfestlegung)

ENn   Enable-Eingänge (Freigabesignal)

Ln   Load-Eingänge (Übernahmesignal für an bestimmten Eingängen anliegende
      Informationen)

Tn   Toggle-Eingänge

nS,nR Set- und Reset Eingänge

Cn   Clock- oder Takt-Eingänge

An   Adressen - Eingänge

Beispiele:

Bustreiber:

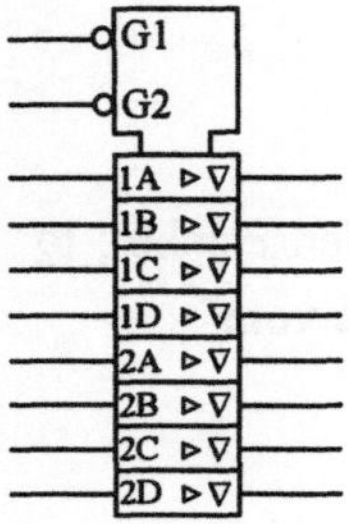

Der Steuereingang G1 ist mit den Eingängen 1A - 1D und der Eingang G2 mit 2A - 2D durch eine UND-Funktion verknüpft. Wird nun G1 oder G2 intern logisch 1, so werden die Signale an den Eingängen 1A - 1D oder 2A - 2D an die entsprechenden Ausgänge durchgeschaltet. Ansonsten sind die Ausgänge hochohmig.

4 zu 1 Multiplexer:

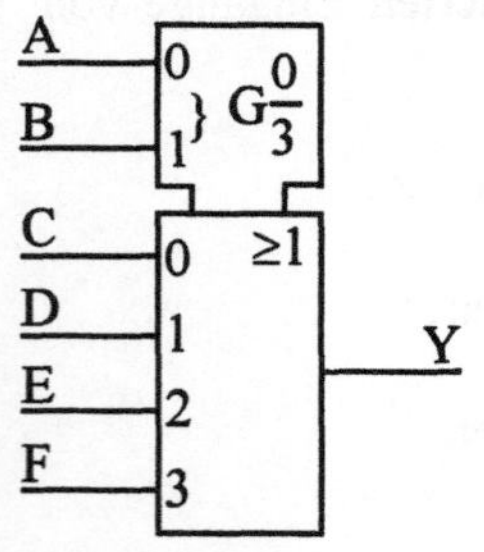

Das Zeichen $G\dfrac{0}{3}$ sagt aus, daß die Eingänge 0 und 1 als duale Adresse der Eingänge C bis F aufzufassen sind und mit einem von diesen eine UND-Funktion bilden. Beispielsweise ist für A=1, B=0 der Eingang D mit dem Ausgang Y "verbunden".

Wahrheitstabelle:

B	A	Y
0	0	C
0	1	D
1	0	E
1	1	F

4 Digitale Grundschaltungen

4.1 Verknüpfungsschaltungen

Logische Funktionen werden durch die Boolesche Algebra beschrieben. Eine bestimmte Kombination von binären Eingangssignalen soll ein Ausgangssignal ergeben, dessen Amplitude möglichst unabhängig von den Amplituden der Eingangssignale nur zwei definierte Werte annehmen soll. Es wird also eine ausgeprägte Nichtlinearität zwischen Ein- und Ausgangssignal gefordert. Nichtlineare Zusammenhänge zwischen Ein- und Ausgangsspannungen von Halbleiter-Inverterstufen, die im letzten Abschnitt ausführlich erörtert wurden, stehen zur Verfügung. Durch eine geeignete Kombination, bzw. durch eine Erweiterung der Inverterschaltungen lassen sich die wichtigsten Verknüpfungsschaltungen wie AND und OR leicht finden .

4.1.1 CMOS - Logik

Eine NAND-Schaltung in CMOS-Technologie, die 3 Eingangssignale verknüpft, ist in Bild 4.1 zu sehen. Nur wenn alle Eingänge I_1 bis I_3 eine positive Spannung führen, die dem H-Pegel entspricht, sind die drei in Reihe geschalteten n-Kanal Transistoren leitend, so daß der Ausgang Q den L-Pegel annimmt. Da in diesem Fall die drei parallel geschalteten p-Kanal Lasttransistoren sperren, fließt bis auf Leckströme kein Strom über die NAND-Schaltung, wenn der L- oder H-Zustand am Ausgang erreicht worden ist. Große Ströme und Verlustleistungen treten kurzzeitig während des Umschaltens auf, wenn beispielsweise I_1 und I_2 auf der Versorgungsspannung U_{CC} liegen und I_3 den Bereich um $U_{CC}/2$ durchläuft. Die mittlere Verlustleistung der CMOS-NAND-Schaltung bleibt also wie bei einem CMOS-Inverter außerordentlich klein.

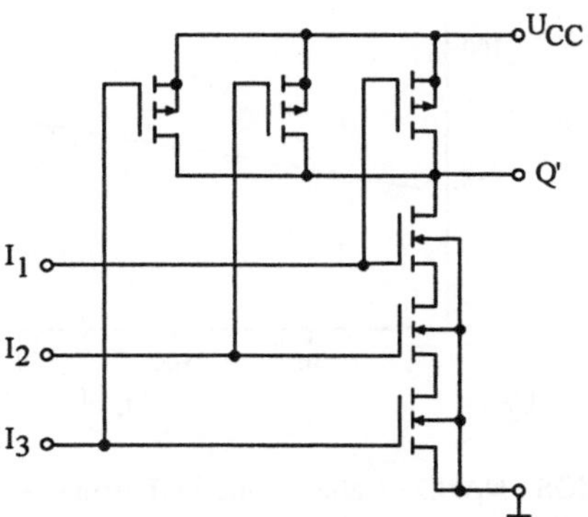

Bild 4.1 Schaltbild eines CMOS - NAND - Gatters mit drei Eingängen

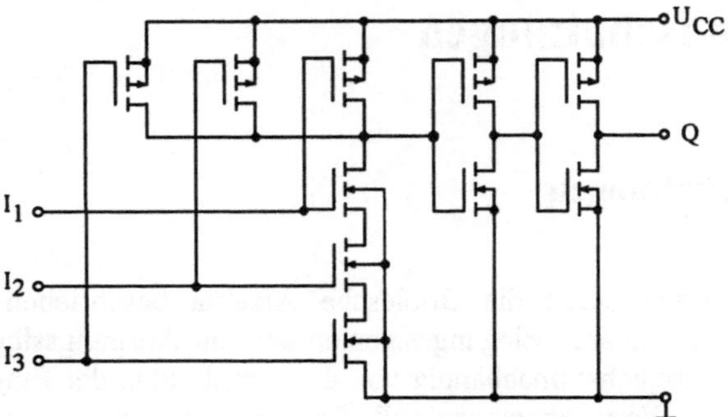

Bild 4.2 Schaltbild eines CMOS - NAND - Gatters mit Pufferstufe aus zwei Invertern

Der Ausgang Q' der Schaltung in Bild 4.1 wird durch die Eingangskapazitäten C_I der folgenden Stufen belastet. Die Aufladezeitkonstante τ ist dem Durchlaßwiderstand eines Lasttransistors der NAND-Schaltung proportional. Daher kann die Halbleiteroberfläche der NAND-Schaltung miniaturisiert werden, wenn die Lastkapazität klein bleibt.

Müssen große Lastkapazitäten C_L , z.B. die einer langen offenen Verbindungsleitung in einer vorgegebenen Zeit aufgeladen werden, so wären alle Lasttransistoren und Schalttransistoren der Verknüpfungsschaltung zu vergrößern. Da deren Zahl gleich der Zahl der Eingänge der NAND-Schaltung ist, wird Halbleiterfläche gespart, wenn eine Verknüpfungsschaltung kleiner Fläche einen Inverter treibt, für den jeweils nur ein großflächiger p- und n-Kanal Transistor gebraucht wird. Häufig besteht diese Treiber- oder Pufferstufe aus zwei Invertern, wie in Bild 4.2, damit die Steilheit des Ausgangssignals praktisch unabhängig von der des Eingangssignals wird und die gewünschte logische Funktion unverändert bleibt.

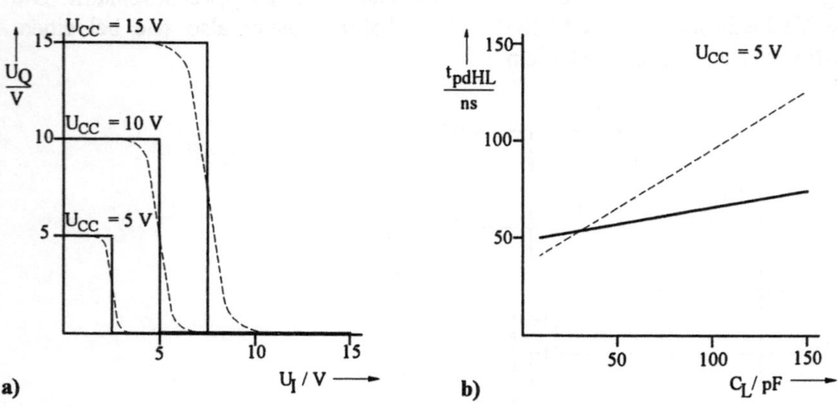

Bild 4.3 Elektrische Eigenschaften eines CMOS - NAND - Gatters ohne Pufferstufe (- - -) und mit Pufferstufe (——): a) Übertragungskennlinie für verschiedene Versorgungsspannungen, b) Gatterlaufzeit t_{pdHL} beim Übergang von dem hohen auf den niedrigen Pegel in Abhängigkeit von der Lastkapazität C_L

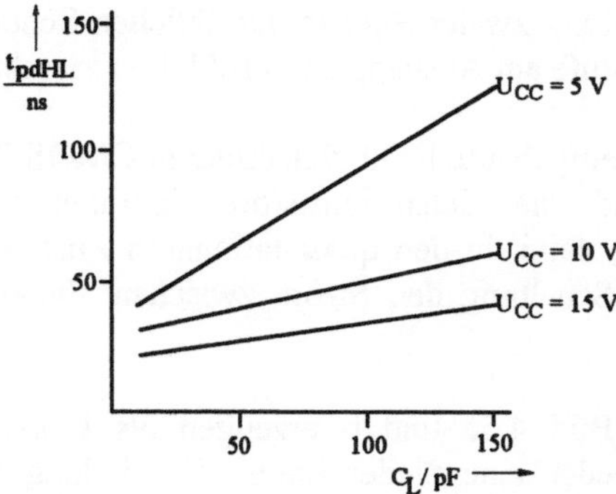

Bild 4.4 Gatterlaufzeit t_{pdHL} eines CMOS - Gatters nach Bild 4.1 ohne Pufferstufe in Abhängigkeit von der Lastkapazität C_L mit der Versorgungsspannung U_{CC} als Parameter

Die Übertragungskennlinie eines NAND-Gatters ohne Pufferstufe ist in Bild 4.3a gestrichelt und mit Pfufferstufe ausgezogen eingetragen. Die Abnahme der Gatterlaufzeit als Funktion der Lastkapazität wird in Bild 4.3b für den Fall verdeutlicht, daß vom H- auf L-Pegel umgeschaltet wird. Etwas größere Gatterlaufzeiten treten beim Umschalten vom L- auf den H-Pegel auf.

Durch größere Betriebsspannungen werden die Lade- und Entladewiderstände kleiner, so daß die Zeitkonstanten und damit Gatterlaufzeiten kürzer werden. Eine typische Abhängigkeit für ungepufferte Schaltungen ist in Bild 4.4 dargestellt.

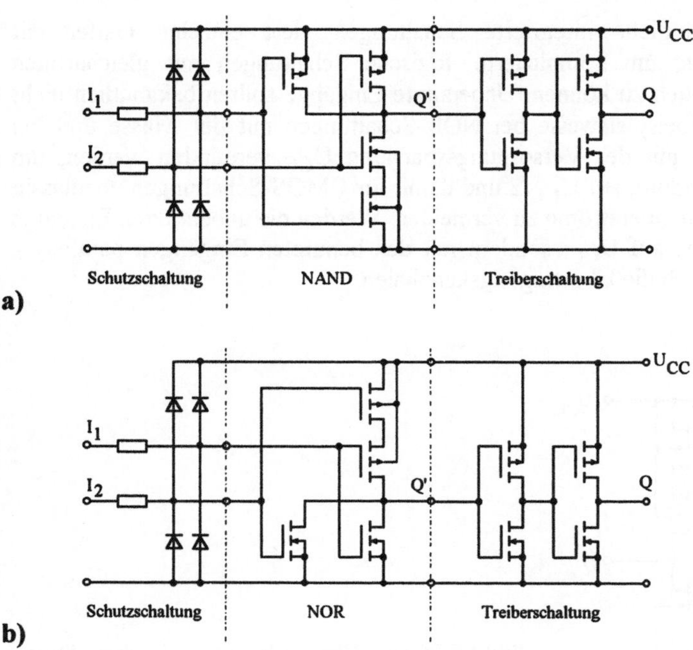

Bild 4.5 Übliche Schutz- und Puffer- bzw. Treiberschaltungen: a) CMOS - NAND - Gatter, b) CMOS - NOR - Gatter

Eine NAND-Schaltung zur Verknüpfung zweier Signale mit üblichen Schutzschaltungen am Eingang und einer Pufferstufe am Ausgang ist in Bild 4.5a zu sehen.

Eine nach gleichen Gesichtspunkten aufgebaute NOR-Schaltung in CMOS-Technologie zeigt Bild 4.5b. Hier sind die Schalttransistoren parallel und die Lasttransistoren in Reihe geschaltet, damit in den quasistationären Zuständen immer mindestens ein Transistor der Schaltung den Strom zwischen Versorgungsspannung und Masse sperrt.

Die NAND- und NOR-Gatter in Bild 4.5a und b erzeugen als Funktion der Eingangssignale am Ausgang entweder eine niederohmige Verbindung mit der Masse oder der Versorgungsspannungsleitung. Sie sind also nicht geeignet für den direkten Anschluß an die Leitung eines Bussystems mit vielen Sendern, die zu verschiedenen Zeiten und an verschiedenen Orten einspeisen sollen. Daher werden Schaltungen gebraucht, deren Ausgang während der Sendepause unabhängig von den logischen Eingängen hochohmig sind. Man spricht von Tristate-Schaltungen, wenn neben den beiden logischen auch ein hochohmiger Zustand eingestellt werden kann.

Ein Tristate-Inverter ist in Bild 4.6 skizziert. Liegt seine Steuerspannung U_{ST} an Masse, so wird der Ausgang Q durch je einen gesperrten Transistor von Masse und Versorgungsspannung getrennt. Für U_{ST} = H ist die normale Inverterfunktion gewährleistet.

Häufig besitzen käufliche integrierte Schaltungen viele einzelne Gatter mit mehreren Eingängen, um komplizierte, logische Schaltungen mit gleichartigen Bauelementen aufbauen zu können. Unbenutzte Eingänge sollten bekanntlich nicht leerlaufen, sondern beispielsweise bei NOR-Schaltungen mit der Masse und bei NAND-Schaltungen mit der Versorgungsspannung U_{CC} verbunden werden, um eine kapazitive Aufladung auf $U_{CC}/2$ und damit für CMOS-Schaltungen unzulässig große Verluste durch Querströme zu vermeiden. Werden die unbenutzten Eingänge nicht an Masse, bzw. auf U_{CC}, sondern mit den benutzten Eingängen parallelgeschaltet, so ändern sich die Übertragungskennlinien.

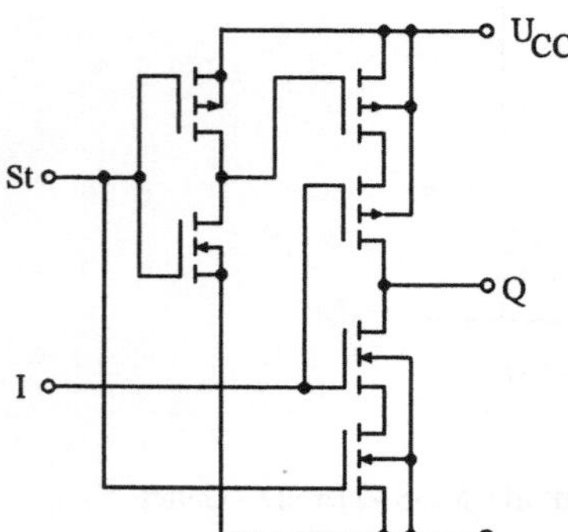

Bild 4.6 Tristate CMOS - Inverter mit dem Steuereingang St und dem logischen Eingang I. Der Ausgang Q ist entweder H, L oder hochohmig

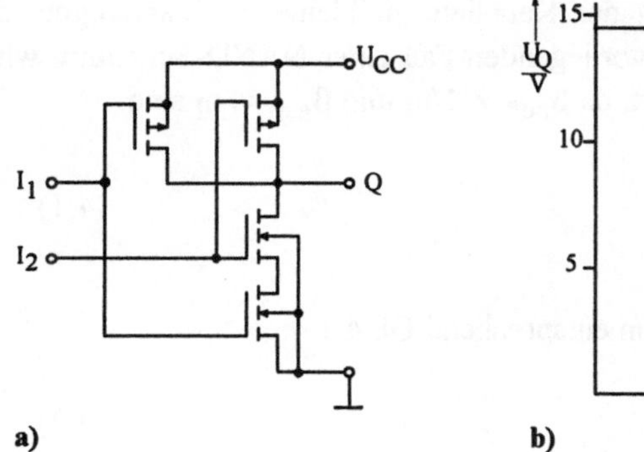
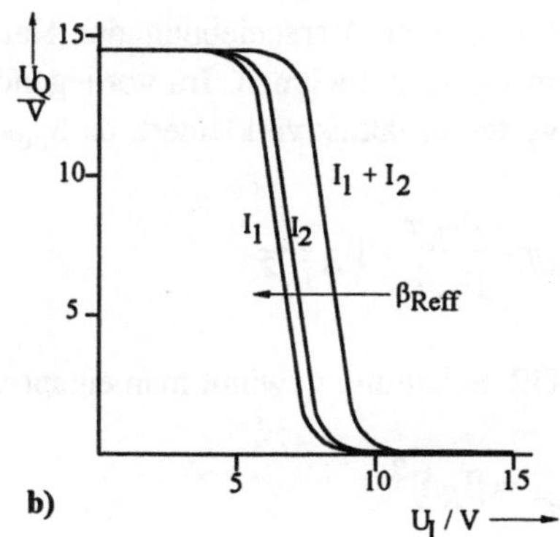

Bild 4.7 CMOS - NAND - Gatter mit zwei Eingängen: a) Schaltbild, b) Übertragungskennlinie: $I_1 + I_2$ Verbindung der Eingänge, I_1 und I_2 sind nicht verbunden und werden zeitlich nacheinander aktiviert

Eine NAND-Schaltung mit ihren verschiedenen Übertragungskennlinien ist in Bild 4.7 zu sehen. Für I_2 = H ist die Übertragungskennlinie U_Q = f (U_{I1}) mit I_1 gekennzeichnet. Für I_1 = H ergibt sich durch Exemplarstreuungen die etwas verschobene Kennlinie I_2. Durch Parallelschaltung der Eingänge I_1 und I_2 wird der steilste Teil der Kennlinien überraschend weit zu größeren Spannungen verschoben.

Dieser Effekt, der ebenso nützlich wie hinderlich sein kann, wird erklärt durch die einfache Überlegung, daß n parallelgeschaltete Transistoren niederohmiger sind als in Reihe geschaltete. Auch ein verkleinerter linearer Lastwiderstand würde die Übergangskennlinie zu größeren Werten von U_I verschieben, bzw. für ein vorgegebenes U_I ist U_Q größer. Das Inverterverhältnis β_R nach Gl. 2.8/1 mit den Faktoren β_n und β_p nach Gl. 2.6/12 ändert sich mit der Größe der Transistoren.

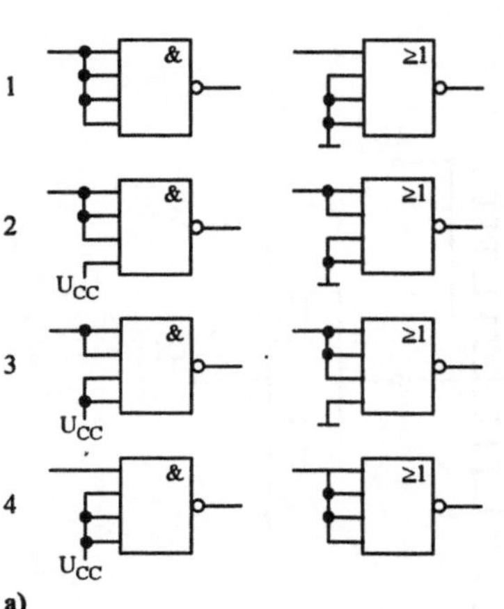
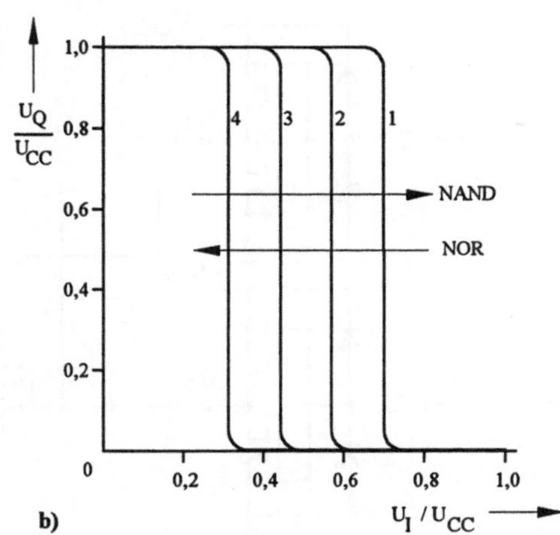

Bild 4.8 Beschaltung der Eingänge von NAND- und NOR-Gattern und zugehörige Übertragungskennlinien

Aus Bild 4.7 ist eine Verschiebung der Kennlinie zu kleineren Spannungen mit wachsendem β_R zu entnehmen. Im vorliegenden Fall einer NAND-Schaltung wird also das Inverterverhältnis verkleinert, da $\beta_{neff} \propto 1/n_I$ und $\beta_{peff} \propto n_I$ sind:

$$\beta_{Reff} = \frac{\beta_{neff}}{\beta_{peff}} = \beta_R \frac{1}{n_I^2} \tag{4.1}$$

Für eine NOR-Schaltung gewinnt man entsprechend Gl. 4.1

$$\beta_{R_{eff}} = \beta_R n_I^2 \tag{4.2}$$

Ein Schema für verschiedene Beschaltungen am Eingang mit den zugehörigen Übertragungskennlinien wird in Bild 4.8 angegeben.

Die beschriebenen Verschiebungen der Übertragungskennlinien können durch Ausnutzung der Exemplarstreuung von Invertern verkleinert werden, wenn jedem Eingang einer Schaltung nach Bild 4.7 ein Inverter als Puffer vorgesetzt wird, so daß für $I_1 \equiv I_2$ die Ausgangssignale der Inverter Q_1 und Q_2 z.B. zu etwas verschiedenen Zeiten eintreffen. Eine entsprechende NAND-Schaltung mit 2 Eingängen ist in Bild 4.9 skizziert, die aus je einem Inverter an den Eingängen, einer NOR - Schaltung und einem Treiberinverter am Ausgang besteht.

Die bisher beschriebenen Schaltungen sind ausgelegt für die Übertragung von Signalen in einer Richtung vom Eingang auf den Ausgang. Bidirektionale Schalter, die in beiden Richtungen übertragen, nennt man Transmissions- oder Transfer-Gatter. Sie sollen einen kleinen Durchlaßwiderstand, einen großen Sperrwiderstand, einen großen zulässigen Spannungsbereich und eine kurze Umschaltzeit besitzen.

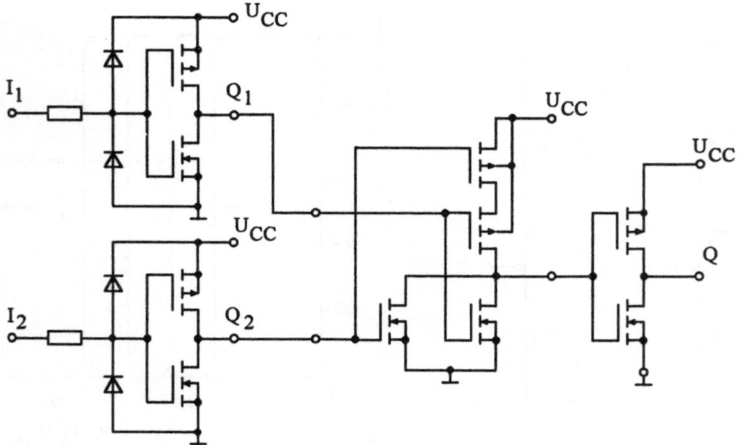

Bild 4.9 Schaltbild eines NAND - Gatters aus einem NOR - Gatter mit je einem Pufferinverter an den Eingängen und am Ausgang und Überspannungsschutz am Eingang

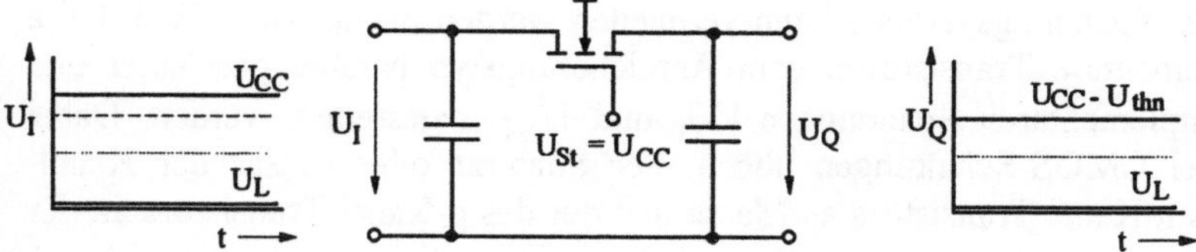

Bild 4.10 Transmissions-Gatter aus einem n-Kanal Transistor. Eingangspegel, Schaltbild und Ausgangspegel

Eine Ausführung mit einem n-Kanal Feldeffekttransistor vom Anreicherungstyp ist in Bild 4.10 skizziert. Die zu übertragenden Spannungspegel seien $U_H = U_{CC}$ und U_L. Die maximale Steuerspannung U_{ST} sei ebenfalls gleich der Versorgungsspannung U_{CC}.

Der rechte Kondensator in Bild 4.10 wird auf die eingeprägte Spannung $U_I = U_L$ vollständig entladen, da der Steuertransistor während der gesamten Spannungsänderung geöffnet bleibt. Dagegen wird eine Spannung am linken Kondensator $U_{IH} = U_{CC}$ nicht vollständig übertragen, da der Steuertransistor sperrt, wenn seine Schwellwertspannung U_{thn} unterschritten wird:

$$U_{GS} = U_{CC} - U_Q < U_{thn} \tag{4.3}$$

Der H-Pegel wird also durch ein oder mehrere solcher Transfer-Gatter in Reihe auf $U_H = U_{CC} - U_{thn}$ begrenzt, wenn überall $U_{St} = U_{CC}$ zur Verfügung steht. Ist auch mit einem Abbau von U_{St} in einem komplexen System zu rechnen, so wird der H-Pegel noch stärker absinken: $U_H < U_{CC} - U_{thn}$.

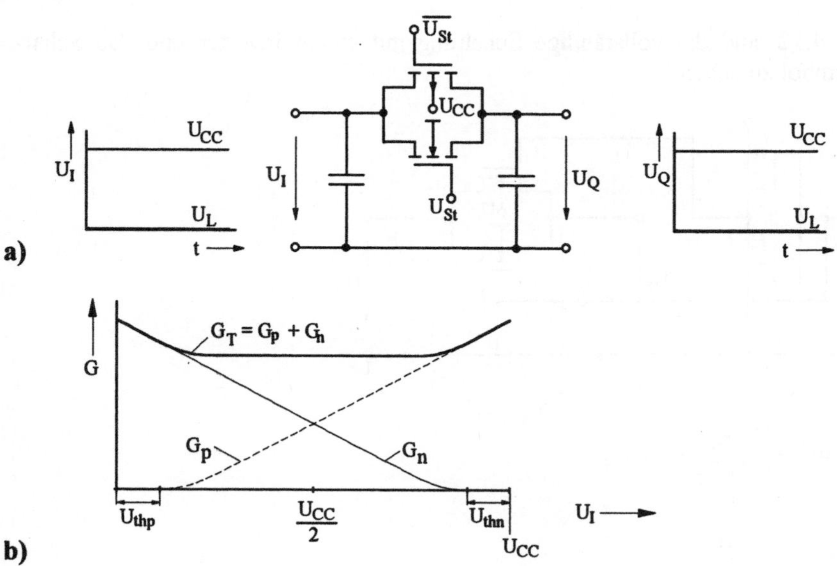

Bild 4.11 CMOS - Transmissions - Gatter: a) Eingangspegel, Schaltbild, Ausgangspegel, b) Transmissionsleitwert für $U_{St} = H$ als Funktion der Eingangsspannung U_I

Diese Art der Spannungsverluste kann vermieden werden, wenn nach Bild 4.11a zwei komplementäre Transistoren vom Anreicherungstyp parallel geschaltet und mit den komplementären Spannungen U_{ST} und $\overline{U}_{ST}$ angesteuert werden. Dabei liegt, wie bei CMOS-Schaltungen üblich, der Substrat oder besser der Kanalanschluß des n-Kanal Transistors an Masse und der des p-Kanal Transistors an der Versorgungsspannung.

Für $U_{ST} = L$, $\overline{U}_{ST} = H$ sperren beide Transistoren. Im Durchlaßzustand $U_{ST} = H$, $\overline{U}_{ST} = L$ sei der Fall betrachtet, daß anfänglich $U_Q = L$ und U_I vom L-Pegel auf den H-Pegel anwächst. Für $U_I < |U_{thp}|$ ist der p-Kanal Transistor gesperrt und der n-Kanal Transistor geöffnet. Andererseits sperrt der n-Kanal Transistor für $U_I > U_{CC}-U_{thn}$, wenn der p-Kanal Transistor geöffnet ist.

Für den Durchlaßzustand ist in Bild 4.11b der Verlauf der Leitwerte der beiden Transistoren G_n, G_p und ihre Summe als Funktion der Eingangsspannung U_I dargestellt. Während des Transfers für $U_{st} = H$ und $\overline{U}_{st} = L$ ist der Leitwert des Transmissionsgatters G_T am größten bei $U_I = L$ und $U_I = H$. Zwischen $|U_{thp}| < U_I < U_{CC} - U_{thn}$ ist der Leitwert nahezu konstant. Ein Spannungsverlust tritt also im Gegensatz zu dem Transmissionsgatters mit nur einem Transistor vom Anreicherungstyp nicht auf. Außerdem laufen die Umladungsvorgänge schneller ab als nur mit einem Transistor, da der Leitwert im Mittel größer ist.

Diese vorteilhaften Übertragungseigenschaften der Kernschaltung nach Bild 4.11 werden um den Preis von drei zusätzlichen Transistoren erkauft, da auch eine geeignete Ansteuerung vorgesehen werden muß.

In Bild 4.12 sind die vollständige Schaltung mit einem Inverter und das Schaltungssymbol zu sehen.

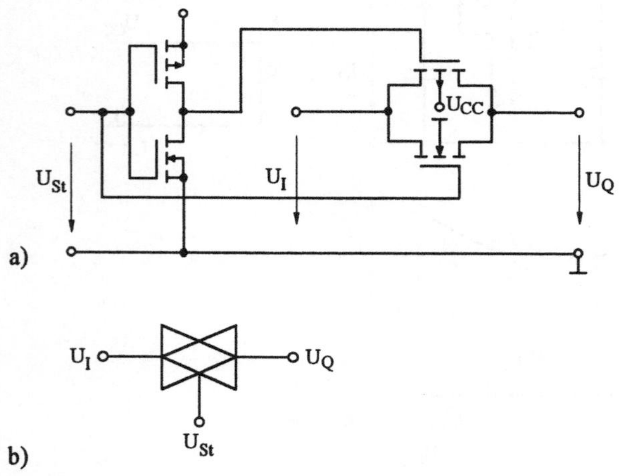

Bild 4.12 Transmissions-Gatter: a) Schaltbild mit einer Inverterstufe für die Steuerspannung, b) Schaltungssymbol

Müssen innerhalb einer elektronischen Schaltung integrierte Bausteine verschiedener Logikfamilien verwendet werden, ist es notwendig, die Art und Weise der Verbindung zu kennen.

Die Zusammenschaltung von CMOS-Bausteinen mit TTL-Schaltungen bei verschiedenen Versorgungsspannungen zeigt Bild 4.13.

Wie Bild 4.13a angibt, können die Ausgänge von CMOS-Bausteinen direkt mit den Eingängen von TTL-Bausteinen (siehe Bild 4.21) verbunden werden, wenn eine einheitliche Versorgungsspannung von $U_{CC} = 5$ V vorhanden ist. Werden CMOS-IC's mit einer Versorgungsspannung von 15 V eingesetzt, muß zur Ansteuerung von Standard-TTL Bausteinen eine Schaltung nach Bild 4.13b zur Anpassung der Logikpegel aufgebaut werden. Die Inversion des Signals durch die Anpassungsschaltung stellt kein Problem dar, weil Sie durch einen weiteren Inverter auf der CMOS - oder TTL - Seite leicht kompensiert werden kann. Eine Anpassungsschaltung entfällt in der Regel, wenn anstelle von Standard-TTL-, Low-Power-Schottky-TTL-Bausteine (siehe Bild 4.25) verwendet werden (Bild 4.13 c).

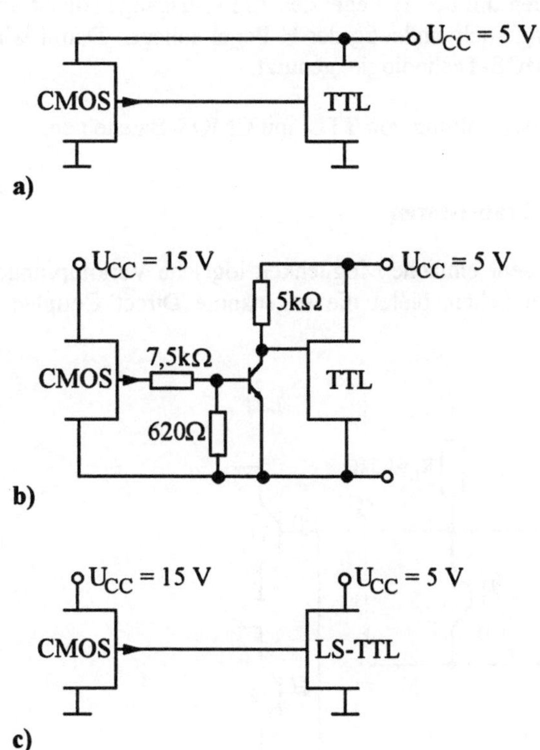

Bild 4.13 Anpassungsschaltungen von verschiedenen CMOS - Schaltungen mit Versorgungsspannungen von 5 V und 15 V auf TTL- und LS-TTL - Schaltungen

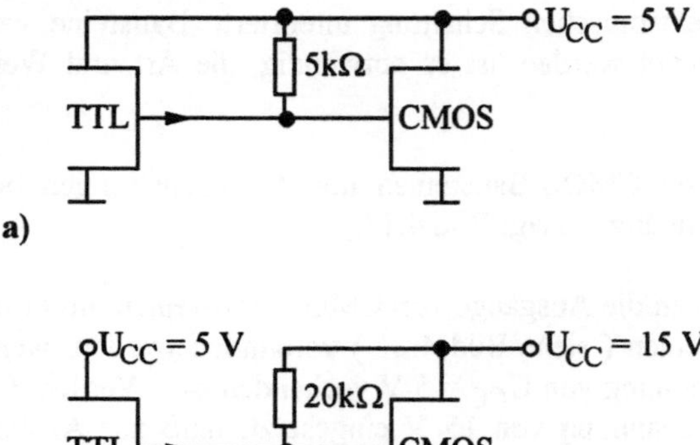

Bild 4.14 Anpassungsschaltungen von TTL - auf CMOS - Schaltungen

Bei einer Verbindunge des Ausgangs eines Gatters in einer TTL-Technologie mit Eingängen von CMOS-Bausteinen, sollte immer ein sogenannter Pull-Up-Widerstand eingesetzt werden um den H-Pegel des TTL-Ausgangs soweit anzuheben, daß am CMOS-Eingang auch eindeutig der H-Pegel anliegt. Damit wird der größere Störabstand der CMOS-Technologie genutzt.

Bild 4.14 zeigt die Zusammenschaltung von TTL- mit CMOS-Bausteinen.

4.1.2 Logik mit bipolaren Transistoren

DCTL-Schaltungen: Eine sehr einfache Möglichkeit logische Verknüpfungen mit bipolaren Transistoren herzustellen, bietet die sogenannte Direct Coupled Transistor Logic (DCTL).

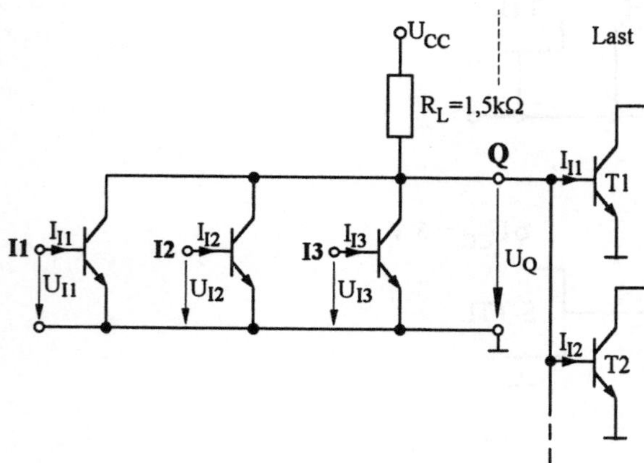

Bild 4.15   Schaltbild eines DCTL - NOR - Gatters mit drei Eingängen

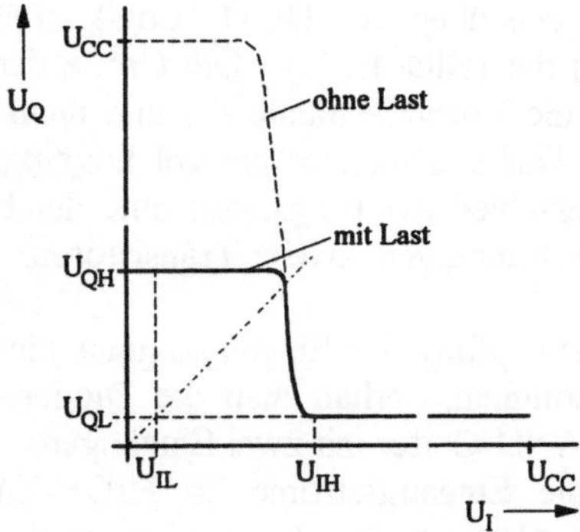

Bild 4.16 Übertragungskennlinie eines DCTL - Gatters mit und ohne Last

Ein NOR-Gatter mit drei Eingängen zeigt Bild 4.15. Der Nachteil dieser Logik liegt darin, daß die Ausgangsspannung eines DCTL Gatters lastabhängig ist (Bild 4.16) und durch die Eingangsströme der am Ausgang des Gatters angeschlossenen Eingänge nachgeschalteter Gatter bestimmt wird. Bedingt durch Exemplarstreuungen der Eingangstransistoren sind die einzelnen Eingangsströme I_{In} verschieden groß ($I_{I1} \neq I_{I2} \neq I_{In}$).

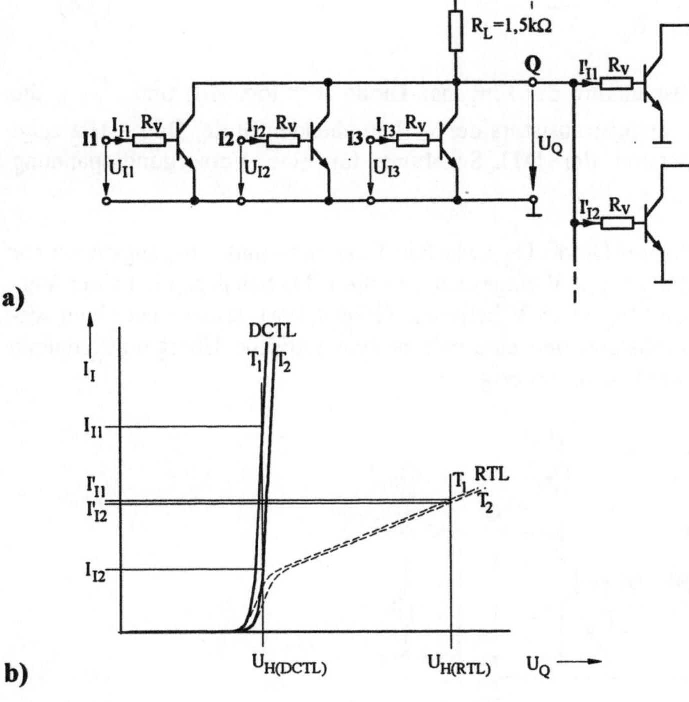

Bild 4.17 RTL - NOR - Gatter mit drei Eingängen. a) Schaltbild, b) Eingangs-kennlinie mit und ohne Basisvorwiderstand R_V

RTL-Schaltungen: Eine Verbesserung gegenüber der DCTL Logik stellt die Resistor coupled Transistor Logic (RTL) dar (Bild 4.17a). Die Größe der Eingangsströme I'_{I1} und I'_{I2} wird jetzt durch die Vorwiderstände R_V und nicht mehr durch die Basis-Emitter-Dioden bestimmt. Das sogenannte "current hogging" tritt nicht mehr auf. Bild 4.17b zeigt den Unterschied der Eingangsströme der beiden Logikarten für exemplarisch angenommene Streuungen zweier Transistoren.

DTL-Schaltungen: Wird die logische Verknüpfung der Eingangssignale nicht mit Transistoren, sondern mit Dioden vorgenommen, erhält man die Dioden-Transistor-Logik (DTL). Bild 4.18a zeigt ein NAND-Gatter mit zwei Eingängen.

Aufgrund der Eingangsdioden sind die Eingangsströme im HIGH-Zustand gering, so daß ein Gatter viele andere DTL-Gatter treiben kann. Liegt an den Eingängen ein LOW-Pegel an, wird der Strom in den Ausgangstransistor des vorherigen Gatters durch den Widerstand R_1 begrenzt. Der Ausgangsfächer, das "fan out", ist damit größer als bei DCTL oder RTL. Der Widerstand R_2 dient zum schnellen Ableiten der Basisladung des Ausgangstransistors beim Ausschalten .

Ersetzt man die Diode D_1 der DTL-Schaltung nach Bild 4.18a durch einen Transistor und einen weiteren Widerstand, so wird der Eingangsstrom I_I für einen L-Pegel am Eingang um den Faktor $R_1/(R_1+R_2)$ verkleinert und damit zu:

$$-I_I = \frac{U_{CC} - U_{D,f} - U_{CE,R}}{R_1 + R_2} \tag{4.4}$$

$U_{D,f}$ ist die Durchlaßspannung der Eingangs-Diode (f = forward) und $U_{CE,R}$ die Restspannung des Ausgangstransistors der vorhergehenden Stufe. Bild 4.19a zeigt diese verbesserte Version der DTL-Schaltung für eine Versorgungsspannung $U_{CC} = 5$ V.

Wird anstelle der Silizium-Diode D_2 zwischen Eingangs- und Ausgangstransistor eine Zener-Diode mit $U_Z = 6{,}8$ V eingesetzt und die DTL-Schaltung bei einer Versorgungsspannung von $U_{CC} = 15$ V betrieben (Bild 4.19a), erhält man einen wesentlich größeren Störabstand und eine nahezu symmetrische Übergangskennlinie um den Schaltpunkt wie Bild 4.19b zeigt.

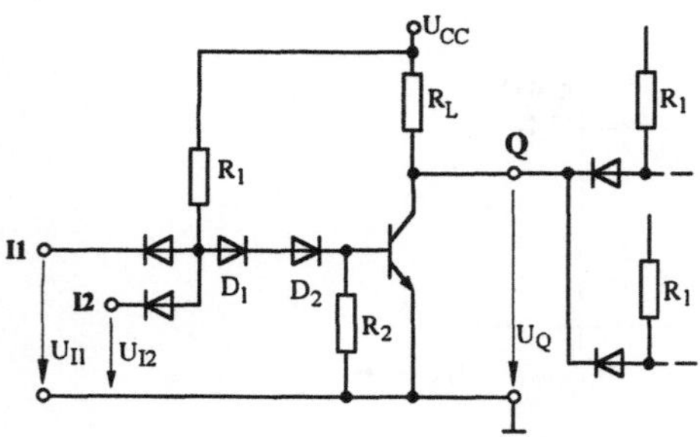

Bild 4.18 Schaltbild eines DTL - NAND -Gatters mit zwei Eingängen.

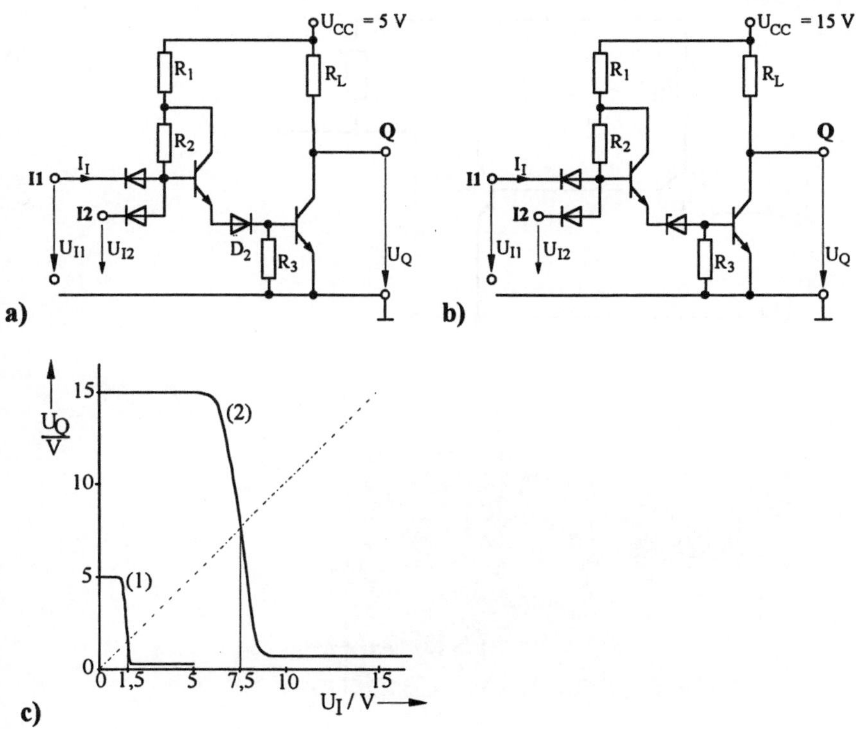

Bild 4.19 a) DTL - NAND -Gatter mit zwei Eingängen und erheblich kleineren Eingangsströmen als nach Bild 4.18, b) DTL - NAND - Schaltung mit großem Störabstand, c) Übertragungskennlinien (1) normale pn-Diode D_2 nach Bild 4.19a, (2) Zener-Diode nach Bild 4.19b

TTL-Schaltungen: Im Gegensatz zur DTL-Schaltung wird die logische Verknüpfung der Eingangssignale eines Gatters bei der TTL-Technologie (Transistor-Transistor-Logik) mit einem Multiemitter-Eingangstransistor durchgeführt. Multiemittertransistoren können besonders platzsparend integriert werden, da die Emitterdiffusionsbereiche nebeneinander, ohne durch pn-Übergänge elektrisch isoliert im gleichen Basisdiffusionsbereich angebracht werden. In Bild 4.20b werden in der Aufsicht die drei p^+-Isolationsringe für den Doppelemittertransistor T_1, den Transistor T_2 in Emitterschaltung und für den diffundierten Widerstand R_1 deutlich. Der Querschnitt in Bild 4.20b veranschaulicht den wesentlichen Aufbau.

Eine besonders einfache Auslegung einer TTL NAND-Schaltung mit einem Multiemitter-Transistor am Eingang und einem Transistor mit "offenem" Kollektor am Ausgang zeigt Bild 4.20a. Um die logischen Pegel am Ausgang zu erhalten, muß ein externer Lastwiderstand R_L zwischen Versorgungsspannung und dem Kollektor des Ausgangstransistors angeschlossen werden.

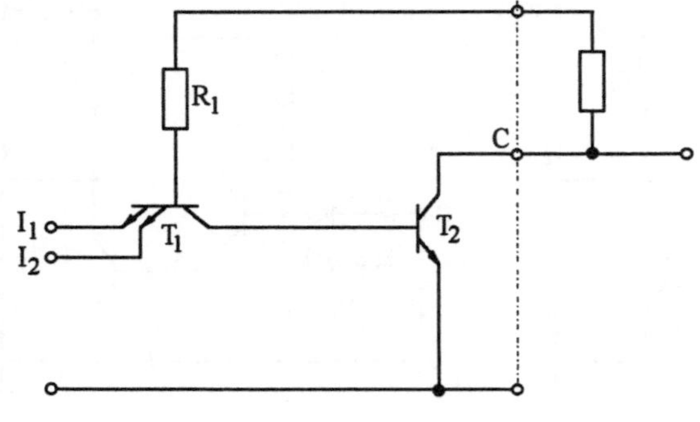

a)

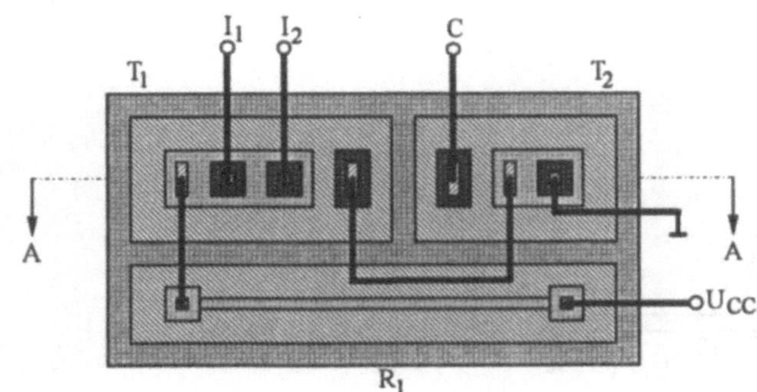

b)

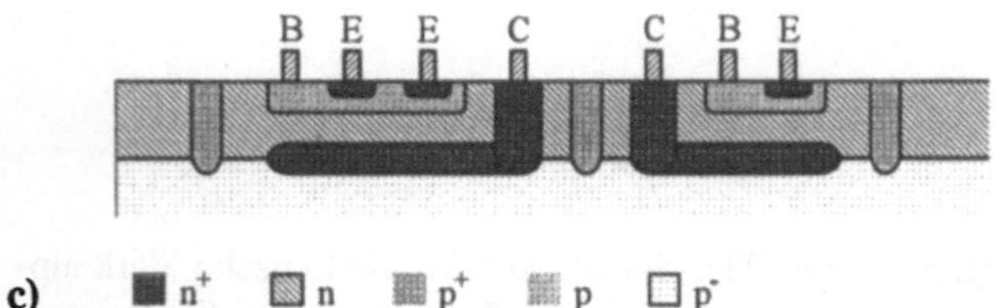

c) ■ n^+ ▨ n ▦ p^+ ▨ p □ p^-

Bild 4.20 TTL - NAND - Grundschaltung mit npn Transistoren und offenem Kollektor.
a) Schaltbild, b) Aufsicht der Auslegung des Multiemitter-Transistors T_1, des Ausgangstransistors T_2 und des Basiswiderstandes R_1, c) Querschnitt A - A von b)

Werden an einen der beiden Eingänge I_1 oder I_2 ein L-Pegel und an den anderen ein H-Pegel angelegt, ist der Transistor T_1 eingeschaltet. An der Basis des Transistors T_2 liegt dann ebenfalls ein L-Pegel an, so daß dieser sperrt. Der Kollektor des Transistors T_2 , der als Ausgang der Schaltung dient und über einen externen Widerstand R_L mit U_{CC} verbunden ist, liegt damit auf dem H-Pegel.

Wird nun an beide Eingänge I_1 und I_2 ein H-Pegel angelegt, so wird das Potential am Emitter von Transistor T_1 höher als das am Kollektor und der Transistor wird invers betrieben. Über die Basis-Kollektor-Diode von Transistor T_1 fließt in Vorwärtsrichtung ein Basisstrom in den Transistor T_2 und schaltet diesen ein. Am Ausgang Q stellt sich ein L-Pegel ein.

Die Entladung einer Kapazität am Ausgang Q kann sehr schnell erfolgen, da der Durchlaßwiderstand R_D zwischen Kollektor und Emitter des Transistors T_2 im eingeschalteten Zustand sehr klein wird. Damit der L-Pegel einen möglichst niedrigen Wert annimmt, muß zugleich das Verhältnis R_L/R_D möglichst groß sein.

Andererseits führt ein zu großer Widerstand R_L auf zu große Zeitkonstanten $R_L{\cdot}C$ beim Aufladen der Lastkapazität C am Ausgang Q der Schaltung. Auch würde die Spannung U_H des H-Pegels stark von der Zahl der angeschlossenen Gatter abhängig werden:

$$U_H = U_{CC} - n \cdot B_i \cdot I_B^{(1)} \cdot R_L \quad , \tag{4.5}$$

wobei

$$I_B^{(1)} = (U_{CC} - U_{BC,f}^{(1)} - U_{BE,s}^{(2)}) \, / \, R_1 \tag{4.6}$$

der Eingangsstrom der folgenden TTL-Stufe nach Bild 4.21a im H-Pegel ist. B_i ist die inverse Stromverstärkung des Eingangstransistors und sollte möglichst klein sein ($B_i = 0,01$) .

Durch Erweiterung mit einer Emitterfolgerstufe werden die Eingangsströme kleiner und die Änderung der Eingangsspannung verstärkt, d.h. die Übertragungskennlinie fällt steiler ab.

Bild 4.21a zeigt eine Standard-TTL NAND-Schaltung mit Eingangsschutzdioden und einer Gegentakt-Endstufe, der sogenannten "Totem-Pole" Ausgangsstufe, wie sie in vielen integrierten Schaltungen eingesetzt wird. Im Gegensatz zu der in Bild 4.20a dargestellten Schaltung benötigt man keinen externen Lastwiderstand, um beide logische Pegel definiert einzustellen.

Die Übergangskennlinie der TTL-Schaltung nach Bild 4.21a für $U_{I1} = U_{I2}$ ist in Bild 4.21b dargestellt und soll hier näher betrachtet werden. Die Tabelle (Bild 4.21c) faßt die Betriebszustände der Transistoren 1 bis 4 bei den Abschnitten a bis f der Übergangskennlinie in Bild 4.21b zusammen. Es bedeuten: s - Sättigung, g - gesperrt, n - normaler Betrieb, i - inverser Betrieb.

Liegt an den Eingängen I_1 und I_2 eine Spannung $U_{I1} = U_{I2} = 0$ V an, ist der Transistor T_1 in der Sättigung. Die Transistoren T_2 und T_3 sind gesperrt und Transistor T_4 ist leitend, so daß der Ausgang der Schaltung sich im High-Zustand befindet.

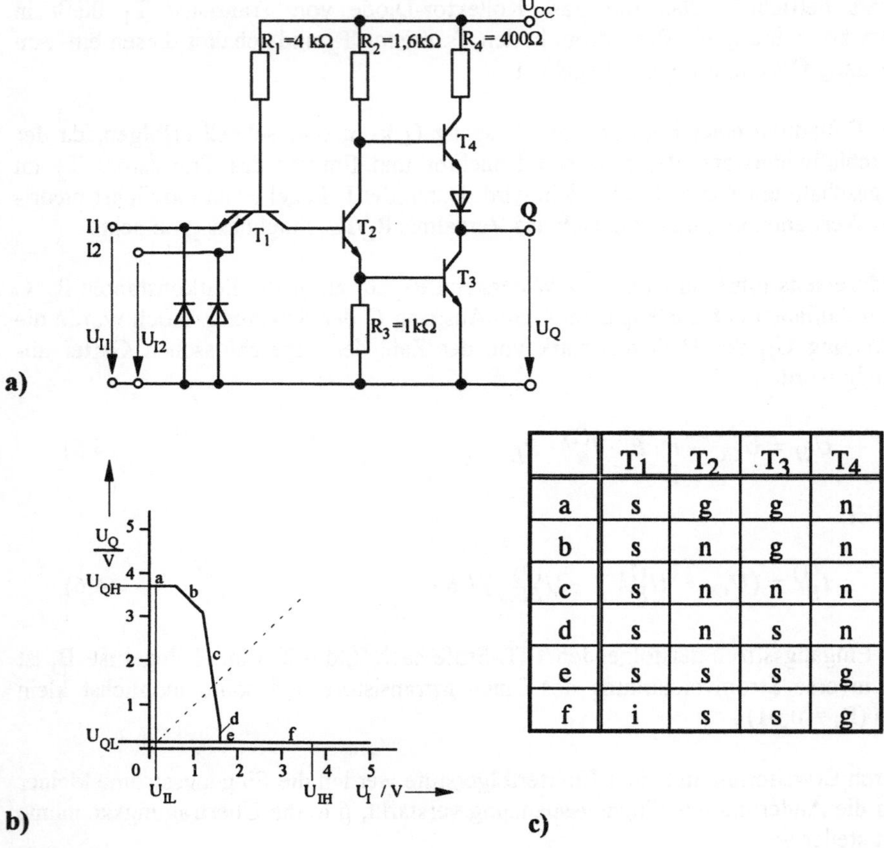

Bild 4.21 Standard TTL - NAND - Schaltung: a) Schaltbild, b) Übertragungs-kennlinie und c) tabellarische Zusammenfassung der Betriebszustände der Transistoren

Für eine Spannung an den zusammengeschalteten Eingängen

$$U_{IL} < U_{BE,f}^{(2)} - U_{CE,r}^{(1)} \tag{4.7}$$

(Abschnitt a der Übergangskennlinie) ändert sich die Spannung U_Q am Ausgang noch nicht, denn die Transistoren T_2 und T_3 bleiben gesperrt und T_4 bleibt leitend. Die Ausgangsspannung des High-Pegels ist

$$U_{QH} = U_{CC} - U_{BE,f}^{(4)} - U_{D,f} - \frac{|I_Q|}{B_n} R_2 \tag{4.8}$$

Sie wird sich nur wenig mit der Zahl der angeschlossenen Gatter ändern, da $|I_Q|/B_n$ klein bleibt ($B_n \approx 50$).

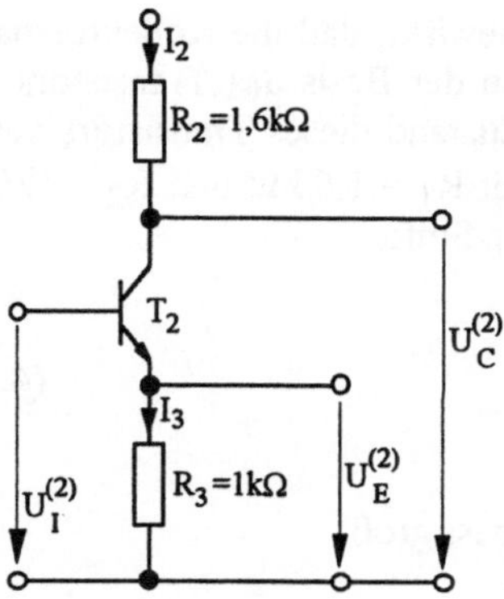

Bild 4.22 Schaltbild des Emitterfolgers

Erreicht die Eingangsspannung den Wert

$$U_I \approx U_{BE,f}^{(2)} - U_{CE,r}^{(1)} , \tag{4.9}$$

wird der als Emitterfolger geschaltete Transistor T_2 leitend.

In Bild 4.22 ist der Emitterfolger mit den entsprechenden Eingangs- und Ausgangs-spannungen dargestellt.

Für den Transistor T_2 gilt:

$$U_I^{(2)} = U_E^{(2)} + U_{BE,f}^{(2)} \tag{4.10}$$

Infolge der steilen Kennlinie der Basis-Emitter-Diode ist die Basis-Emitter-Spannung $U_{BE,f}^{(2)}$ praktisch konstant. Es gilt daher näherungsweise für die Spannungsänderung am Emitter von T_2:

$$dU_E^{(2)} = dU_I^{(2)} \tag{4.11}$$

Da durch den Kollektorwiderstand R_2 praktisch derselbe Strom wie durch den Emitterwiderstand R_3 fließt, ist

$$dI_3 = \frac{dU_E^{(2)}}{R_3} = dI_2 \quad . \tag{4.12}$$

Die Spannungsänderung am Kollektor des Transistors T_2 wird folglich zu

$$dU_C^{(2)} = -dI_2 \cdot R_2 = -\frac{dU_E^{(2)}}{R_3} \cdot R_2 , \tag{4.13}$$

d.h. eine Erhöhung der Spannung am Emitter bewirkt, daß die Kollektorspannung kleiner wird. Damit sinkt auch die Spannung an der Basis des Transistors T_4 ab, ohne daß zunächst jedoch der normalleitende Zustand dieses Transistors verlassen wird (Abschnitt b der Übergangskennlinie). Mit $R_1 = 1,6$ kΩ und $R_2 = 1$kΩ wird also die Spannungsverstärkung der Emitterfolger-Stufe

$$V_n = \frac{dU_C^{(2)}}{dU_I^{(2)}} = -\frac{R_2}{R_3} = -1,6 \,. \tag{4.14}$$

Der Eingangswiderstand der Emitterfolger-Stufe ist groß.

$$\frac{dU_I}{dI_I} \approx \frac{dU_E}{dI_E/\beta} \approx R_3 \cdot \beta \tag{4.15}$$

Die Belastung des Kollektors des Multiemittertransistors T_1 wird daher sehr klein. Wird die Eingangsspannung des Gatters zu

$$U_I = U_{BE,f}^{(2)} + U_{BE,f}^{(3)} - U_{CE,r}^{(1)} \tag{4.16}$$

wird auch Transistor T_3 leitend. Es fließt jetzt ein hoher Querstrom durch die Transistoren T_3 und T_4 und die Ausgangsspannung des Gatters sinkt schnell ab (Abschnitt c der Übergangskennlinie) bis Transistor T_3 in die Sättigung geht (Abschnitt d). Eine weitere Erhöhung der Eingangsspannung bewirkt, daß Transistor T_2 in die Sättigung geht . Die Kollektorspannung an Transistor T_2 wird dadurch kleiner und sperrt schließlich Transistor T_4 (Abschnitt e).

Eine andere Auslegung eines TTL NAND-Gatters mit zwei Eingängen zeigt Bild 4.23a. Anstelle der Gegentaktendstufe ist hier der Kollektor des Ausgangstransistors direkt nach außen geführt.

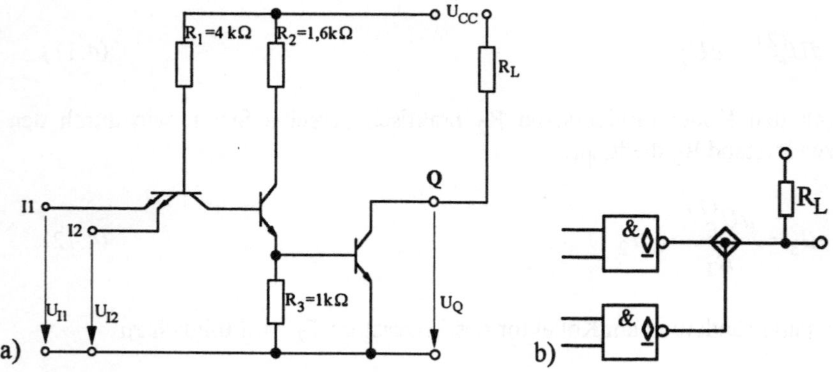

Bild 4.23 TTL - NAND - Gatter mit "offenem" Kollektor: a) Schaltbild eines Gatters mit zwei Eingängen, b) Symbole für zwei NAND - Schaltungen

Durch Zusammenschalten mehrerer solcher Ausgänge kann wiederum eine logische Verknüpfung hergestellt werden, wie dies in Bild 4.23b gezeigt ist. Die direkte Verbindung der Ausgänge der beiden Gatter führt zu einer UND-Funktion, denn nur wenn beide Ausgänge auf dem High-Pegel liegen ist, auch am Knoten Q' ein H-Pegel.

Die Eingangs- und Ausgangskennlinien von TTL Schaltungen sind nichtlinear und für zwei Varianten der Eingangsbeschaltung (ohne und mit Schutzdioden) in Bild 4.24 zusammengefaßt.

Standard-TTL-Schaltungen werden wegen der großen Gatterlaufzeit, die durch die Sättigung der Transistoren bedingt ist, heute nur noch selten eingesetzt.

Durch den Einsatz von Schottky-Transistoren in TTL Gattern wird die Sättigung der Transistoren vermieden. Bild 4.25a zeigt eine einfache Auslegung eines Schottky-TTL-Gatters mit dem Widerstand R_3, die praktisch identisch mit der TTL-Schaltung in Bild 4.1/20 a ist.

Bild 4.25b zeigt eine verbesserte Auslegung, wobei der Widerstand R_3 durch eine Schaltung mit R'_3, R'_4 und einem Transistor ersetzt wurde.
Die Verbesserung des Umschaltverhaltens wird in Bild 4.25d mit den Kennlinien der beiden Schaltungen deutlich.

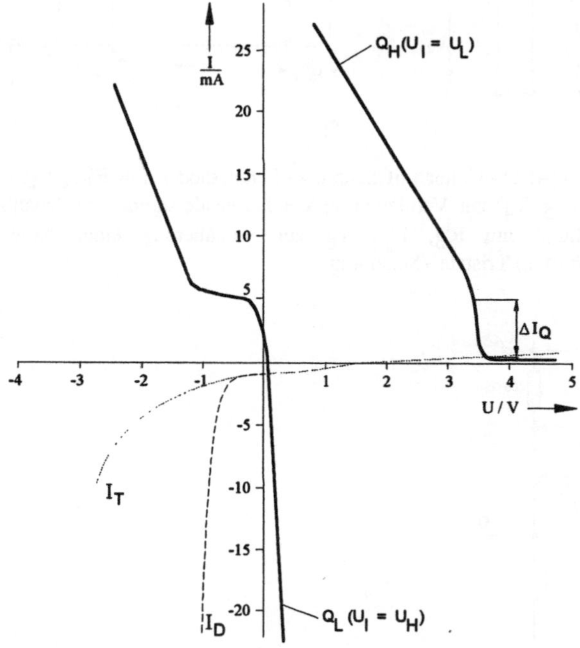

Bild 4.24 Eingangs- und Ausgangskennlinien eines TTL - Gatters nach Bild 4.21a: Eingang nach Bild 4.1/20a ohne Schutzdioden (....), Eingang mit Schutzdioden (----), Ausgang (———).
ΔI_Q ($U_I = U_L$) Stromänderung ohne merkliches Absinken der Ausgangsspannung U_{QH}

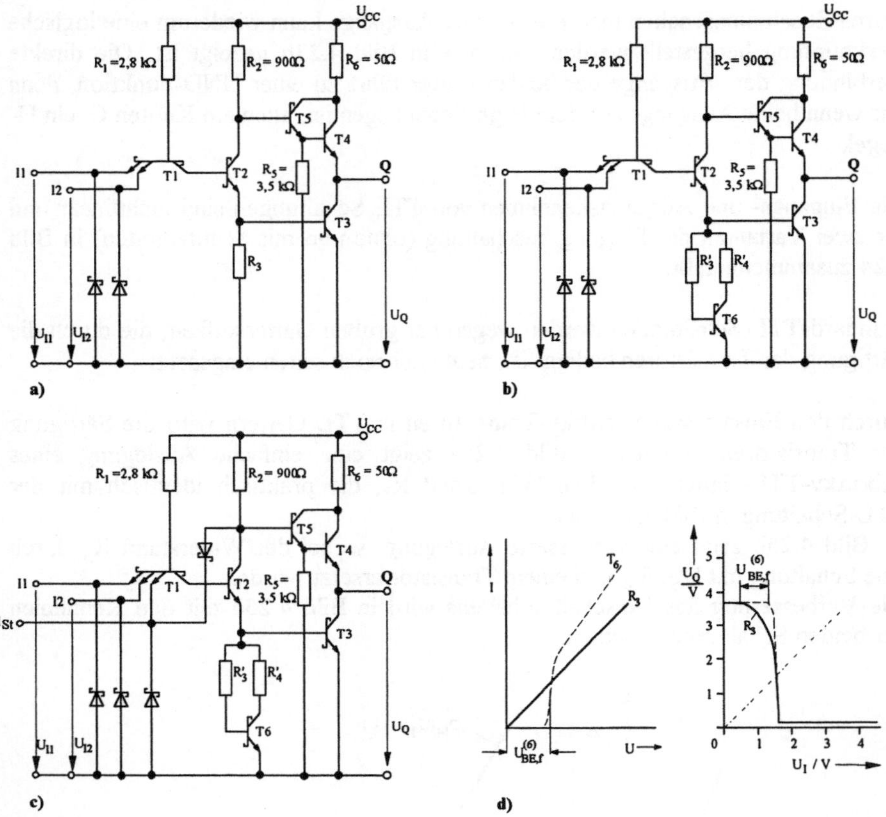

Bild 4.25 Schottky - TTL - NAND - Gatter mit Schottky - Schutzdioden am Ein-gang und mit einer Darlington Schaltung (T_5, T_4) zur Verkleinerung des Ladewiderstandes: a) Schaltbild der Grundschaltung, b) Schaltung mit R'_3, R'_4, T_6 zur Annäherung einer rechteckigen Übertragungskenn-linie nach d), c) Tristate - Schaltung

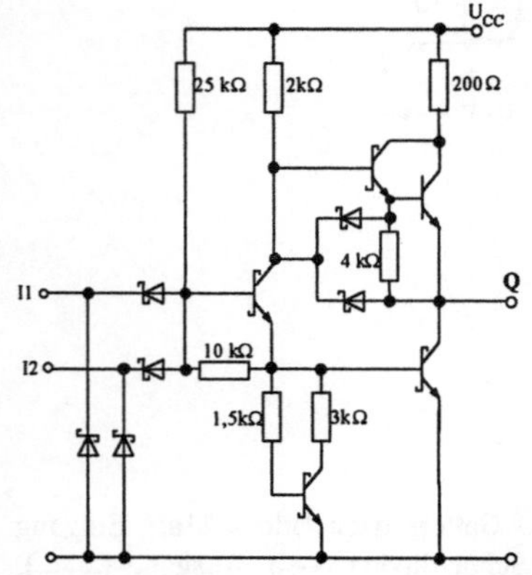

Bild 4.26 Schaltbild eines Low-Power-Schottky-TTL-NAND-Gatters mit zwei Eingängen

Tabelle 4.1

Familie:	t_{pd} / ns	P_{stat} / mW	W / pJ	R_L / Ω
Gesättigte Technik: SN 74	10	10	100	400
Ungesättigte Technik: SN 74 LS	10	2	20	120
SN 74 S	3	19	57	50
SN 74 ALS	4	1	4	50
SN 74 AS	1,7	8	13,6	20

LS :   Low Power Schottky   S: Schottky
ALS: Advanced Low Power Schottky   AS: Advanced Schottky

In Bild 4.25c ist die Schaltung durch einen zusätzlichen Eingang und eine Schottky-Diode zwischen dem Eingang und dem Kollektoranschluß des Transistors T_2 erweitert. Durch diese einfache schaltungstechnische Maßnahme kann ein Tristate-Ausgang realisiert werden.

Der Nachteil der Schottky-TTL-Logik ist die relativ hohe Verlustleistung. Durch Veränderungen im Aufbau können jedoch die Verluste reduziert werden. Bild 4.26 zeigt ein NAND-Gatter mit zwei Eingängen in Low Power Schottky (LS)-TTL.

In Tabelle 4.1 sind die typischen Daten der Baureihe 74.. von Texas Instruments für die wichtigsten Schaltkreistechnologien zusammengefaßt.
Die angegebenen Gatterlaufzeiten gelten für eine Lastkapazität von C_L = 15 pF.

4.2 Speicherschaltungen

Eine einfache Speicherschaltung ist ein RS-Flipflop, dessen logisches Schaltbild in Bild 4.27a gezeigt ist.

Bild 4.27b zeigt den Aufbau mit NOR-Gattern. Kennzeichnend für Flipflops aus Gattern ist die überkreuzte Rückkopplung der Ausgänge auf die Eingänge der Gatter. Dadurch wird erreicht, daß die Ausgangszustände erhalten bleiben, auch wenn das entsprechende Eingangssignal nicht mehr anliegt. Die Wahrheitstabelle für das RS-Flipflop ist in Bild 4.27c angegeben.

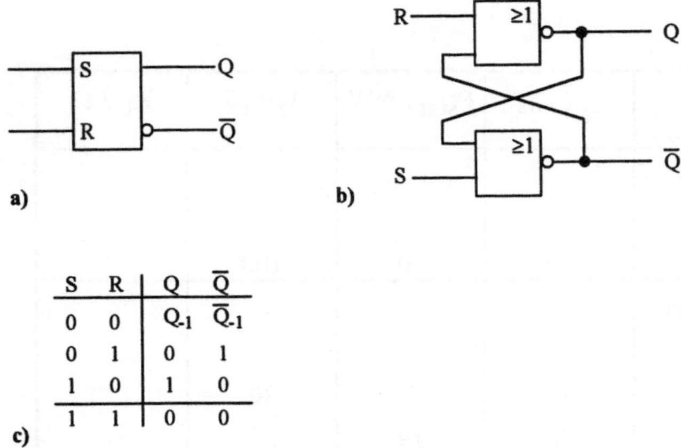

S	R	Q	$\overline{Q}$
0	0	Q_{-1}	$\overline{Q}_{-1}$
0	1	0	1
1	0	1	0
1	1	0	0

Bild 4.27 RS - Flipflop: a) logisches Symbol, b) Schaltbild mit NOR - Gatten und
c) Wahrheitstabelle

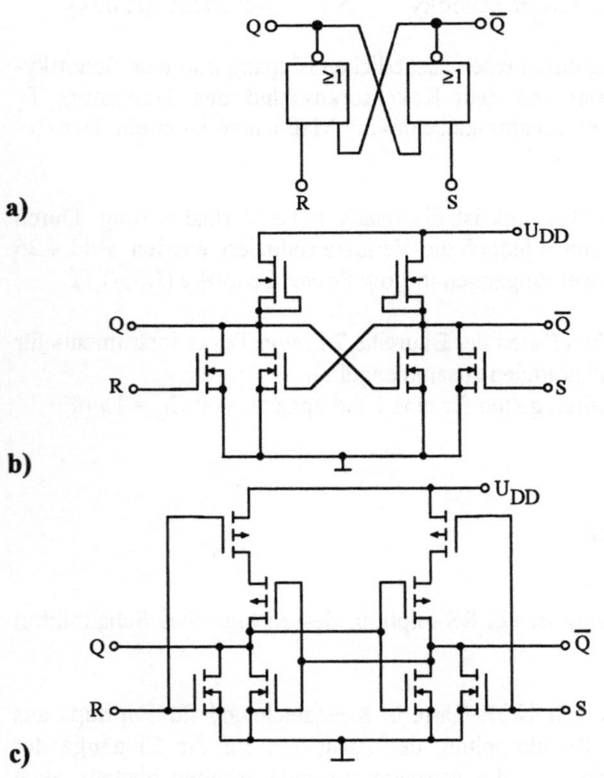

Bild 4.28 RS - Flipflop: a) Schaltbild mit NOR - Gatten, b) Schaltung mit n-Kanal MOSFETs
vom Anreicherungs- und Verarmungstyp und c) CMOS-Schaltung

Sind die Eingänge $S = R = 0$, so ist das Flipflop inaktiv, d.h. der gespeicherte Zustand bleibt erhalten. Eine Kombination der Eingangssignale $S = 1$, $R = 0$ bewirkt, daß der Ausgang $Q = 1$ wird, während mit $S = 0$ und $R = 1$ der Ausgang $Q = 0$ wird. Der Zustand $S = R = 1$ erzeugt an den Ausgängen beider Gatter den Zustand $Q = \overline{Q} = 0$. Ein Übergang auf den Eingangszustand $S = R = 0$ würde am Ausgang zu einem nicht definierten Zustand $Q = 0$ oder $Q = 1$ führen abhängig von den Gatterlaufzeiten der beiden NOR-Gatter. Deshalb muß darauf geachtet werden, daß entweder die beiden Eingänge nicht gleichzeitig 1 werden können oder ein Übergang von 1 nach 0 nicht gleichzeitig an beiden Eingängen erfolgen kann.

In Bild 4.28a ist das RS-Flipflop mit NOR-Gattern in einer anderen Form gezeichnet. Eine Realisierung eines solchen Flipflops in NMOS-Technik erkennt man in Bild 4.28b. Als Lasttransistoren werden hier n-Kanal MOSFETS vom Verarmungstyp eingesetzt. Bild 4.28c zeigt ein RS-Flipflop mit zwei NOR-Gattern in CMOS-Technik.

Verwendet man anstelle der NOR-Gatter NAND-Gatter, erhält man ein $\overline{R}\,\overline{S}$-Flipflop. Bild 4.29 zeigt a) das logische Schaltbild, b) den Aufbau mit NAND-Gattern und c) die zugehörige Wahrheitstabelle.

Bei diesem Flipflop sind die aktiven Eingangszustände die Low-Pegel. Beim $\overline{R}\,\overline{S}$-Flipflop ergibt folglich ein Eingangszustand $\overline{R}=\overline{S}=0$ an den beiden Ausgängen Q und $\overline{Q}$ eine 1, so daß beim gleichzeitigen Übergang der Eingänge nach $\overline{R}=\overline{S}=1$ der Ausgangszustand nicht definiert ist. In diesem Fall muß also darauf geachtet werden, daß nicht an beiden Eingängen ein Low-Pegel anliegt oder ein Übergang von 0 nach 1 nicht gleichzeitig an beiden Eingängen erfolgt.

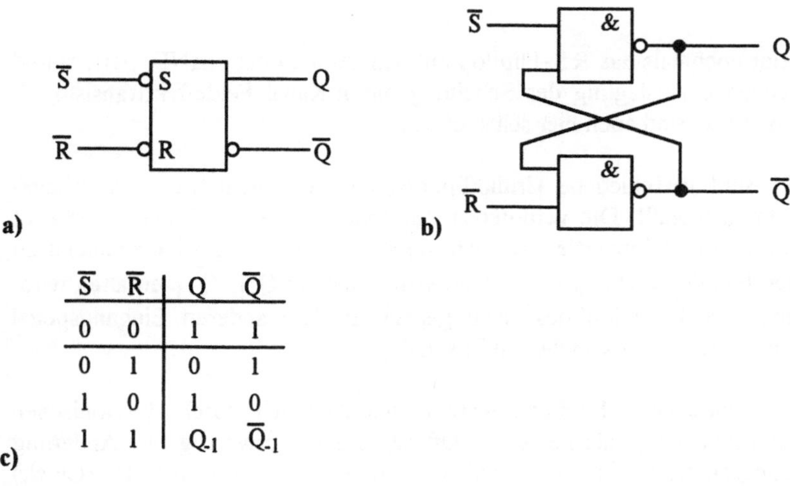

a)   b)

$\overline{S}$	$\overline{R}$	Q	$\overline{Q}$
0	0	1	1
0	1	0	1
1	0	1	0
1	1	Q_{-1}	$\overline{Q}_{-1}$

c)

Bild 4.29 $\overline{R}\,\overline{S}$ - Flipflop: a) logisches Symbol, b) Schaltbild mit NAND - Gatten und c) Wahrheitstabelle

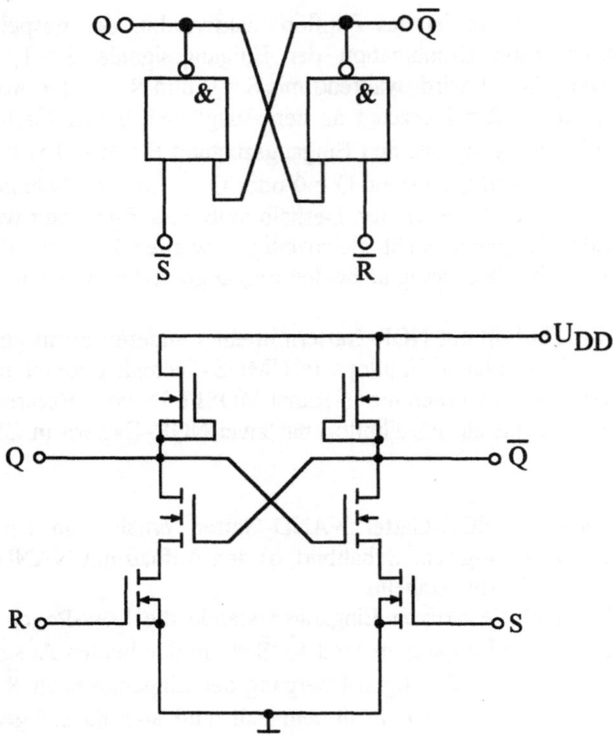

Bild 4.30 $\overline{\text{RS}}$ - Flipflop: a)   Schaltbild mit NAND - Gatten und   b) Schaltung mit n-Kanal MOSFETs vom Anreicherungs- und Verarmungstyp

Bild 4.30 zeigt nochmals das $\overline{\text{R}}\,\overline{\text{S}}$-Flipflop mit dem Aufbau mit NAND-Gattern und eine entsprechende Auslegung der Schaltung mit n-Kanal Feldeffekttransistoren. Die Lasttransistoren sind auch hier selbstleitend.

In Bild 4.31 sind verschiedene Grundflipflops mit den zugehörigen Wahrheitstabellen zusammengefaßt. Die verbotenen Zustände der beiden Eingänge erkennt man dadurch, daß beide invertiert werden müssen, um in den Speicherzustand zu gelangen, bei dem der vorherige eingeschriebene Zustand Q_{-1}, $\overline{Q_{-1}}$ erhalten wird. Der Zeitpunkt der Inversion des einen gegenüber dem anderen Eingangspegel bestimmt den tatsächlich gespeicherten Zustand.

Die bisher beschriebenen Flipflops werden ausschließlich durch die logischen Zustände der Eingangssignale gesteuert. Oft ist es aber notwendig, die Änderung eines Ausgangszustands in Abhängigkeit von einem Taktsignal C (Clock) vorzunehmen. Dabei kann sowohl der logische Pegel wie auch die Vorder- oder Rückflanke des Taktsignals das entscheidende Kriterium sein. Im folgenden werden einige solcher Flipflops beschrieben.

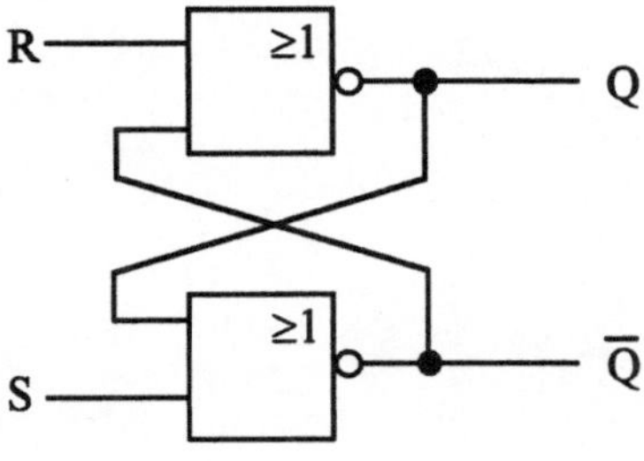

S	R	Q	$\overline{Q}$
0	0	Q_{-1}	$\overline{Q}_{-1}$
0	1	0	1
1	0	1	0
1	1	0	0

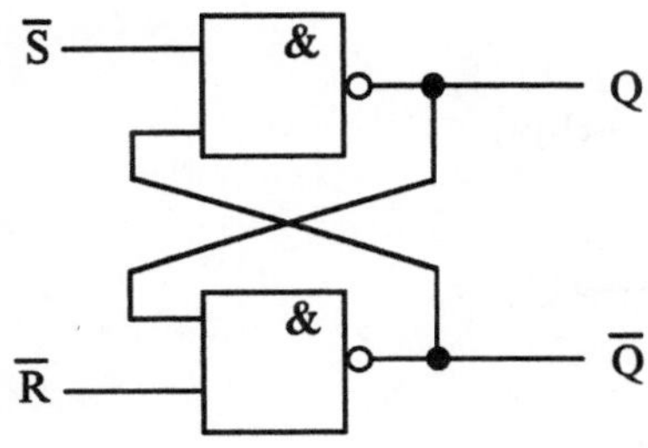

$\overline{S}$	$\overline{R}$	Q	$\overline{Q}$
0	0	1	1
0	1	0	1
1	0	1	0
1	1	Q_{-1}	$\overline{Q}_{-1}$

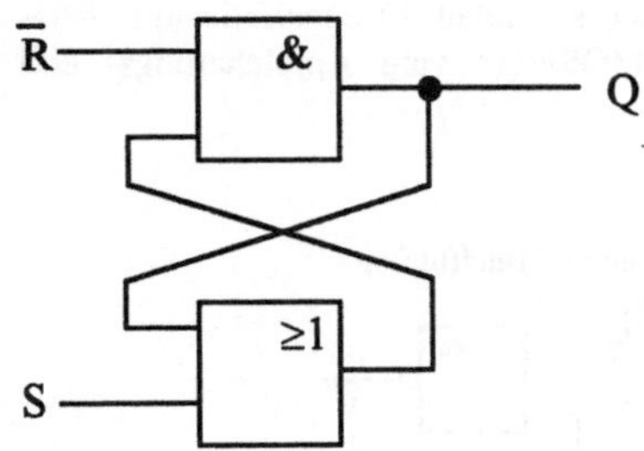

S	$\overline{R}$	Q
0	0	0
0	1	Q_{-1}
1	0	0
1	1	1

Bild 4.31 Schaltbild und Wahrheitstabelle für verschiedene Grundflipflops mit NOR-, NAND- und einer Kombination von ODER- und UND - Gatter. Die verbotenen Zustände sind schraffiert.

Ein taktzustandsgesteuertes RS-Flipflop erhält man, indem man das Flipflop durch Vorschalten von zwei UND-Gattern erweitert und an beide Gatter einen gemeinsamen Takt anschließt. Bild 4.32a zeigt das logische Schaltbild und Bild 4.32b den beschriebenen Schaltungsaufbau mit Gattern. Eine Realisierung mit n-Kanal Feldeffekttransistoren ist in Bild 4.32c gezeigt.

Auch bei diesem Flipflop muß darauf geachtet werden, daß beim Übergang des Taktsignals von 1 nach 0 der Zustand R=S=1 vermieden wird, da sonst der Zustand der Ausgänge Q und $\overline{Q}$ nicht definiert ist.

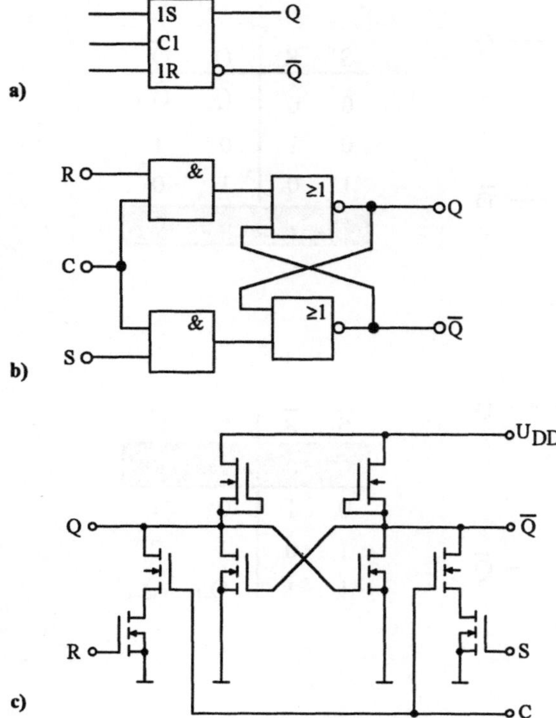

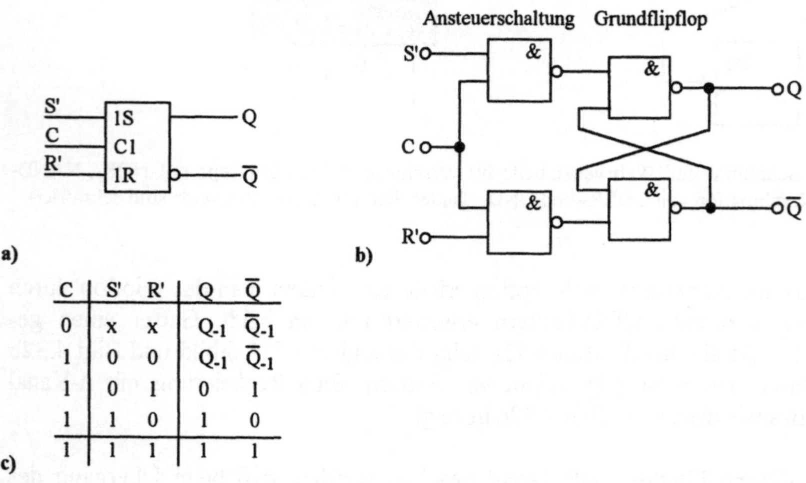

C	S'	R'	Q	$\overline{Q}$
0	x	x	Q_{-1}	$\overline{Q}_{-1}$
1	0	0	Q_{-1}	$\overline{Q}_{-1}$
1	0	1	0	1
1	1	0	1	0
1	1	1	1	1

c)

Bild 4.32 Taktzustandsgesteuertes RS - Flipflop: a) logisches Symbol, b) Schaltbild mit UND- und NOR - Gattern und c) Schaltung mit n-Kanal MOSFETs vom Anreicherungs- und Verarmungstyp

Bild 4.33 Taktzustandsgesteuertes RS - Flipflop: a) logisches Symbol, b) Schaltbild mit NAND - Gattern und c) Wahrheitstabelle

Bild 4.33 zeigt ebenfalls ein taktzustandsgesteuertes RS - Flipflop, jedoch mit einem $\overline{R}\,\overline{S}$ - Flipflop als Speicherschaltung.

Ein weiteres taktzustandsgesteuertes Flipflop ist das D - Flipflop. Dieses Flipflop nennt man auch transparentes Flipflop, da für die Dauer des H-Pegels des Taktes die Eingangsinformation am Ausgang erscheint. Am Ende des Taktes bleibt die zuletzt anliegende Information gespeichert.

In Bild 4.34 a ist das logische Symbol, in Bild 4.34 b eine mögliche Realisierung mit NAND-Gattern und in Bild 4.34 c die zugehörige Wahrheitstabelle gezeigt.

Neben den bisher beschriebenen Speicherschaltungen mit einem Flipflop, gibt es noch Flipflops, bei denen die Information zwischengespeichert wird, bevor sie am Ausgang abgegriffen werden kann.

Zunächst soll ein zustandsgesteuertes RS - Master - Slave - Flipflop nach Bild 4.35 ausführlich erklärt werden:

Während des High-Zustands des Taktes wird die Information vom ersten Flipflop aufgenommen und dort gespeichert, während das zweite Flipflop noch die Information des vorigen Zustands speichert. Ändert sich der Pegel des Taktes nach Low, wird die Ausgangsinformation des ersten Flipflops in das zweite Flipflop aufgenommen und an den Ausgang weitergeleitet. Die Eingangsinformation erscheint also um die Dauer des High-Zustands des Taktsignals verzögert am Ausgang. Auch bei diesem RS-Flipflop muß darauf geachtet werden, daß der Eingangszustand $R = S = C = $ High vermieden wird, da sonst beim Übergang des Taktsignals von High nach Low an den Ausgängen Q_2 und $\overline{Q}_2$ ein undefinierter Zustand auftreten kann.

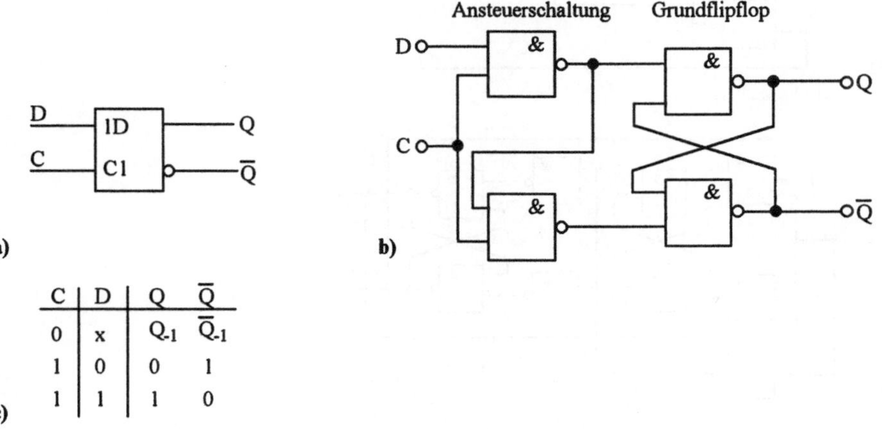

C	D	Q	$\overline{Q}$
0	x	Q_{-1}	$\overline{Q}_{-1}$
1	0	0	1
1	1	1	0

c)

Bild 4.34 Taktzustandsgesteuertes D - Flipflop: a) logisches Symbol, b) Schaltbild mit NAND - Gattern und c) Wahrheitstabelle

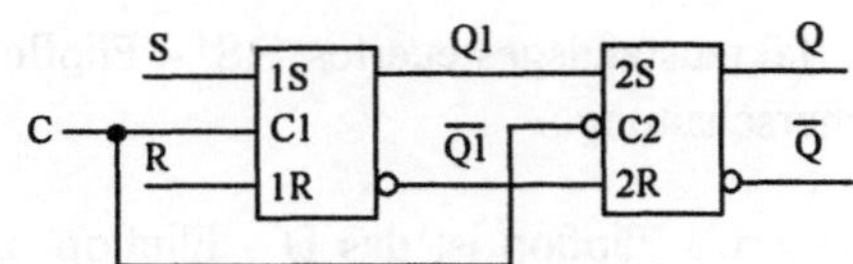

a)

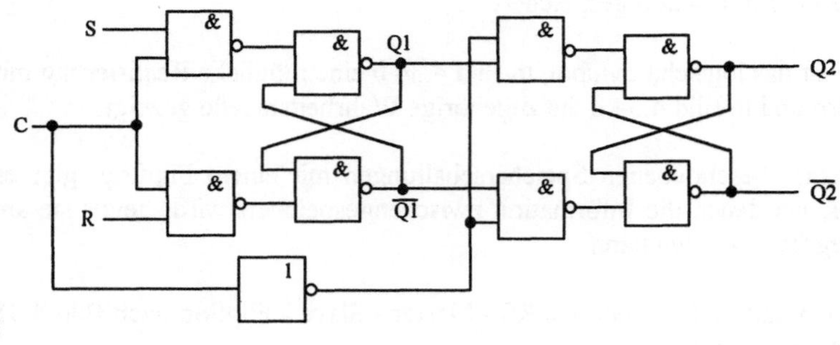

b)

Bild 4.35 Zustandsgesteuertes RS - Master - Slave - Flipflop: a) Schaltbild mit logischen
Symbolen von taktzustandsgesteuerten RS - Flipflops und b) Schaltbild mit acht NAND - Gattern
und einem Inverter

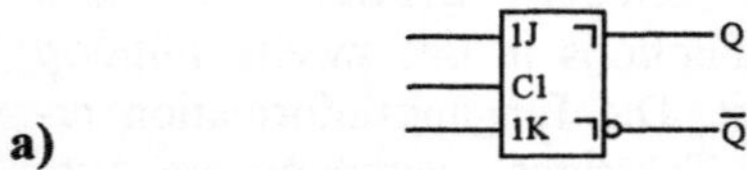

a)

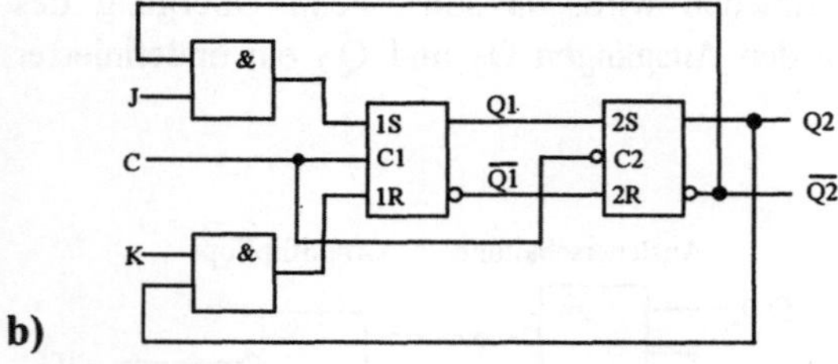

b)

c)

Bild 4.36   Zustandsgesteuertes JK - Master - Slave - Flipflop mit Verzögerung: a) logisches
Symbol, b) Schaltbild mit taktzustandsgesteuerten RS -Flipflops und UND - Gattern, c) Schaltbild
mit acht NAND - Gattern und einem Inverter

Dieser Nachteil wird vermieden, wenn man anstelle des RS- Flipflops ein JK - Master-Slave-Flipflop verwendet, dessen Aufbau in Bild 4.36 gezeigt ist.

Der entscheidende Unterschied zum RS-Flipflop liegt in der Rückführung der Ausgangssignale Q_2 und $\overline{Q}_2$ auf die Eingänge K und J. Durch die so entstandene UND-Verknüpfung von C, J und $\overline{Q}_2$ bzw. C, K und Q_2 kann bei J=K=1 immer nur ein Zweig des Eingangs-Flipflops gesetzt werden. Man spricht in diesem Fall auch von einem "Toggle-Flipflop".

Neben den zustandsgesteuerten Master-Slave-Flipflops gibt es noch flankenge-triggerte Master-Slave-Flipflops. Das unterschiedliche Verhalten von diesen JK-Flipflops ist in den folgenden Wahrheitstabellen und Zeit-Diagrammen dargestellt.

Die Übernahmezeit $t_{\ddot{u}}$, während der ein H-Pegel an den Eingängen 1J oder 1K gespeichert wird, ist beim zustandsgesteuerten Flipflop die gesamte Zeit, in der das Taktsignal C1 = H ist (Bild 4.37a)

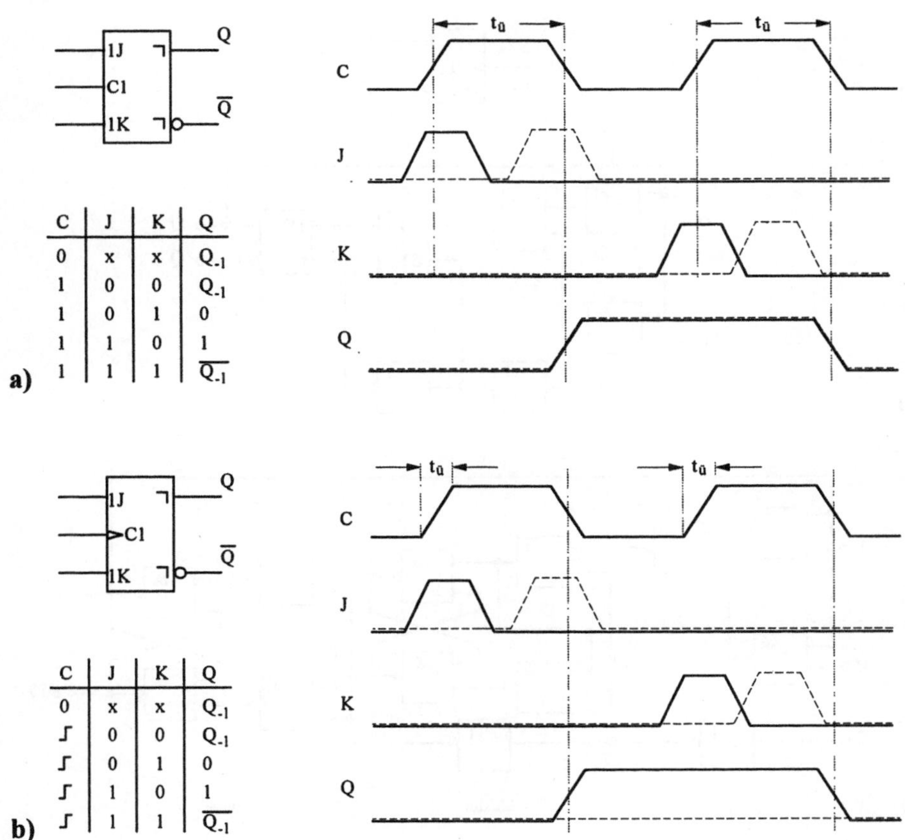

Bild 4.37 Logisches Symbol, zeitliche Verläufe der Ein- und Ausgangssignale und Wahrheitstabelle von JK - Flipflops mit Verzögerung: a) Zustandssteuerung, b) Steuerung mit der positiven Flanke

Die Übernahmezeit $t_{ü}$, während der ein "H"-Pegel an den Eingängen J oder K gespeichert wird, ist beim flankengetriggerten Flipflop nur die Zeit des Anstiegs der Flanke des Taktsignals (Bild 4.37b).

Die Übergabe des gespeicherten Signals an den Ausgang erfolgt in beiden Fällen erst beim Übergang des Taktsignals in den "L"-Pegel.

In einer anderen Ausführungsform des JK-Master-Slave-Flipflops erfolgt die Übernahme des Eingangssignals ebenfalls während der Flanke des Taktsignals, d.h. beim Wechsel von einem logischen Zustand in den anderen, die Übergabe der so gespeicherten Information erfolgt aber nicht um die Dauer des Taktsignals verzögert, sondern sofort. Das Schaltungssymbol eines solchen einflankengesteuerten JK-Flipflops ohne Retardierung und der Aufbau mit Gattern bzw. mit D-Flipflops und Gattern ist in Bild 4.38 zu sehen.

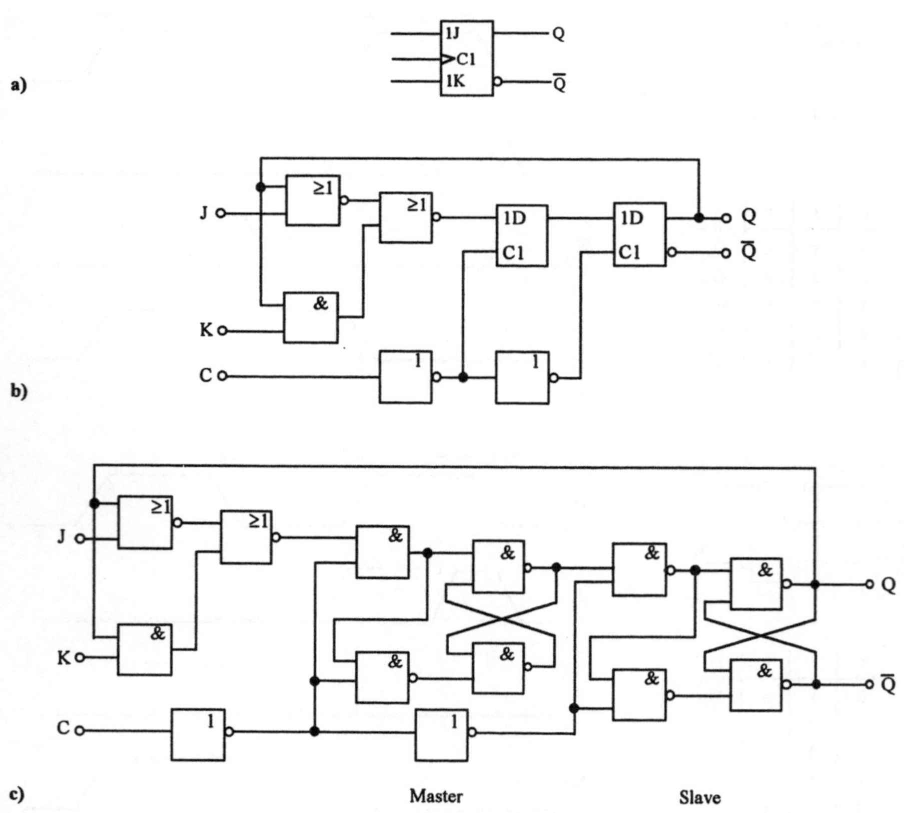

Bild 4.38 Flankengesteuertes JK - Flipflop ohne Verzögerung: a) logisches Symbol, b) Schaltbild mit zwei taktzustandsgesteuerten D -Flipflops, zwei Invertern, zwei NOR - Gattern und einem UND - Gatter und c) Schaltbild mit acht NAND - Gattern zwei Invertern, zwei NOR - Gattern und einem UND - Gatter

Die folgende Zusammenstellung (Bild 4.39) zeigt logische Symbole verschiedener
Ausführungen von JK-Flipflops der Baureihe 74... und beschreibt in Stichworten
deren Funktion. Zusätzlich zu den bisher beschriebenen Funktionen der JK-
Flipflops besitzen alle gezeigten Bausteine noch asynchrone Setz- und Rück-
setzeingänge (S und R). Wird z.B. an den SET - Eingang zu einem beliebigen Zeitpunkt ein logischer LOW - Pegel angelegt, so wird unmittelbar danach am Ausgang
Q ein HIGH - Pegel und an $\overline{Q}$ ein LOW - Pegel anliegen. Zu beachten ist jedoch,
daß zu keinem Zeitpunkt an beiden Eingängen gleichzeitig ein LOW - Pegel angelegt werden darf.

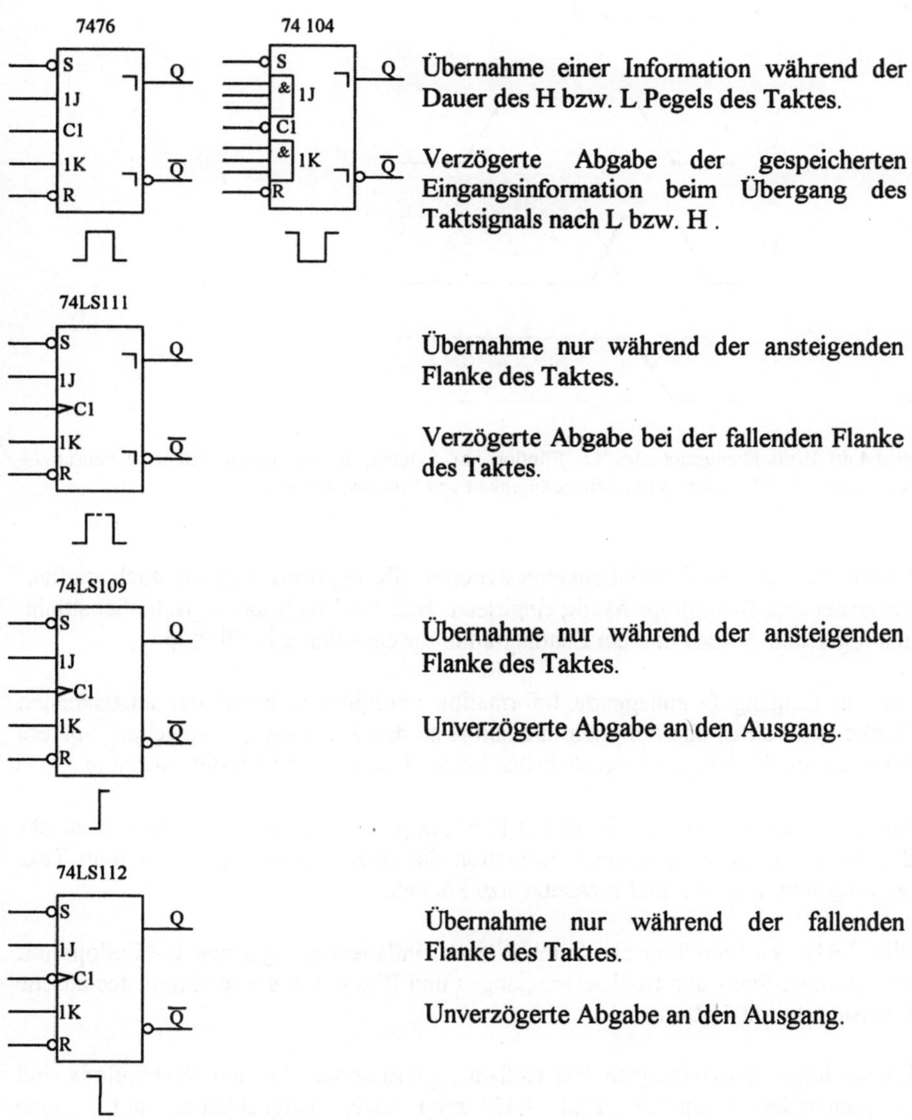

Übernahme einer Information während der Dauer des H bzw. L Pegels des Taktes.

Verzögerte Abgabe der gespeicherten Eingangsinformation beim Übergang des Taktsignals nach L bzw. H .

Übernahme nur während der ansteigenden Flanke des Taktes.

Verzögerte Abgabe bei der fallenden Flanke des Taktes.

Übernahme nur während der ansteigenden Flanke des Taktes.

Unverzögerte Abgabe an den Ausgang.

Übernahme nur während der fallenden Flanke des Taktes.

Unverzögerte Abgabe an den Ausgang.

Bild 4.39 Logische Symbole verschiedener JK - Flipflops

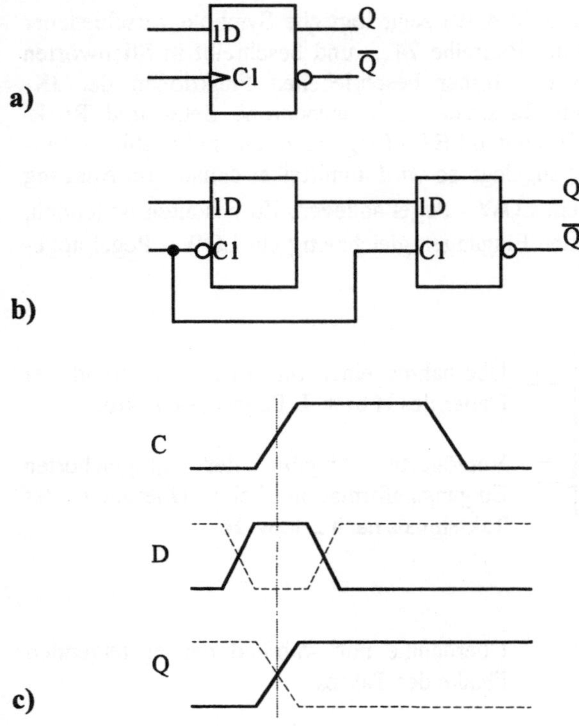

Bild 4.40 Einflankengesteuertes D - Flipflop: a) Symbol, b) Schaltbild mit zwei zustands-gesteuerten D - Flipflops und c) Zeitabhängigkeit von Ein- und Ausgängen

Neben den ein- und zweiflankengesteuerten JK-Flipflops werden auch einflankengesteuerte D-Flipflops häufig eingesetzt. Bild 4.40 zeigt das logische Schaltbild, den logischen Aufbau und ein Zeitdiagramm für ein solches D-Flipflop.

Die am Eingang D anliegende Information wird hier während der ansteigenden Flanke des Taktes übernommen und sofort an den Ausgang Q abgegeben. Spätere Änderungen des Eingangssignals haben keinen Einfluß mehr auf den Ausgang.

Wie auch bei JK-Flipflops ist es bei D-Flipflops oft notwendig, zusätzlich zu der Steuerung durch die Eingangsinformation die Ausgänge synchron mit dem Takt oder asynchron setzen und rücksetzen zu können.

Bild 4.41a zeigt das logische Symbol eines einflankengetriggerten D-Flipflops mit asynchronen Setz- und Rücksetzeingängen und Bild 4.41b die schaltungstechnische Realisierung mit Gattern.

Ein wichtiger Einsatzbereich von einflankengetriggerten D- und JK-Flipflops sind Frequenzteilerschaltungen. Bild 4.42 zeigt zwei Möglichkeiten auf, eine Halbierung der an den Eingängen anliegenden Frequenz vorzunehmen.

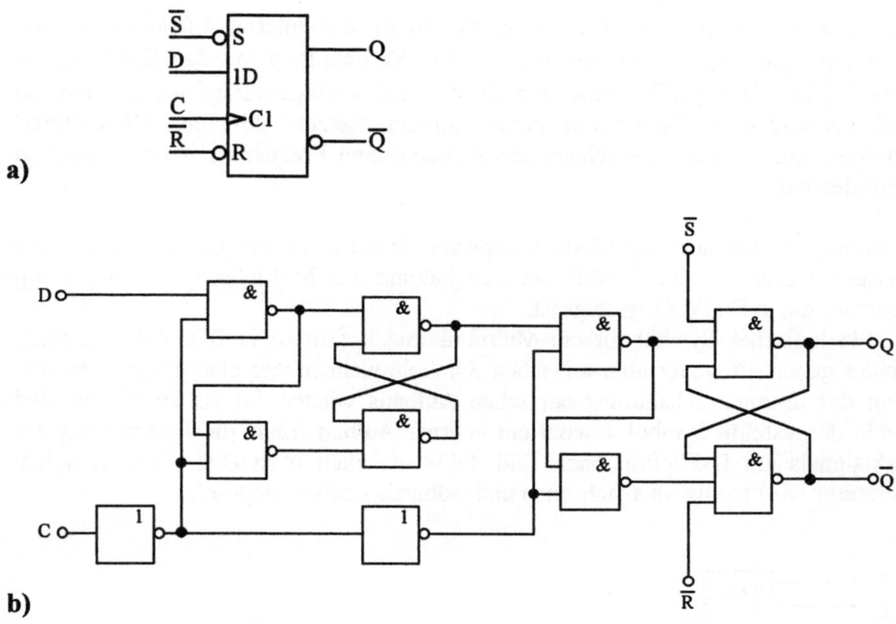

Bild 4.41 Einflankengesteuertes D - Flipflop mit Setz- und Rücksetzeingängen: a) Symbol und
b) Schaltbild mit acht NAND - Gattern und zwei Invertern

In Bild 4.42a ist ein fester Frequenzteiler mit einem einflankengetriggerten D-
Flipflop und in Bild 4.42b ein steuerbarer Frequenzteiler mit einem zweiflankengesteuerten JK-Flipflop dargestellt.

Werden bei einem JK-Flipflop die beiden Eingänge J und K wie in Bild 4.42b
zusammengeschaltet, bezeichnet man den nun gemeinsamen Eingang als "Toggle"-
Eingang. Liegt ein L-Pegel an, bleibt nach der Wahrheitstabelle das Signal am Ausgang Q im bisherigen Zustand.

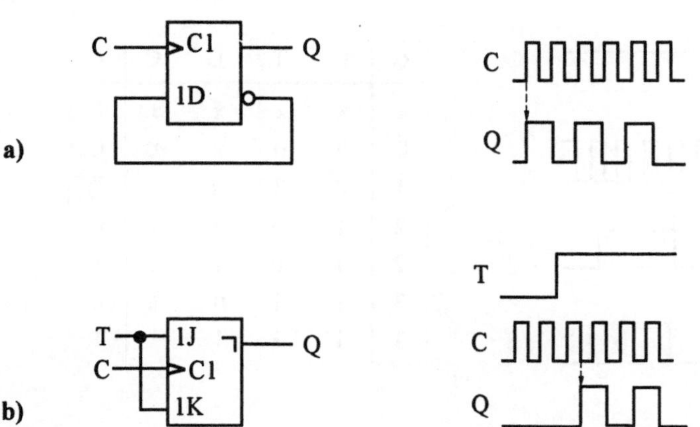

Bild 4.42 Frequenzteiler: a) fester Teiler und b) mit dem Signal T steuerbarer Teiler

Bei einem H-Pegel am T-Eingang ist durch die interne Rückführung der Ausgangssignale Q und $\overline{Q}$ und die logische Verknüpfung mit den Eingängen K bzw. J (siehe Bild 4.36) immer nur ein Zweig des Eingangsflipflops aktiviert, so daß während einer Taktperiode immer nur ein "Setzen" oder ein "Rücksetzen" erfolgen kann. Dadurch erscheint am Ausgang eine Frequenz mit der doppelten Periodendauer.

Flipflops können auch innerhalb komplexer Schaltungen eingesetzt werden. Als Beispiel hierfür sei eine Multifunktionsschaltung aus Multiplexer und D-Flipflop genannt, die in Bild 4.43 gezeigt ist.

Ein logisches Symbol für ein Multifunktionsflipflop ist in Bild 4.44a gezeigt. Leider geben die genormten logischen Symbole nicht immer eine genaue Darstellung des internen schaltungstechnischen Aufbaus wieder. So ist für das in Bild 4.44a dargestellte Symbol sowohl ein interner Aufbau ohne die Invertierung des Taktsignals am D-Flipflop nach Bild 4.43a als auch nach Bild 4.44b möglich. Letzterer wird häufig in synchronen und ladbaren Zählern eingesetzt.

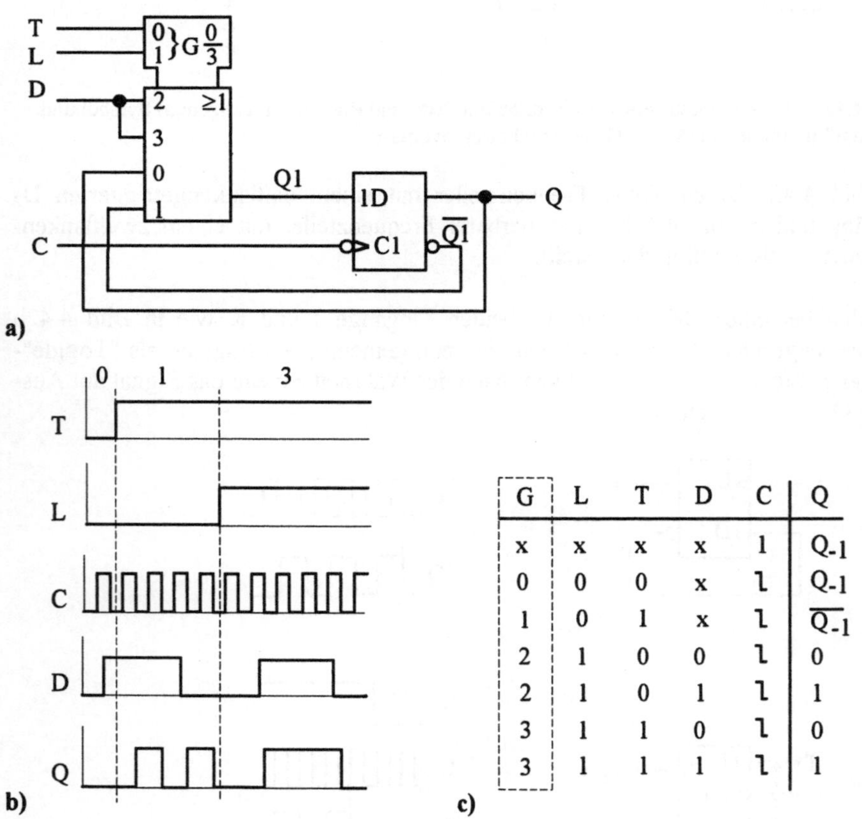

Bild 4.43 Multifunktionsschaltung: a) Schaltbild, b) Zeitabhängigkeit der Ein- und Ausgangssignale und c) Wahrheitstabelle

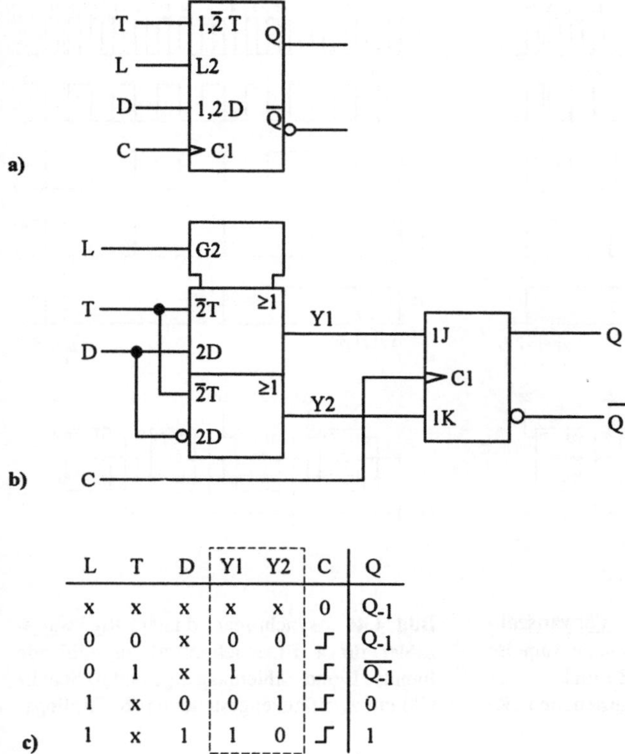

Bild 4.44 Multifunktionsschaltung: a) Symbol, b) möglicher interner Aufbau und c) Wahrheitstabelle

4.3 Zähler

4.3.1 Asynchrone Zähler

Ein wichtiges Anwendungsgebiet von JK-Flipflops sind Zählerschaltungen. Ein asynchroner binärer Vorwärtszähler besteht aus hintereinander geschalteten Frequenzteilern. Pro Zählerstufe muß die am Eingang anliegende Grundfrequenz bzw. die Anzahl der Impulse um den Faktor 2 verkleinert werden. Durch diese Art des Schaltungsaufbaus ändert sich zuerst die Information am Ausgang Z0, danach um die Gatterlaufzeit eines Flipflops verzögert die Information an Z1, um eine weitere Gatterlaufzeit verzögert Z2 usw., so daß die binäre Information nicht gleichzeitig, d.h. asynchron an allen Ausgängen erscheint.

Der zeitliche Verlauf für einen binären 4 Bit Vorwärtszähler ohne Berücksichtigung der Gatterlaufzeiten und eine schaltungstechnische Realisierung mit zweiflankengesteuerten JK-Flipflops sind in Bild 4.45 gezeigt.

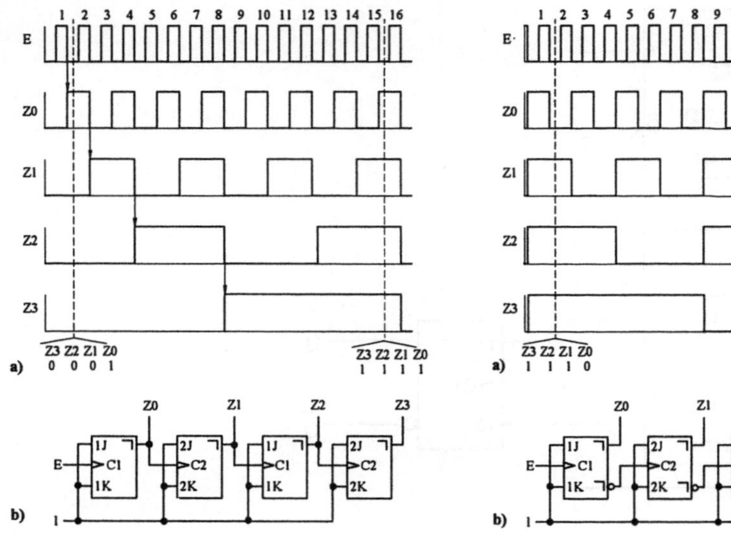

Bild 4.45 Asynchroner dualer <u>Vorwärtszäh</u>ler für 4 Binärstellen: a) zu zählende Impulse E und Zählerausgänge Z_0 bis Z_3 und b) Schaltbild mit zweiflankengesteuerten JK-Flipflops

Bild 4.46 Asynchroner dualer <u>Rückwärts</u>zähler für 4 Binärstellen: a) zu zählende Impulse E und Zählerausgänge und b) Schaltbild mit zweiflankengesteuerten JK-Flipflops

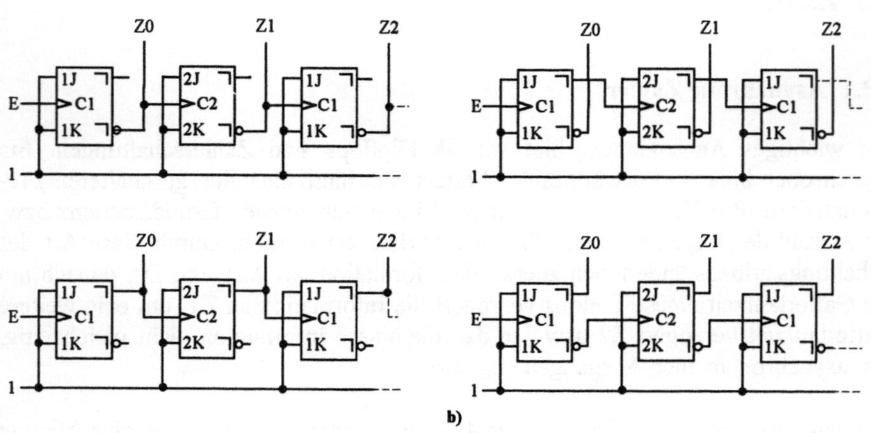

Bild 4.47 Verschiedene Schaltungen für asynchrone Dualzähler: a) Vorwärtszähler und b) Rückwärtszähler

Verbindet man anstelle der Ausgänge Q die Ausgänge $\overline{Q}$ mit den Toggle-Eingängen der nächsten Stufen und betrachtet man weiterhin die binäre Information an den Q-Ausgängen der Flipflops, so erhält man einen asynchronen Rückwärtszähler wie er in Bild 4.46 dargestellt ist. Bei jeder ansteigenden Flanke von Z_n ändert sich der logische Pegel an Z_{n+1}.

Eine Zusammenfassung   asynchroner Zähler zeigt das Bild 4.47. Beim Vorwärtszähler wird die nächste Stufe immer mit Z_n angestoßen, beim Rückwärtszähler mit $\overline{Z}_n$. Es gibt also mehrere Realisierungsmöglichkeiten asynchroner Zähler mit zweiflankengesteuerten JK-Flipflops.

4.3.2 Synchrone Zähler

Wurde bei den asynchronen Zählern jede folgende von der vorhergehenden Stufe direkt angesteuert, so werden bei den synchronen Zählern die Ausgangsinformationen der einzelnen Stufen nur noch zur Vorbereitung des Zählvorgangs der folgenden Stufen verwendet. Die zu zählenden Impulse E liegen als Takt C an allen Stufen des Zählers gleichzeitig an, so daß auch die binäre Information an allen Ausgängen Z0 bis Z3 gleichzeitig erscheint und zu jeder Zeit den richtigen Wert hat.

Ein schaltungstechnisch einfacher Aufbau eines synchronen Vorwärtszählers ist in Bild 4.48a dargestellt. Er besteht nur aus Toggle-Flipflops und UND-Gattern. Die Übernahme des Zählerstandes geschieht bei des ansteigenden Flanke und die Übergabe an Ausgänge bei der fallenden Flanke des Taktsignals.

Bild 4.48b zeigt einen Aufbau, der für eine Kaskadierung, d.h. eine Hintereinanderschaltung solcher Einheiten zu je 4 Bit geeignet ist, um z.B. 16 Bit Zähler aufzubauen. Das Grundelement dieses synchronen Zählers ist die in Bild 4.44 dargestellte Multifunktionsschaltung. Im Gegensatz zur Schaltung in Bild 4.48a erfolgt die Übergabe des Zählerstandes an die Ausgänge sofort bei der ansteigenden Flanke des Taktsignals und nicht verzögert wie in Bild 4.48a.

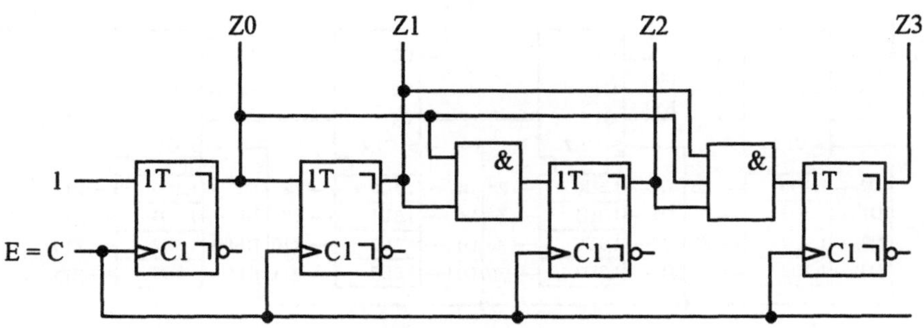

Bild 4.48a Schaltbild eines synchronen Vorwärtszählers aus Toggle-Flipflops und UND - Gattern

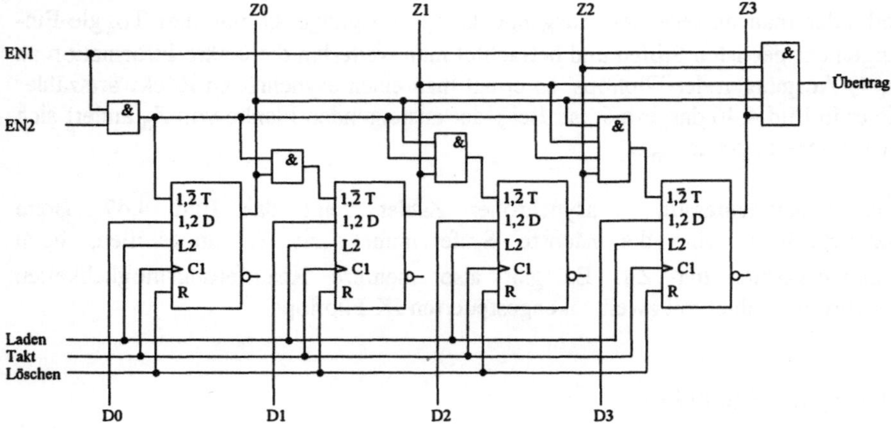

Bild 4.48b Schaltbild einer vierstelligen Stufe eines synchronen Vorwärtszählers, die für eine Kaskadierung von vielen Stufen geeignet ist

Die beiden Eingänge EN1 und EN2 steuern die Freigabe des Zählers. Nur wenn beide Signale auf logisch "1" liegen, kann die Schaltung "zählen" und der Ausgang für den Übertrag (RCO: Ripple Carry Out) ist aktiviert. Liegt an einem oder an beiden Freigabeeingängen eine logische "0" an, so wird der Zähler angehalten.

Eine Kaskadierung von synchronen 4 Bit Vorwärtszählern zu einem 16 Bit Zähler ist in Bild 4.49 dargestellt. Verwendet wurden dazu Zählerschaltungen nach Bild 4.48b, jedoch ohne Berücksichtigung des Eingangs "Löschen".

Durch einfache schaltungstechnische Maßnahmen lassen sich auch synchrone 4 Bit Vorwärts- Rückwärtszähler aufbauen (Bild 4.50). Ein High- oder Low-Pegel am Eingang $U/\overline{D}$ legt fest, ob der Zähler vorwärts oder rückwärts zählt. Wenn beim Rückwärtszählen alle niederwertigen Stellen "0" sind, wird das nächst höherwertige Bit zurück auf "0" und die niederwertigen Bits auf "1" gesetzt.

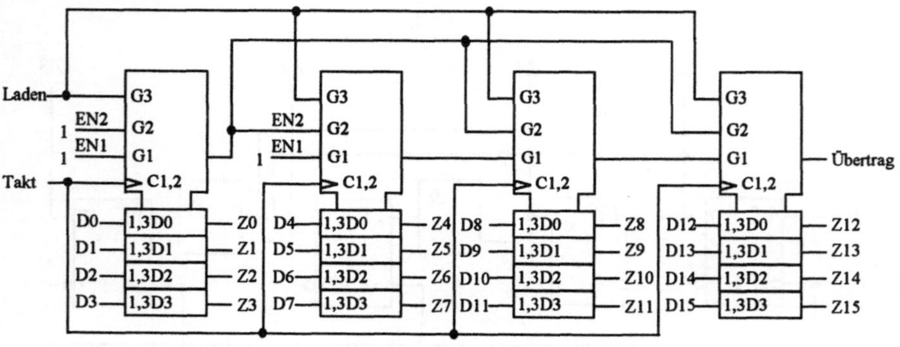

Bild 4.49 Schaltbild eines synchronen 16 Bit Vorwärtszählers

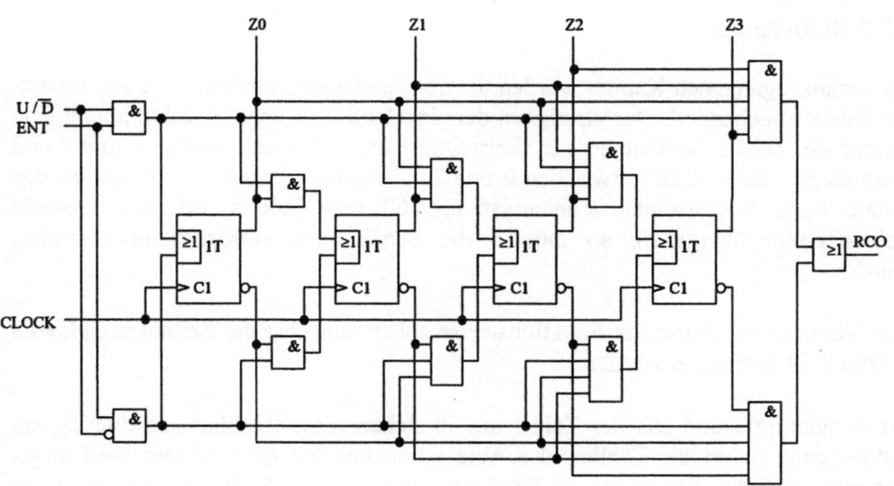

Bild 4.50 Schaltbild einer synchronen 4 Bit Zählerstufe, welche durch den Eingang $U/\overline{D}$ gesteuert entweder die Impulse am Eingang $E = C$ positiv oder negativ zählt

Eine weitere Ausführungsform eines synchronen Vorwärts- Rückwärts- Zählers mit getrennten Takteingängen zeigt Bild 4.51. Dieser Zähler funktioniert dann richtig, wenn gewährleistet ist, daß nicht gleichzeitig an beiden Eingängen die Flanke eines Zählimpulses auftritt.

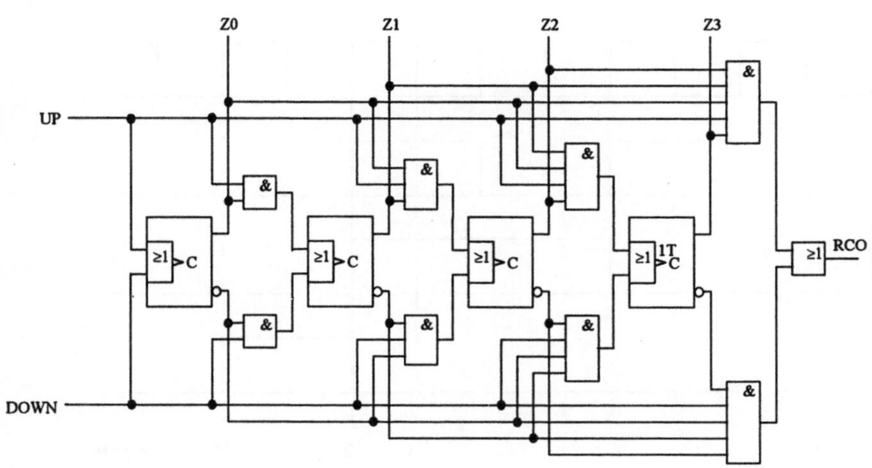

Bild 4.51 Schaltbild einer synchronen 4 Bit Zählerstufe, welche die Impulse am Eingang UP positiv und die am Eingang DOWN negativ zählt

4.3.3 BCD-Zähler

Im vorausgegangenen Kapitel wurden die verschiedenen Schaltungsvarianten binärer Zähler abgehandelt. Die Wertigkeit der einzelnen Ausgänge ist dabei immer eine Potenz der Zahl 2. So können z.B. dreistellige Zähler Ziffern zwischen 0 und 7 und vierstellige Zähler Ziffern zwischen 0 und 15 darstellen. Entsprechend gibt es das oktale bzw. hexadezimale Zahlensystem. Will man jedoch auf das dezimale Zahlensystem übergehen, so müssen die Schaltungen entsprechend verändert werden.

Zur Veranschaulichung der Funktionsweise sollen zunächst die Zeitabhängigkeiten in Bild 4.52 betrachtet werden.

Im Ausgangszustand soll der Zähler auf 0 stehen. Eine Rechteckschwingung am Takteingang liefert die Zählimpulse. Wie schon bei den Binärzählern wird angenommen, daß der Zähler aus JK-Flipflops aufgebaut ist, die bei der ansteigenden Flanke des Taktes die Eingangsinformation übernehmen und diese bei der abfallenden Flanke an den Ausgang weiterleiten.

Während der ersten 9 Taktimpulse verhält sich der BCD-Zähler wie ein binärer Zähler, wie durch Betrachten der Ausgänge Z0 bis Z3 in Bild 4.52 zu erkennen ist.

Beim zehnten Impuls jedoch tritt an den Ausgängen Z3....Z0 nicht der binäre Zustand 1010 auf, sondern 0000; d.h. der Zähler wird zurückgesetzt und es wird neu mit dem Zählen begonnen.

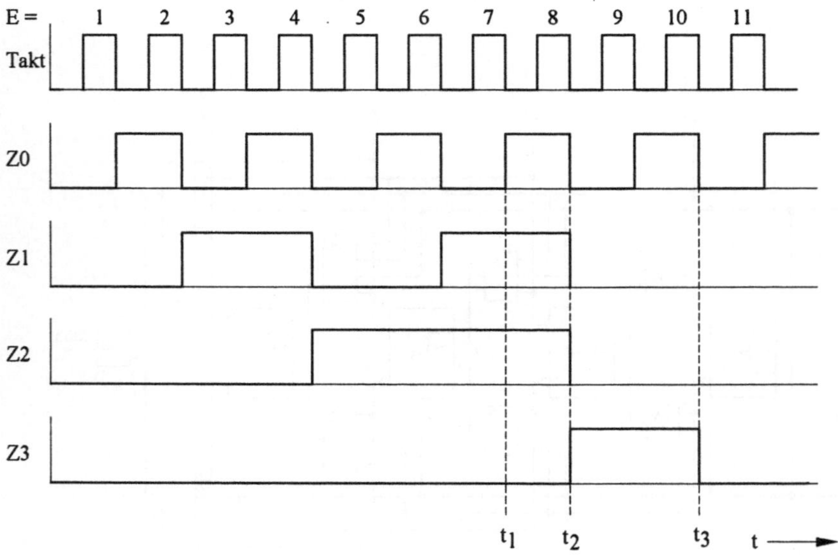

Bild 4.52 Zeitabhängigkeit des Eingangs E und der vier Ausgänge Z_0 bis Z_3 einer BCD-Zählerstufe für eine Dezimalstelle

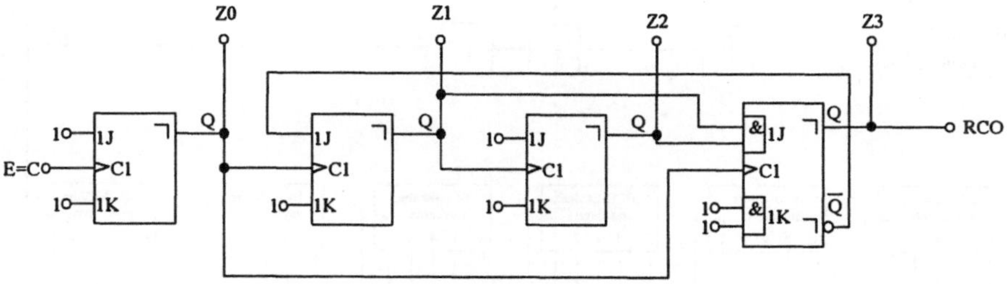

Bild 4.53 Schaltbild einer asynchronen BCD - Zählerstufe für eine Dezimalstelle

Bild 4.53 zeigt einen asynchronen BCD-Zähler für eine Dezimalstelle, der mit den zuvor beschriebenen JK-Flipflops aufgebaut ist. Zu beachten ist besonders die Ansteuerung des Flipflops für das höchstwertige Bit Z3. Der Takteingang wird nicht wie beim binären Zähler von der nächst niederwertigeren Stelle Z2 angesteuert, sondern von Z0. Die Ausgänge Z1 und Z2 werden über ein UND-Gatter verknüpft und ergeben so das Signal für den J-Eingang des Flipflops. Damit wird dieses Flipflop nur gesetzt, wenn Z1 und Z2 "1" sind <u>und</u> Z0 sich von "0" nach "1" ändert (t_1 in Bild 4.52). Die Übergabe der "1" an den Ausgang erfolgt bei der Rückflanke des entsprechenden Impulses Z2 (t_2). Nach dem 8. Zählimpuls, wenn Z3 = 1 ist, ändern sich Z1 und Z2 infolge der Verbindung $\overline{Z3}$ mit dem J-Eingang des zweiten Flipflops nicht mehr. Nach der Rückflanke des 10. Impulses am Takteingang des Zählers wird Z3 über C1 und 1K zurückgesetzt (t_3) .

Der RCO-Ausgang in Bild 4.53 dient zur Kaskadierung solcher BCD-Zähler zu mehrstelligen asynchronen Dezimal-Zählern.

Durch einen erhöhten schaltungstechnischen Aufwand können BCD-Zähler auch als synchrone Zähler aufgebaut werden, wie Bild 4.54 zeigt. Diese sind prinzipiell wie synchrone binäre Zähler aufgebaut, jedoch ist auch hier ein zusätzlicher Aufwand vor der höchstwertigen Stelle und die Rückführung des invertierten Signals Z3 auf die zweite Stufe notwendig.

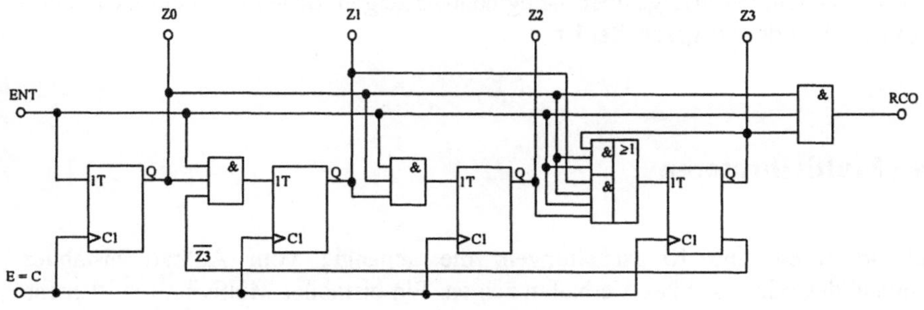

Bild 4.54 Schaltbild einer synchronen BCD - Zählerstufe für eine Dezimalstelle

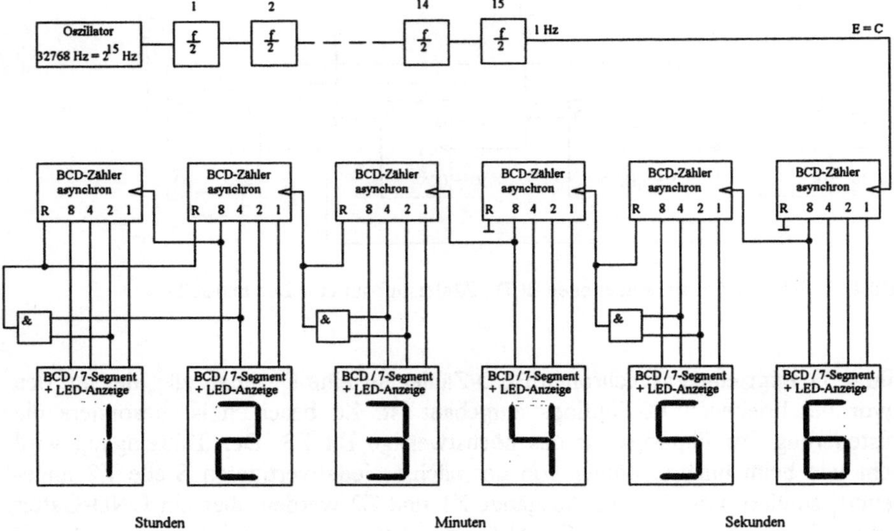

Bild 4.55 Blockschaltbild einer Digitaluhr mit asynchronen BCD - Zählern

Für BCD-Zähler gibt es eine Reihe von Anwendungen. Als typisches Beispiel sei eine Digitaluhr genannt. Bild 4.55 zeigt das Blockschaltbild einer Digitaluhr mit asynchronen BCD-Zählern.

Ein Quarzoszillator mit nachgeschalteten binären Frequenzteilern erzeugt einen Sekundentakt, der die Einerstelle der Sekunden ansteuert. Der Zähler für die Zehnerstelle der Sekunden wird einfach über den RCO- bzw. Z3-Ausgang kaskadiert. Der Übertrag auf die Einerstelle der Minuten wird durch eine UND-Verknüpfung von Z1 und Z2 erzeugt. Damit die Zehnerstelle der Sekunden nicht über sechs ($6 \triangleq 0110$) hinauszählt, muß mit dem Übertragssignal für die Minutenzähler auch diese Stelle des Sekundenzählers zurückgesetzt werden. Diese Bedingung gilt ebenso für die Zehnerstelle des Minutenzählers. Die Einer- und die Zehnerstelle des Stundenzählers müssen gesondert behandelt werden, denn hier soll ein Zurücksetzen bei der Dezimalzahl 24 ($2 \triangleq 0010\,,4 \triangleq 0100$) erfolgen. Die Anzeige der Uhrzeit erfolgt über 7-Segment-Anzeigen, denen noch ein BCD-zu-7-Segment-Dekoder vorgeschaltet ist.

4.4 Multivibratoren

Multivibratoren sind Kippschaltungen, die abhängig vom Aufbau bistabiles, monostabiles oder astabiles Verhalten zeigen. Ein bistabiler Multivibrator ist nichts anderes als ein Flipflop mit zwei stabilen Zuständen.

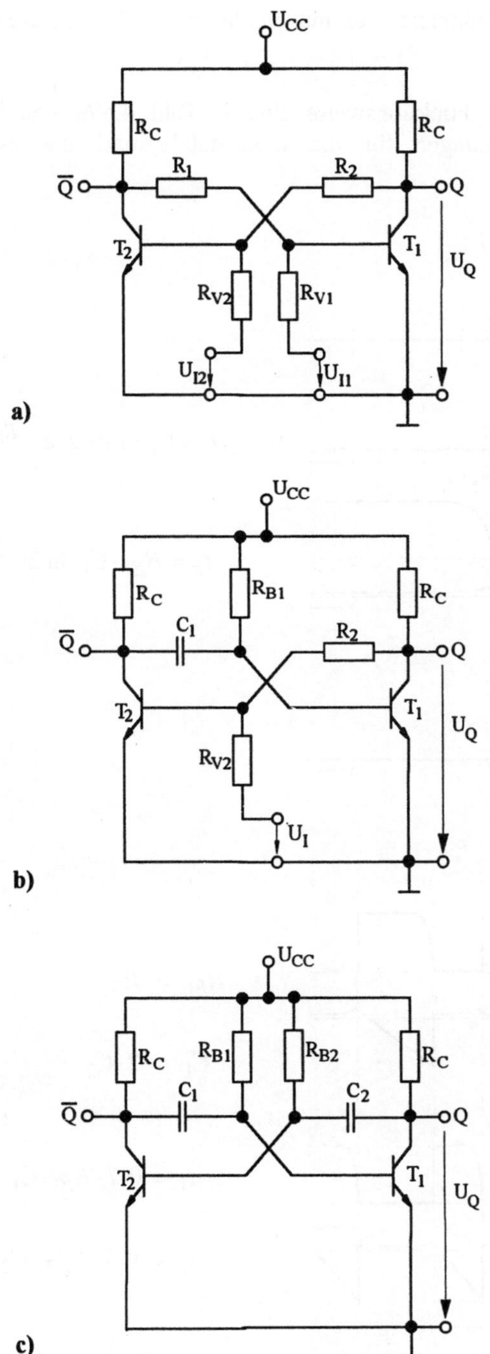

Bild 4.56 Multivibratoren mit bipolaren Transistoren: a) bistabil, b) monostabil und c) astabil

Die verschiedenen Arten von Multivibratoren mit bipolaren npn-Transistoren sind in Bild 4.56 gegenübergestellt.

Zum besseren Verständnis der Funktionsweise sind in Bild 4.57a und b die zeitlichen Verläufe der Spannungen für die monostabile und die astabile Kippschaltung dargestellt.

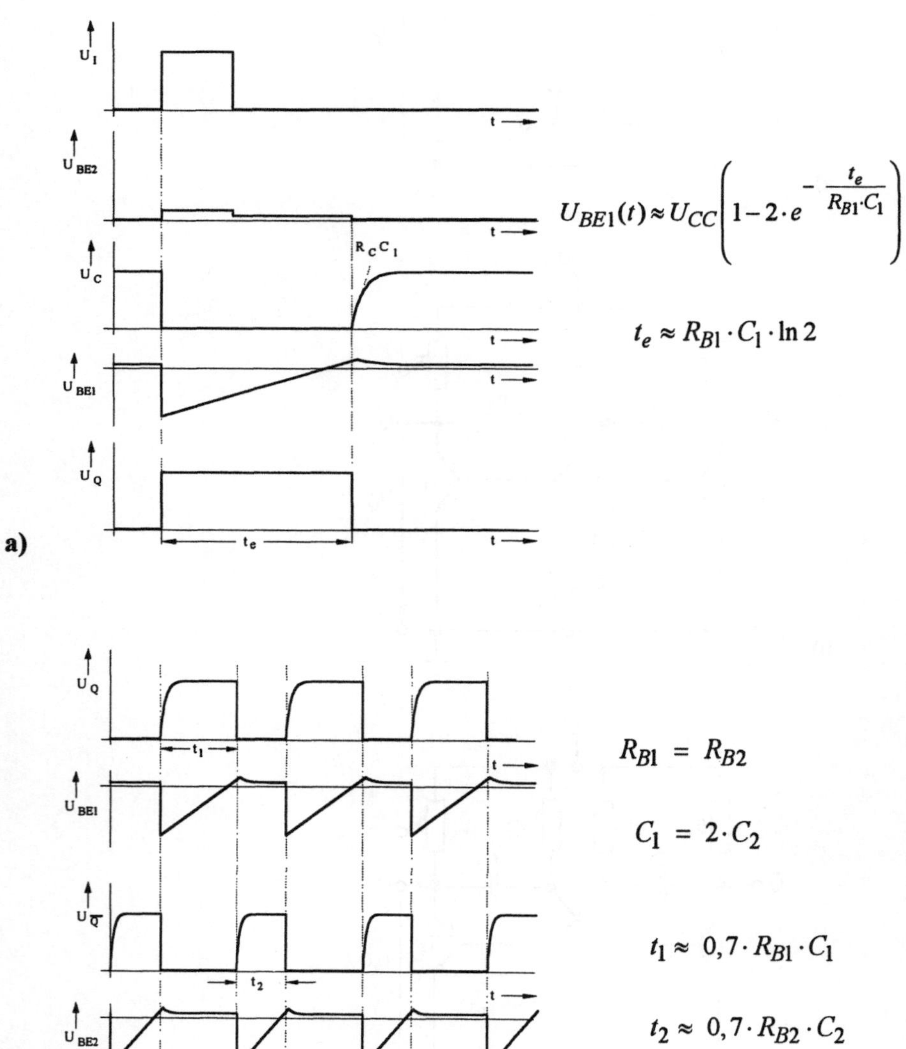

$$U_{BE1}(t) \approx U_{CC}\left(1 - 2\cdot e^{-\frac{t_e}{R_{B1}\cdot C_1}}\right)$$

$$t_e \approx R_{B1}\cdot C_1 \cdot \ln 2$$

$$R_{B1} = R_{B2}$$

$$C_1 = 2\cdot C_2$$

$$t_1 \approx 0{,}7\cdot R_{B1}\cdot C_1$$

$$t_2 \approx 0{,}7\cdot R_{B2}\cdot C_2$$

Bild 4.57 Zeitabhängigkeit wichtiger Eingangs- und Ausgangsspannungen von Multivibratoren: a) monostabiler Multivibrator nach Bild 4.56b und b) astabiler Multivibrator nach Bild 4.56c

4.4.1 Schmitt-Trigger

Schmitt-Trigger sind Kippschaltungen, bei denen der Ein- und der Ausschaltpegel um eine Spannung ΔU verschieden sind, so daß sich eine Hysterese ergibt.

In Bild 4.58 a ist die Funktionsweise eines Schmitt-Triggers mit den Schaltschwellen U_{Iein} und U_{Iaus} für ein dreieckförmiges Eingangssignal, das symmetrisch zum Nullpunkt liegt, dargestellt .

In Bild 4.58 b wurde die Dreieckschwingung am Eingang zusätzlich noch um einen positiven bzw. negativen Gleichanteil verschoben. Als Folge davon ändert sich das Tastverhältnis des Ausgangssignals.

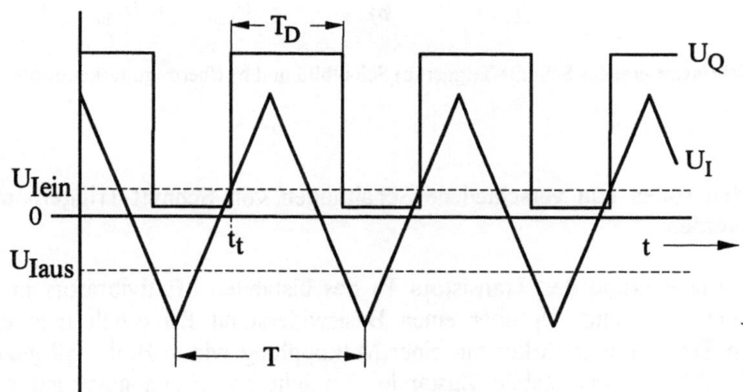

a)

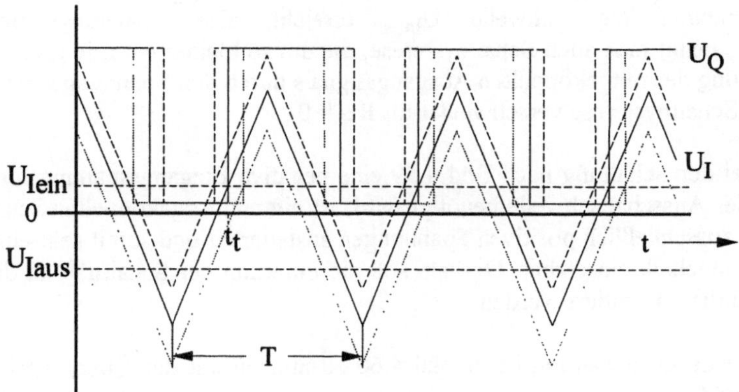

b)

Bild 4.58 Dreieckförmige Eingangsspannung U_I und rechteckförmige Ausgangs-spannung U_Q eines Schmitt-Triggers: a) Eingangspannung ohne Gleichspannungsanteil und b) mit Gleichspannungsanteil zur Veränderung der Impulsdauer T_D bzw. des Tastverhältnisses T_D / T

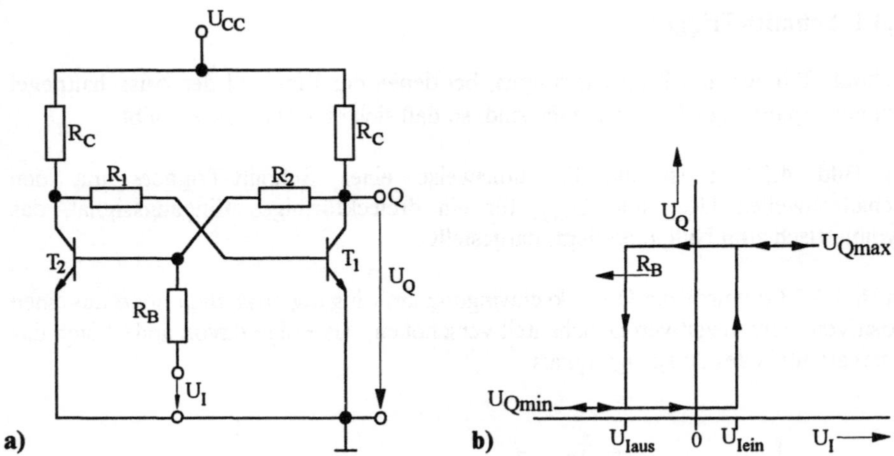

Bild 4.59 Nichtinvertierender Schmitt-Trigger: a) Schaltbild und b) Übertragungskennlinie

Im Folgenden sollen nun verschiedene Schaltungen von Schmitt-Triggern näher betrachtet werden:

Durch eine Ansteuerung des Transistors T_2 des bistabilen Multivibrators in Bild 4.56 mit einer Spannung U_I über einen Basiswiderstand R_B erhält man einen zweistufigen Transistorverstärker mit einer Mitkopplung wie in Bild 4.59 gezeigt. Für $U_I = 0$ gibt es zwei stabile Zustände. Erreicht die Eingangsspannung die Schwelle U_{Iein}, wird die Ausgangsspannung U_Q infolge der Mitkopplung über R_2 sprungartig den Wert U_{Qmax} erreichen, auch wenn sich die Eingangsspannung nur langsam ändert. U_Q springt erst dann wieder auf den Wert U_{Qmin} zurück, wenn die Eingangsspannung die Schwelle U_{Iaus} erreicht. Die Spannungsdifferenz $U_{Iein} - U_{Iaus}$ nennt man auch Schalthysterese, die um so kleiner wird, je größer die Abschwächung des mitgekoppelten Ausgangssignals durch den Spannungsteiler R_2, R_B ist. Die Schalthysterese verschwindet für $R_B = 0$.

Während bei der Schaltung nach Bild 4.59 eine negative Eingangsspanung für das Erreichen der Ausschaltschwelle benötigt wird, ist ein emittergekoppelter Schmitt-Trigger mit ausschließlich positiven Spannungen ansteuerbar und somit sehr einfach in der Digitaltechnik einsetzbar. Deshalb soll die Funktion der Schaltung an dieser Stelle ausführlich diskutiert werden.

Eine entsprechende Schaltung ist in Bild 4.60 zusammen mit der Übergangskennlinie dargestellt.

Geht man von der Annahme aus, daß $R_B \gg R_{C2}$ ist und die Restspannung eines eingeschalteten Transistors $U_{CE} = 0$ ist, kann man folgende vereinfachten Überlegungen anstellen:

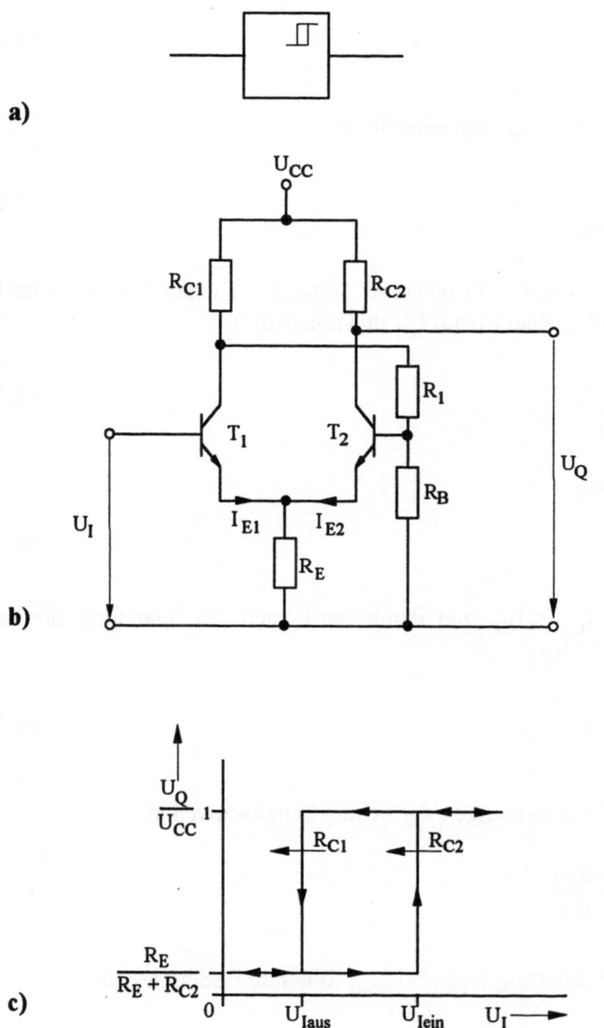

Bild 4.60 Emittergekoppelter, nichtinvertierender Schmitt-Trigger: a) Symbol eines Schmitt-Triggers, b) Schaltbild und c) Übertragungskennlinie

Ist die Eingangsspannung $U_I < U_{Iein}$, so sperrt Transistor T_1 und Transistor T_2 leitet. Damit ist $I_{E1} \ll I_{E2}$. Die Spannung am Widerstand R_E ist

$$U_E = (I_{E1} + I_{E2})\, R_E \tag{4.17}$$

oder vereinfacht

$$U_E \approx I_{E2} R_E \ . \tag{4.18}$$

Mit

$$I_{E2} \approx \frac{U_{CC}}{R_E + R_{C2}} \qquad (4.19)$$

wird die Spannung für die Einschaltschwelle zu

$$U_{Iein} = U_{CC}\frac{R_E}{R_E + R_{C2}} \qquad . \qquad (4.20)$$

Für $U_I > U_{Iein}$ leitet Transistor T_1 während Transistor T_2 sperrt. Der Strom I_{E2} ist jetzt sehr klein gegenüber dem Strom I_{E1} in Transistor T_1.

$$I_{E1} = \frac{U_{CC}}{R_E + R_{C1}} \qquad (4.21)$$

und damit die Spannung

$$U_E \approx I_{E1}\,R_E \qquad (4.22)$$

Ist $R_{C1} > R_{C2}$, wird $I_{E1} < I_{E2}$ und damit wird auch die Spannung der unteren Schaltschwelle $U_{Iaus} < U_{Iein}$.

$$U_{Iaus} = U_{CC}\frac{R_E}{R_E + R_{C1}} \qquad . \qquad (4.23)$$

Aus dem Verhältnis der Spannungen der beiden Schaltschwellen

$$\frac{U_{Iein}}{U_{Iaus}} = \frac{R_E + R_{C1}}{R_E + R_{C2}} \qquad (4.24)$$

ergeben sich aus der Forderung $U_{Iein} > U_{Iaus}$ folgende Bedingungen:

1. $\quad R_{C1} > R_{C2}$
2. $\quad V > 1 , \; \rightarrow \beta_{n2} > \dfrac{R_1}{R_{C1}}$
3. $\quad R_1 + R_B \gg R_{C1}$

Das Schaltbild eines invertierenden Schmitt-Triggers in NMOS-Technologie und die zugehörige Übertragungskennlinie sind in Bild 4.61 dargestellt. Der selbstleitende Transistor T_3 dient als Lastwiderstand. Die Schwellwerte der selbstsperrenden Transistoren seien alle gleich groß für $U_{s\text{-sub}} = 0$ V.

Für kleine Eingangsspannungen U_I sind die Transistoren T_1 und T_2 gesperrt, T_4 ist leitend, aber der Strom I_2 ist sehr klein.

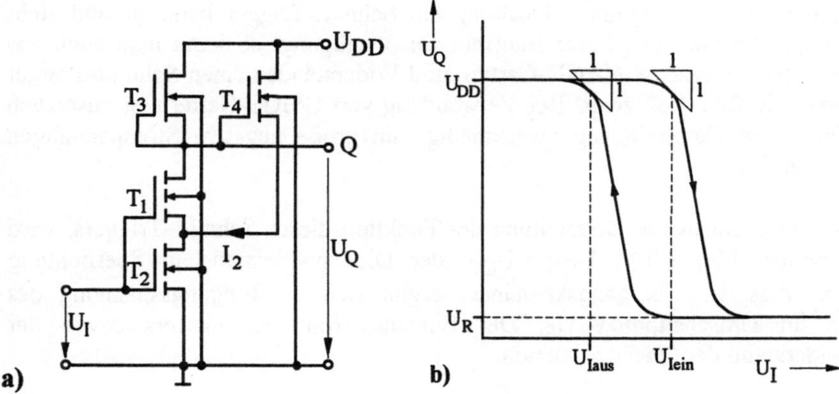

Bild 4.61 Invertierender Schmitt-Trigger mit n-Kanal Feldeffekttransistoren: a) Schaltbild und b) Übertragungskennlinie

Überschreitet U_I die Schwellspannung U_{th2} von T_2, so entsteht ein Strom I_2, der an Transistor T_2 einen Spannungsabfall $U_{DS2} = R_{DS} \cdot I_2$ erzeugt. Die Schwellspannung U_{th1} wird etwas größer als U_{th2}, weil durch U_{DS2} die Source-Substrat-Spannung $U_{S1\text{-}Sub}$ angehoben ist. Erreicht die Eingangsspannung den Pegel $U_{Iein} \approx U_{DS2} + U_{th1} > U_{th2}$, so wird auch Transistor T_1 leitend und bei weiterer Erhöhung von U_I schaltet der Ausgang auf den Pegel $U_R = (U_{DS1} + U_{DS2})$ um. Als Schaltschwelle U_{Iein} ist der Punkt der Übergangskennlinie definiert, in dem die Steigung den Wert 1 erreicht. Transistor T_4 ist gesperrt, d.h. $I_2 = 0$, wenn gilt: $U_{DS1} > U_{th4} + U_R$.

Wird die Eingangsspannung U_I wieder kleiner, so beginnt Transistor T_1 erst dann zu sperren, wenn $U_I \approx U_{DS2} + U_{th1}$ unterschreitet. Eine weitere Verringerung der Eingangsspannung bewirkt sowohl ein Sperren des Transistors T_2, wie auch ein Einschalten des Transistors T_4.

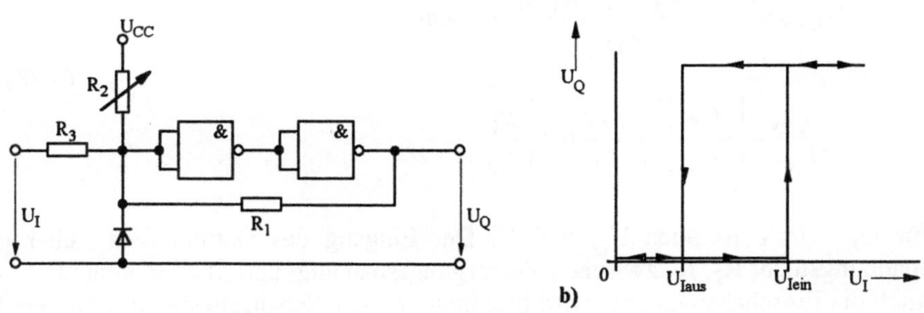

Bild 4.62 Nichtinvertierender Schmitt-Trigger mit NAND - Gattern: a) Schaltbild und b) Übertragungskennlinie

Wird innerhalb einer digitalen Schaltung ein Schmitt-Trigger benötigt und steht kein entsprechender integrierter Baustein zur Verfügung, so kann man auch aus zwei Invertern oder zwei NAND-Gattern und Widerständen einen Schmitt-Trigger aufbauen, wie Bild 4.62 zeigt. Bei Verwendung von CMOS-Gattern ist zusätzlich eine Diode am Gattereingang zweckmäßig, um große negative Störspannungen kurzzuschließen.

Für eine näherungsweise Betrachtung der Funktion dieses Schmitt-Triggers, wird angenommen: $U_{QL} = 0$ V, $U_{QH} = U_{CC}$, der Diodenwiderstand in Sperrichtung $R_D = \infty$. Aus der Übergangskennlinie ergibt sich die Eingangsspannung des Gatters im Umschaltpunkt U_S. Der Eingangsstrom des Gatters sowie der Innenwiderstand der Quelle seien null.

Der Schmitt-Trigger-Zustand sei durch $U_I = U_{CC}$ und damit $U_Q = U_{CC}$ gegeben. Die Schwellspannung U_S am Eingang der ersten der beiden NAND-Schaltungen wird unterschritten, wenn U_I einen hinreichend niedrigen Pegel U_{Iaus} erreicht:

$$U_{Iaus} = U_S - U_{R3} \ , \tag{4.25}$$

wobei U_{R3} der Spannungsabfall über dem Widerstand R_3 ist.

Für $U_Q = U_{CC}$ liegen R_1 und R_2 parallel zwischen U_{CC} und dem Gattereingang. Der Ersatzwiderstand dieser Parallelschaltung sei R_{12}.

$$R_{12} = \frac{R_1 \cdot R_2}{R_1 + R_2} \tag{4.26}$$

Die Spannung an R_3 wird:

$$U_{R3} = (U_{CC} - U_{Iaus}) \frac{R_3}{R_3 + R_{12}} \tag{4.27}$$

Durch Einsetzen in die erste Gleichung wird:

$$U_{Iaus} = \frac{(R_3 + R_{12})U_S - R_3 \cdot U_{CC}}{R_{12}} \quad oder$$

$$\tag{4.28}$$

$$\frac{U_{Iaus}}{U_{CC}} = \left[\frac{U_S}{U_{CC}} \left[1 + \frac{R_{12}}{R_3} \right] - 1 \right] \frac{R_3}{R_{12}}$$

Für $U_I = 0$ V ist auch $U_Q = 0$ V. Der Eingang des Gatters liegt über den Spannungsteiler R_2, R_1 zwischen Versorgungsspannung und Massepotential.
Auch die Einschaltspannung wird bestimmt von der Schaltschwelle des Gatters U_S und der Versorgungsspannung U_{CC}. Mit dem Parallelwiderstand $R_{13} = \dfrac{R_1 \cdot R_3}{R_1 + R_3}$ ist:

$$U_S = U_{CC}\frac{R_{13}}{R_{13}+R_2}+U_{Iein}\frac{R_{12}}{R_{12}+R_3} \qquad (4.29)$$

Damit wird die Einschaltspannung :

$$U_{Iein} = U_S\left(1+\frac{R_3}{R_1}+\frac{R_3}{R_2}\right)-U_{CC}\frac{R_3}{R_2} \quad \text{oder}$$

$$(4.30)$$

$$\frac{U_{Iein}}{U_{CC}} = \left[\frac{U_S}{U_{CC}}\left[1+\frac{R_{12}}{R_3}\right]-\frac{R_{12}}{R_2}\right]\frac{R_3}{R_{12}}$$

Das Verhältnis von Ein- zu Ausschaltspannung ist

$$\frac{U_{Iein}}{U_{Iaus}} = \frac{\dfrac{U_S}{U_{CC}}\left[1+\dfrac{R_{12}}{R_3}\right]-\dfrac{R_1}{R_1+R_2}}{\dfrac{U_S}{U_{CC}}\left[1+\dfrac{R_{12}}{R_3}\right]-1} > 1 \qquad \text{für } R_2 > 0. \qquad (4.31)$$

Eine weitere Möglichkeit, Schmitt-Trigger aufzubauen, besteht durch den Einsatz von Operationsverstärkern bzw. Komparatoren. Einen nichtinvertierenden Schmitt-Trigger erhält man mit einem Komparator, zwei Widerständen und einer Referenzspannungsquelle U_r nach Bild 4.63a .

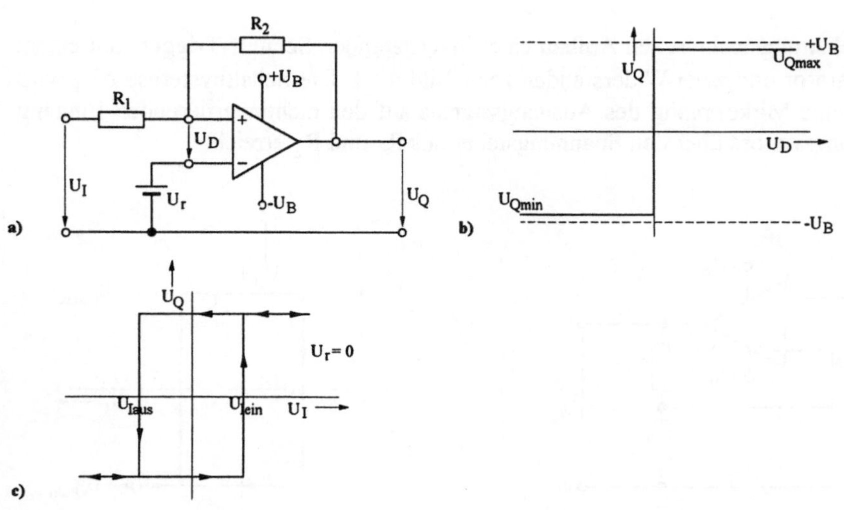

Bild 4.63 Nichtinvertierender Schmitt-Trigger mit einem Komparator:
a) Schaltbild, b) Übertragungskennlinie des Komparators und c) Übertragungskennlinie des Schmitt-Triggers

Die Schaltschwellen sind abhängig vom Verhältnis der beiden Widerstände R_1 und R_2 und den maximal erreichbaren Spannungspegel der Ausgangsspannung U_Q (Bild 4.63b).

Die Einschaltschwelle ergibt sich für $U_D = 0$ aus:

$$\frac{U_r - U_{Q\,min}}{R_2} = \frac{U_{Iein} - U_r}{R_1} \qquad (4.32)$$

$$U_{Iein} = -\frac{R_1}{R_2} U_{Q\,min} + U_r\left(\frac{R_1}{R_2} + 1\right) \quad . \qquad (4.33)$$

Entsprechend erhält man für die Ausschaltschwelle:

$$\frac{U_{Q\,max} - U_r}{R_2} = \frac{U_r - U_{Iaus}}{R_1} \qquad (4.34)$$

$$U_{Iaus} = -\frac{R_1}{R_2} U_{Q\,max} + U_r\left(\frac{R_1}{R_2} + 1\right) \quad . \qquad (4.35)$$

Der Spannungshub ΔU_I wird damit unabhängig von der Referenzspannung:

$$\Delta U_I = U_{Iein} - U_{Iaus} = \frac{R_1}{R_2}(U_{Q\,max} - U_{Q\,min}) \quad . \qquad (4.36)$$

Den schaltungstechnischen Aufbau eines <u>invertierenden</u> Schmitt-Triggers mit einem Komparator und zwei Widerständen zeigt Bild 4.64. Die Schalthysterese ΔU_I wird durch eine Mitkopplung des Ausgangssignals auf den nichtinvertierenden Eingang des Komparators über den Spannungsteiler aus R_1 und R_2 erreicht.

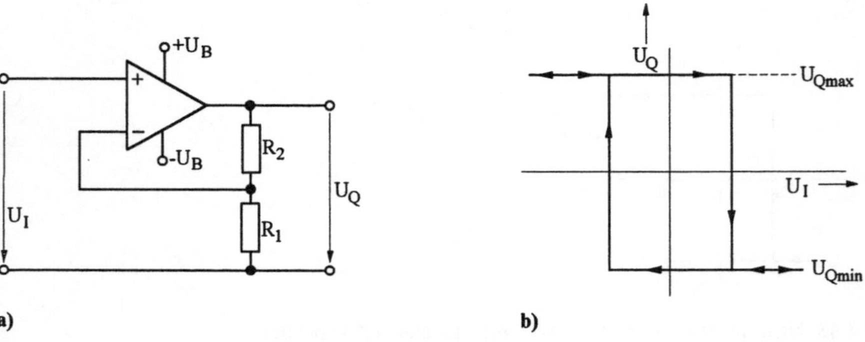

Bild 4.64 Invertierender Schmitt-Trigger mit einem Komparator: a) Schaltbild und b) Übertragungskennlinie

Die beiden Schaltschwellen U_{Iein} und U_{Iaus} sind bei dieser Schaltung

$$U_{Iein} = \frac{R_1}{R_1 + R_2} \, U_{Q\,min} \quad , \quad U_{Iaus} = \frac{R_1}{R_1 + R_2} \, U_{Q\,max} \quad . \quad (4.37)$$

Daraus ergibt sich der Spannungshub oder die Schalthysterese ΔU_I zu

$$\Delta U_I = \frac{R_1}{R_1 + R_2} \, (U_{Q\,max} - U_{Q\,min}) \quad . \quad (4.38)$$

Die beiden zuletzt beschriebenen Schmitt-Trigger mit jeweils einem Komparator besitzen Umschaltspannungen, die häufig nicht genau genug eingestellt werden können, da die Komparatorpegel U_{Qmax} und U_{Qmin} Schwankungen aufweisen.

Dieser Nachteil wird vermieden, wenn anstelle eines einzelnen Komparators zwei Komparatoren, ein Flipflop und zwei genaue äußere Referenzspannungen U_{rH} und U_{rL} verwendet werden, wie in Bild 4.65 dargestellt. Die Referenzspannungen bestimmen nun die Triggerpegel für:

$$U_{Iaus} = U_{rL} \quad \text{und} \quad U_{Iein} = U_{rH} \quad\quad\quad (4.39)$$

und nicht mehr die maximalen Ausgangsspannungen U_{Qmax} und U_{Qmin} der Komparatoren. Die Schaltung besitzt den weiteren Vorteil der direkt verwendbaren logischen Ausgangspegel.

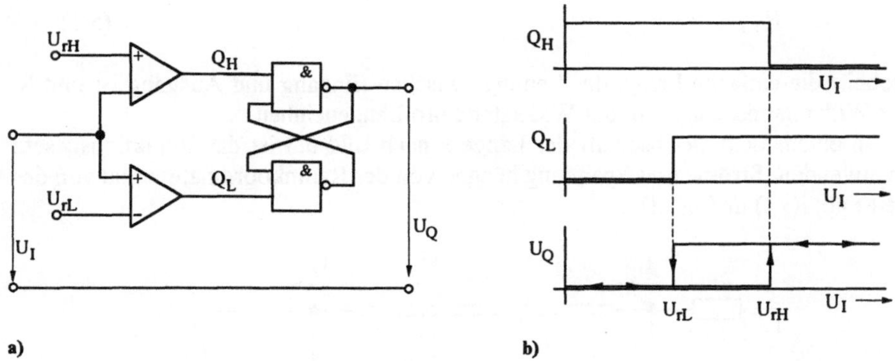

Bild 4.65 Nichtinvertierender Schmitt-Trigger mit genauen Triggerpegeln: a) Schaltbild und b) Abhängigkeit der Größen Q_H, Q_L und U_Q von der Eingangsspannung U_I

5 Verbindungstechnik

5.1 Leitungen mit linearen Abschlußwiderständen

Leitungen im Telefon- und Energienetz, zwischen Computern, zwischen Teilen einer Datenverarbeitungsanlage bis hin zu den Verbindungsleitungen zwischen und in integrierten Schaltungen haben die elementar wichtige Funktion, Information und Energie zu übertragen. Leitungen sind Vierpole. Leitungen können nur in Sonderfällen durch ein Ersatzschaltbild mit konzentrierten Bauelementen dargestellt werden. Es gelten nicht mehr die Vereinfachungen des quasistationären Falls. Man spricht von einem Vierpol mit verteilten Parametern, um den Unterschied zu dem mit konzentrierten Bauelementen herauszustellen.

Eine besonders geläufige Form einer Leitung besteht aus zwei parallelen Drähten nach Bild 5.1, deren Eigenschaften sich längs der Leitung nicht ändern. In diesem Fall spricht man von einer homogenen Leitung.

Der Strom fließt in dem einen Draht hin und in dem anderen zurück. Das elektrische und magnetische Feld in der Umgebung des Leitungspaares ist in Bild 5.2 dargestellt.

Es gilt unter der Voraussetzung, daß der Abstand der Drähte klein gegenüber der Wellenlänge ist, die durch Gl. (5.11) definiert werden wird.

Die Drähte haben einen ohmschen Widerstand. Für Hin- und Rückleitung ist

$$R = R'l,\qquad\qquad (5.1)$$

wobei l die einfache Länge der Leitung zwischen Eingang und Ausgang ist und R' der Widerstandsbelag, d.h. der Widerstand pro Längeneinheit.

In einem Leitungsabschnitt der Länge x nach Bild 5.3 ist das Induktionsgesetz anzuwenden. Ströme und Spannung hängen von der Raumkoordinate x und von der Zeit t ab; i(x,t) und u(x,t).

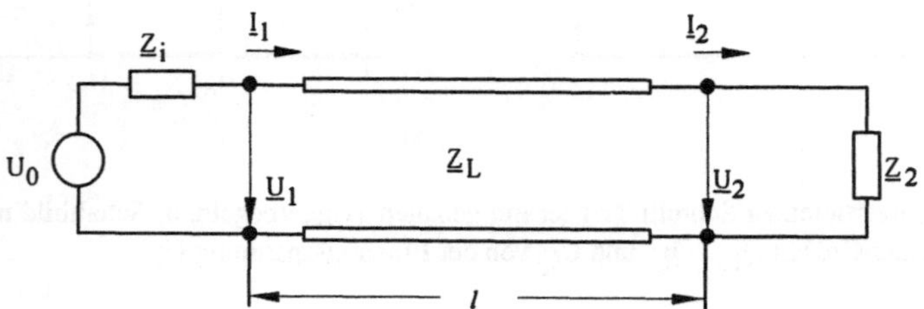

Bild 5.1 Schema einer homogenen Leitung mit der Länge l und dem komplexen Wellenwiderstand $\underline{Z}_L$. Es sind $\underline{Z}_i$ der komplexe Innenwiderstand des Generators und $\underline{Z}_2$ der komplexe Lastwiderstand oder die Lastimpedanz

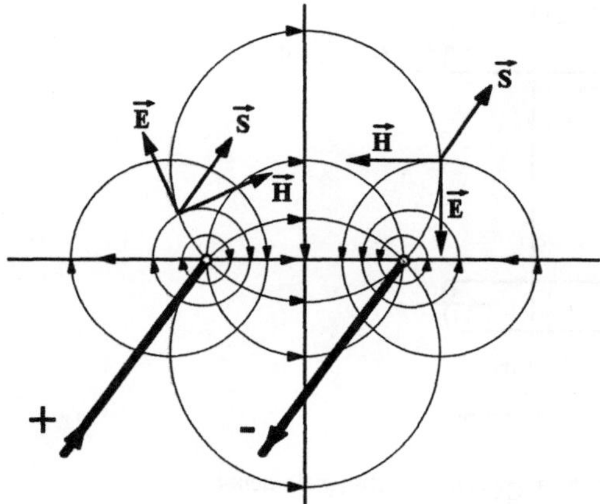

Bild 5.2 Elektrisches Feld $\vec{E}$, magnetisches Feld $\vec{H}$ und Poynting'scher Vektor $\vec{S} = \vec{E} \times \vec{H}$ einer homogenen Leitung

Ein geschlossener Umlauf über die Punkte A, B, C, D in Bild 5.3 ergibt

$$\oint \vec{E}\,d\vec{s} = i\,\frac{R'}{2}\,dx + \left(u + \frac{\partial u}{\partial x}\,dx\right) + i\,\frac{R'}{2}\,dx - u \qquad ,$$

$$\oint \vec{E}\,d\vec{s} = -\frac{\partial}{\partial t}\int \vec{B}\,d\vec{A} = -\frac{d\phi}{dt} = -L'\,dx\,\frac{di}{dt} \qquad , \tag{5.2}$$

$$-\frac{\partial u}{\partial x} = R'i + L'\frac{di}{dt} \qquad .$$

L' ist der Induktivitätsbelag d.h. die auf die Länge bezogene Induktivität. Das Dielektrikum zwischen den Drähten habe einen endlichen spezifischen Leitwert. Der Ableitungsbelag, d.h. der Leitwert pro Längeneinheit ist G'. Der entsprechende Kapazitätsbelag zwischen den Drähten ist C'.

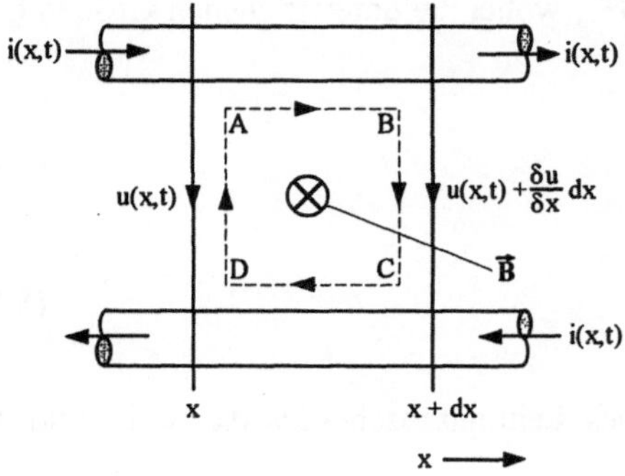

Bild 5.3 Spannungsabfall entlang eines Leitungselements der Länge dx

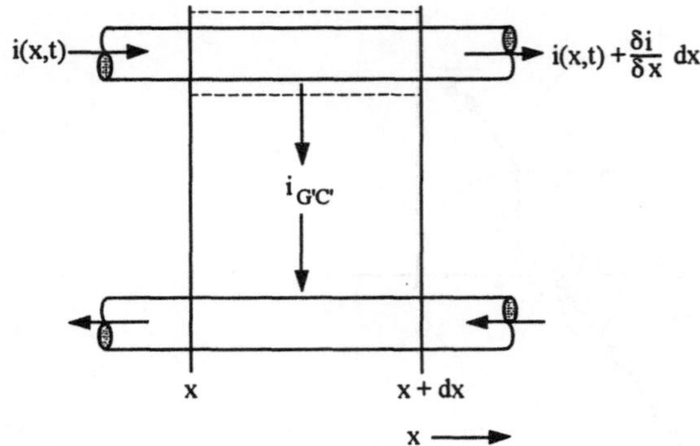

Bild 5.4 Stromabfall durch den Querstrom i$_{G'C'}$ eines Leitungselements

Das erste Kirchhoff'sche Gesetz oder die Forderung nach Kontinuität des Stromes liefert nach Bild 5.4

$$\left(i + \frac{\partial i}{\partial x}\,dx \right) + uG'\,dx + C'\,dx\,\frac{du}{dt} = i \quad , \tag{5.3}$$

$$-\frac{\partial i}{\partial x} = G'u + C'\frac{du}{dt} \quad .$$

Die beiden Differentialgleichungen 5.2 und 5.3 beschreiben eine homogene Leitung, deren Beläge L', R', C' und G' ortsunabhängig sind. Nur homogene Leitungen sollen im folgenden betrachtet werden. Ferner sei weiterhin angenommen, daß die Beläge auch unabhängig von der Frequenz und von den Amplituden der Ströme und Spannungen sind, daß also die Leitung durch einen linearen Vierpol dargestellt werden kann.

Für rein sinusförmige Ströme und Spannungen wird aus Gln. (5.2 und 3) mit den Ansätzen u(t) = $\underline{U}$ e$^{j\omega t}$ und i(t) = $\underline{I}$ e$^{j\omega t}$, wobei die unterstrichenen Größen $\underline{U}$ und $\underline{I}$ komplexe Amplituden sind:

$$-\frac{\partial \underline{U}}{\partial x} = (R' + j\omega L') \cdot \underline{I} \quad , \tag{5.4}$$

$$-\frac{\partial \underline{I}}{\partial x} = (G' + j\omega C') \cdot \underline{U} \quad . \tag{5.5}$$

Das zugehörige Ersatzschaltbild eines Leitungsabschnittes dx ist in Bild 5.5 zu sehen.

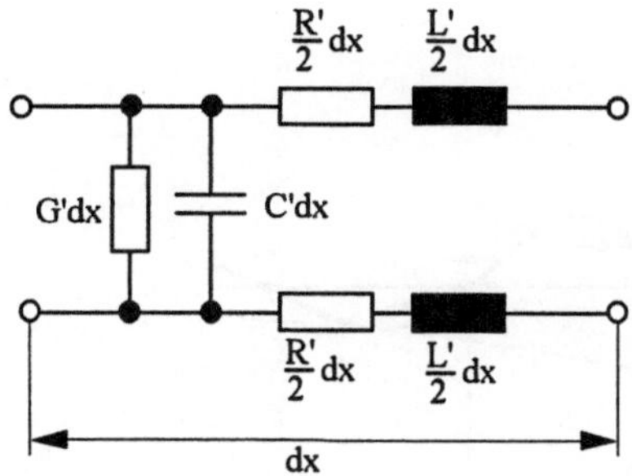

Bild 5.5 Ersatzschaltbild eines Leitungselements

Durch Differentiation nach x von Gl. (5.4)

$$-\frac{\partial^2 \underline{U}}{\partial x^2} = (R' + j\omega L')\frac{\partial \underline{I}}{\partial x}$$

und durch Einsetzen von Gl.(5.5) gewinnt man eine Differentialgleichung zweiter Ordnung, in der nur die Spannung vorkommt. Die Differentialgleichung der homogenen Leitung lautet also:

$$-\frac{\partial^2 \underline{U}}{\partial x^2} = \gamma^2 \underline{U} \qquad . \tag{5.6}$$

Sie hat die mathematische Form einer eindimensionalen Wellengleichung. Die komplexe Größe

$$\gamma = \sqrt{(R' + j\omega L')\cdot(G' + j\omega C')} = \alpha + j\beta \tag{5.7}$$

wird Ausbreitungskoeffizient genannt. α ist der Dämpfungsbelag und β der Phasenbelag. Die Lösung der Wellengleichung (5.6) setzt sich aus einer hinlaufenden und reflektierten Welle zusammen.

$$u(x,t) = \underline{U}(x)\cdot e^{j\omega t} = \underline{U}_h \cdot e^{-\alpha x}\cdot e^{j(\omega t - \beta x)} + \underline{U}_r \cdot e^{\alpha x}\cdot e^{j(\omega t + \beta x)} \quad . \tag{5.8}$$

Der erste Term mit der Amplitude $\underline{U}_h$ gehört zu einer in positiver x-Richtung fortschreitenden Welle am Eingang bei x = 0, die oft hinlaufende Welle genannt wird. Denn ein Beobachter, der sich mit gleicher Geschwindigkeit und Richtung wie die Welle bewegt, muß immer den gleichen Bezugspunkt der Welle, d.h. die gleiche Phase sehen. Die konstante Phase der hinlaufenden Welle nach Gl. (5.8), die der Beobachter sieht, ist

$$\omega t - \beta x = \text{const.} \tag{5.9}$$

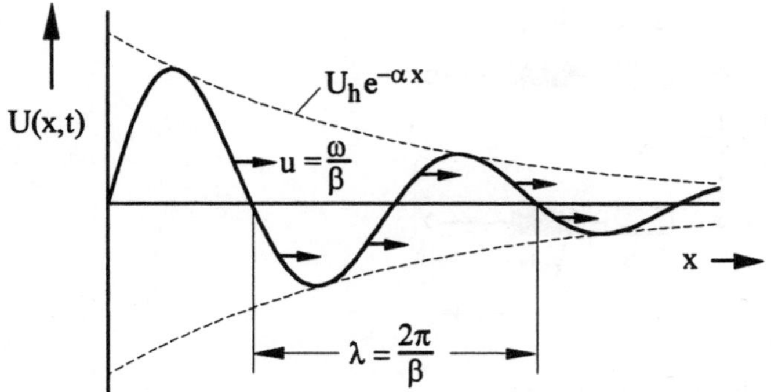

Bild 5.6 Skizze zur Ausbreitung einer gedämpften Welle

Die Phasengeschwindigkeit der Welle bzw. des Beobachters wird damit

$$u = \frac{dx}{dt} = \frac{\omega}{\beta} \quad . \tag{5.10}$$

Sie ist erwartungsgemäß positiv, da sich die Welle in Richtung der positiven x-Achse bewegt. Eine hinlaufende Welle ist in Bild 5.6 skizziert. Sie wird in Ausbreitungsrichtung gedämpft. Die Hüllkurve der Schwingung wird durch den Faktor $\exp(-\alpha x)$ beschrieben.

Die Wellenlänge ergibt sich aus der Forderung, daß auf der Strecke $x = \lambda$ der komplexe Zeiger der fortschreitenden Welle einmal um 2π dreht, $\beta\lambda = 2\pi$ oder

$$\lambda = \frac{2\pi}{\beta} \quad . \tag{5.11}$$

Setzt man Gl. (5.11) in Gl. (5.10) ein, so erhält man die Phasengeschwindigkeit einer Welle als das Produkt aus ihrer Wellenlänge und Frequenz

$$u = \frac{\omega}{\beta} = f\lambda \quad . \tag{5.12}$$

Die gleichen Überlegungen gelten für die reflektierte Welle mit der Amplitude $\underline{U}_r e^{\alpha x} e^{j(\omega t + \beta x)}$, die sich in negativer x-Richtung ausbreitet.

Die bisherigen Betrachtungen galten nur den Spannungen. Die Differentialgleichung der Ströme und ihr Lösungsansatz haben die gleiche mathematische Form wie die der Spannungen. Die Beziehung zwischen den Strömen und Spannungen der hinlaufenden und reflektierten Welle erhält man durch Einsetzen von

$$\underline{I}(x) = \underline{I}_h e^{-\gamma x} + \underline{I}_r e^{+\gamma x} \tag{5.13}$$

und Gl. (5.8) in Gl. (5.4):

$$(R'+j\omega L')(\underline{I}_h e^{-\gamma x} + \underline{I}_r e^{+\gamma x}) = \gamma(\underline{U}_h e^{-\gamma x} - \underline{U}_r e^{+\gamma x}) \qquad . (5.14)$$

Diese Gleichung ist erfüllt, wenn

$$e^{-\gamma x}(R'+j\omega L')\frac{\underline{I}_h}{\gamma} = e^{-\gamma x}\underline{U}_h \qquad \text{und}$$

$$e^{+\gamma x}(R'+j\omega L')\frac{\underline{I}_r}{\gamma} = e^{+\gamma x}\underline{U}_r \qquad \text{sind, wenn also}$$

$$\frac{\underline{U}_h}{\underline{I}_h} = \underline{Z}_L = -\frac{\underline{U}_r}{\underline{I}_r} \qquad , \qquad (5.15)$$

wobei

$$\underline{Z}_L = \frac{R'+j\omega L'}{\gamma} = \sqrt{\frac{R'+j\omega L'}{G'+j\omega C'}} \qquad (5.16)$$

der Wellenwiderstand der Leitung ist. Damit lassen sich Strom und Spannung längs der Leitung in der Form angeben

$$\underline{U}(x) = \underline{U}_h e^{-\gamma x} + \underline{U}_r e^{+\gamma x}$$
$$\underline{I}(x) = (\underline{U}_h e^{-\gamma x} - \underline{U}_r e^{+\gamma x})\frac{1}{\underline{Z}_L} \qquad . \qquad (5.17)$$

Im allgemeinen sind eine vorwärts und eine rückwärts laufende Welle notwendig, um Grenzbedingungen zu erfüllen. Beispielsweise gilt für Spannung und Strom an einem Lastwiderstand $\underline{Z}_2$ bei $x = l$ nach Bild 5.1

$$\underline{Z}_2 = \frac{\underline{U}_2}{\underline{I}_2}\bigg|_{x=l} = \underline{Z}_L \frac{\underline{U}_h e^{-\gamma l} + \underline{U}_r e^{+\gamma l}}{\underline{U}_h e^{-\gamma l} - \underline{U}_r e^{+\gamma l}} = \underline{Z}_L \frac{1+\underline{r}_1 e^{2\gamma l}}{1-\underline{r}_1 e^{2\gamma l}} = \underline{Z}_L \frac{1+\underline{r}_2}{1-\underline{r}_2} . (5.18)$$

Der Last- oder Abschlußwiderstand kann durch den Wellenwiderstand $\underline{Z}_L$, durch den Ausbreitungskoeffizienten γ und durch das Verhältnis $\underline{r}_1$ der reflektierten und hinlaufenden Wellenamplituden am Eingang bestimmt werden. Das Verhältnis

$$\underline{r}_1 = \frac{\underline{U}_r}{\underline{U}_h} \qquad (5.19)$$

wird Reflexionsfaktor am Eingang genannt. Der Reflexionsfaktor am Ausgang sei entsprechend

$$\underline{r}_2 = \underline{r}_1 e^{2\gamma l} \qquad (5.20)$$

Er kann nach Gl. 5.18 durch den Lastwiderstand und den Wellenwiderstand ausgedrückt werden:

$$\underline{r}_2 = \frac{\underline{Z}_2 - \underline{Z}_L}{\underline{Z}_2 + \underline{Z}_L} \quad .$$

(5.21)

Ist der Lastwiderstand $\underline{Z}_2$ gleich dem Wellenwiderstand $\underline{Z}_L$, so werden die Reflexionsfaktoren $\underline{r}_2$ und $\underline{r}_1$ zu Null. Dann existiert nur eine vorwärtslaufende Welle, deren Energie bei einer verlustlosen Leitung ganz in dem Lastwiderstand umgesetzt wird. Für $\underline{Z}_2 = \underline{Z}_L$ spricht man von einer am Ausgang angepaßten Leitung.

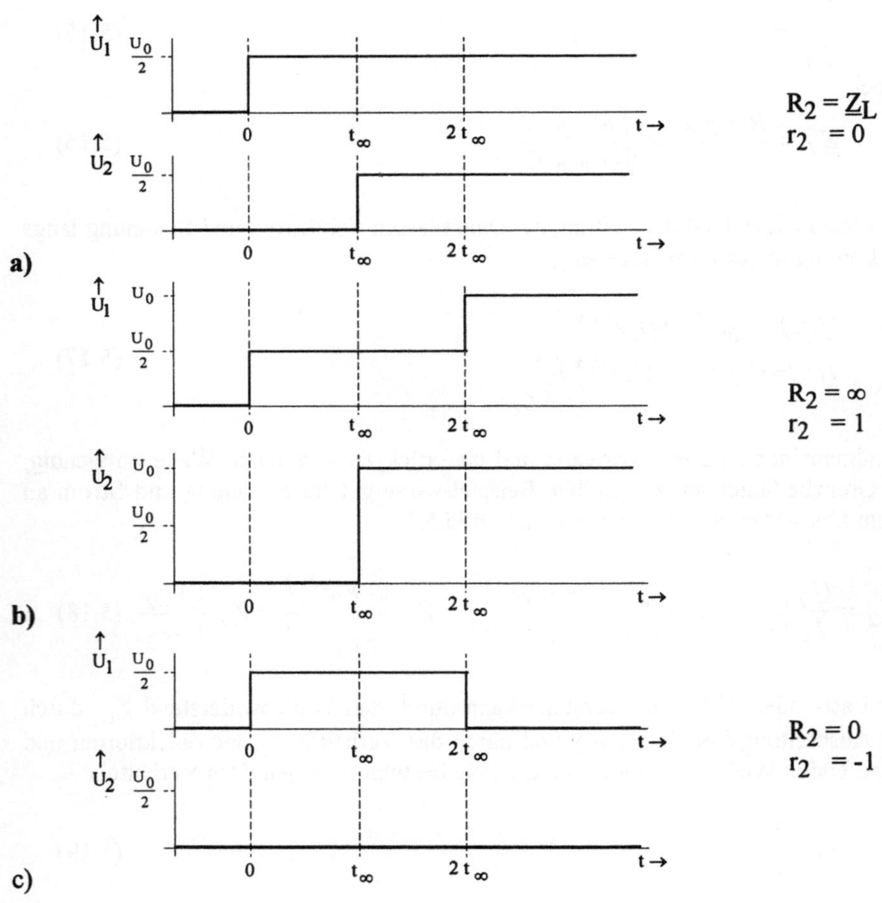

Bild 5.7 Spannungsverläufe an einer homogenen verlustlosen Leitung, die durch einen Spannungssprung eines angepaßten Generators, $\underline{Z}_i = \underline{Z}_L$, angeregt wird. a) Anpassung; b) Leerlauf; c) Kurzschluß

Die Signale am Eingang und Ausgang einer homogenen verlustlosen Leitung, die von einem Spannungssprung eines Generators mit der inneren Impedanz $\underline{Z}_i = Z_L$ angesteuert wird, sind in Bild 5.7 gezeigt.

Die Amplituden der vorwärts und rückwärts laufenden Wellen können durch die Spannung und den Strom am Ausgang ausgedrückt werden. Aus Gl. (5.17) gewinnt man für $x = l$

$$\underline{U}_h = \frac{1}{2}(\underline{U}_2 + \underline{Z}_L\underline{I}_2)e^{\gamma l} \quad ,$$

$$\underline{U}_r = \frac{1}{2}(\underline{U}_2 - \underline{Z}_L\underline{I}_2)e^{-\gamma l} \quad .$$

(5.22)

Entsprechend findet man die Eingangsspannung und den Eingangsstrom für $x = 0$:

$$\underline{U}_1 = \frac{1}{2}(\underline{U}_2 + \underline{Z}_L\underline{I}_2)e^{\gamma l} + \frac{1}{2}(\underline{U}_2 + \underline{Z}_L\underline{I}_2)e^{-\gamma l}$$

$$\underline{I}_1 = \frac{1}{\underline{Z}_L}\cdot\frac{1}{2}(\underline{U}_2 + \underline{Z}_L\underline{I}_2)e^{\gamma l} - \frac{1}{\underline{Z}_L}\cdot\frac{1}{2}(\underline{U}_2 + \underline{Z}_L\underline{I}_2)e^{-\gamma l}$$

(5.23)

Nach Zusammenfassung der zu $\underline{U}_2$ und $\underline{I}_2$ gehörenden Funktionen und mit $\cosh\gamma l = 0,5[\exp(\gamma l) + \exp(-\gamma l)]$ und $\sinh\gamma l = 0,5[epx(\gamma l) - \exp(-\gamma l)]$ entstehen die Leitungsgleichungen in der Form der Kettenmatrix A

$$\underline{U}_1 = \underline{U}_2 \cosh\gamma l + \underline{Z}_L\underline{I}_2 \sinh\gamma l \quad , \tag{5.24}$$

$$\underline{I}_1 = \underline{U}_2 \frac{1}{\underline{Z}_L}\sinh\gamma l + \underline{I}_2 \cosh\gamma l \quad . \tag{5.25}$$

Die betrachtete homogene Leitung ist ein linearer Vierpol. Es ist offensichtlich, daß sie umkehrbar ist. Daher muß die Determinante der Kettenmatrix 1 sein:

$$\det(A) = A_{11}A_{22} - A_{12}A_{21} = \cosh^2\gamma l - \sinh^2\gamma l \equiv 1. \tag{5.26}$$

Eine homogene Leitung ist zudem widerstandssymmetrisch

$$A_{11} = A_{22}. \tag{5.27}$$

Das Betriebsübertragungsmaß einer homogenen Leitung, die am Eingang und Ausgang angepaßt ist, bei der also $\underline{Z}_i = \underline{Z}_1 = \underline{Z}_2 = \underline{Z}_a$ sind, ist

$$a + jb = \gamma\, l = \alpha\, l + j\beta\, l \quad .$$ (5.28)

Ein umkehrbarer und widerstandssymmetrischer Vierpol kann also durch zwei "Wellenparameter", das Betriebsübertragungsmaß und den Wellenwiderstand vollständig beschrieben werden. Sind diese Wellenparameter einer gegebenen Leitung unbekannt, so lassen sie sich leicht durch eine Kurzschluß- und eine Leerlaufmessung bestimmen. Nach den Gln. (5.24 und 25) ist der Kurzschlußwiderstand

$$\left.\frac{U_1}{I_1}\right|_{U_2=0} = W_{1K} = \underline{Z}_L \tanh\gamma\, l$$ (5.29)

und der Leerlaufwiderstand

$$\left.\frac{U_1}{I_1}\right|_{I_2=0} = W_{1L} = \underline{Z}_L \coth\gamma\, l \quad .$$ (5.30)

Der Wellenwiderstand ist also das geometrische Mittel aus Kurzschluß- und Leerlaufwiderstand

$$\underline{Z}_L = \sqrt{W_{1K}\cdot W_{1L}} \quad .$$ (5.31)

Das Übertragungsmaß gewinnt man aus

$$\tanh\gamma\, l = \sqrt{\frac{W_{1K}}{W_{1L}}} \quad .$$ (5.32)

Der Ausbreitungskoeffizient $\gamma = \alpha+j\beta$ nach Gl. (5.7) kann in eine physikalisch leichter interpretierbare Form gebracht werden. Nach einigen Zwischenrechnungen ergibt sich mit den praktischen Abkürzungen

$$\frac{R'}{\omega L'} = \sinh\delta_R \quad , \quad \frac{G'}{\omega C'} = \sinh\delta_G$$ (5.33)

der Dämpfungsbelag

$$\alpha = \frac{1}{2}\left[\frac{R'}{\sqrt{L'/C'}} + G'\sqrt{\frac{L'}{C'}}\right]\frac{1}{\cosh\dfrac{\delta_R-\delta_G}{2}}$$ (5.34)

und der Phasenbelag

$$\beta = \omega\sqrt{L'C'}\,\cosh\frac{\delta_R-\delta_G}{2}$$ (5.35)

Für drei wichtige Leitungstypen soll der Ausbreitungskoeffizient diskutiert werden:

1. verlustlose Leitung,
2. verzerrungsfreie Leitung mit Verlusten,
3. Leitung mit geringen Verlusten.

Im 1. Fall einer verlustlosen Leitung mit

R' = 0, G' = 0 gilt

$$\alpha = 0 \quad , \qquad \beta = \omega\sqrt{L'C'} \quad .$$

(5.36)

In diesem Fall ist die Phasengeschwindigkeit einer Welle nach Gl. (5.10) für alle Frequenzen gleich groß.

$$u = \frac{\omega}{\beta} = \frac{1}{\sqrt{L'C'}} \approx \frac{1}{\sqrt{\mu_0\varepsilon_0\mu_r\varepsilon_r}} = \frac{c_0}{\sqrt{\mu_r\varepsilon_r}} \quad ,$$

(5.37)

wobei $c_0 = 1/\sqrt{\mu_0\varepsilon_0}$ die Lichtgeschwindigkeit im Vakuum ist. Die Phasengeschwindigkeit ist $u = c_0/\sqrt{\mu_r\varepsilon_r}$ falls das elektrische und das magnetische Feld durch die gleichen Flächen begrenzt werden, bzw. den gleichen Raum einnehmen.

Die einfache Laufzeit einer Welle zwischen Eingang und Ausgang der Leitung ist

$$t_\infty = \sqrt{L'C'} \cdot l \quad .$$

(5.38)

Als Gruppenlaufzeit der Leitung definiert man:

$$\vartheta = \frac{d}{d\omega}\beta l$$

Für eine verlustlose Leitung ist also $\vartheta = t_\infty$ und damit frequenzunabhängig. Wellen verschiedener Frequenzen, die am Eingang einer Leitung mit der gleichen Phasengeschwindigkeit loslaufen, werden am Ausgang ohne eine Änderung ihrer Phasenunterschiede gleichzeitig eintreffen. Aus diesen Gründen erscheint ein Impuls, der durch eine Summe von Sinusschwingungen unterschiedlicher Frequenz und Phase dargestellt werden kann, unverzerrt am Ausgang. Eine homogene verlustlose Leitung überträgt Impulse verzerrungsfrei.

Der 2. Fall einer verzerrungsfreien Leitung mit Verlusten aber mit konstanter Gruppenlaufzeit kann verwirklicht werden, wenn nach Gl. (5.33) die Argumente gleich sind

$$\delta_R = \delta_G \quad ,$$

(5.39)

d.h. wenn die Zeitkonstanten im Längs- und Querglied eines Leitungsabschnittes gleich sind

$$\tau = \frac{L'}{R'} = \frac{C'}{G'} \quad . \tag{5.40}$$

Mit dieser Bedingung liefern Gln. (5.34 und 35)

$$\alpha = \sqrt{R'G'} \quad , \qquad \beta = \omega \sqrt{L'C'} \quad . \tag{5.41}$$

In technischen Koaxialkabeln ist die Bedingung (5.40) meist nicht erfüllt, da

$$\sqrt{\frac{L'}{C'}} << \sqrt{\frac{R'}{G'}} \quad . \tag{5.42}$$

In einem koaxialen Kupferkabel mit einem Durchmesser des Innen- und Außenleiters d = 0,8 mm, D = 16 mm, R' = 74 Ω/km, L' = 0,6 mH/km, G' = 1μS/km, C' = 37 nF/km ist

$$\sqrt{\frac{L'}{C'}} = 127 \ \Omega << \sqrt{\frac{R'}{G'}} = 8602 \ \Omega \quad .$$

Da der Kupferwiderstandsbelag festliegt, könnte Verzerrungsfreiheit erzielt werden durch eine Erhöhung des Ableitungsbelags auf G' = 4,5 mS. Dadurch würde aber die Dämpfung nahezu auf den doppelten Wert ansteigen:

$$\alpha = R' / \sqrt{L'/C'} = 0{,}58 \ \text{Np/km}.$$

Im 3. Fall einer Leitung mit geringen Verlusten

$$\frac{R'}{\omega L'} << 1 \quad , \qquad \frac{G'}{\omega C'} << 1 \tag{5.43}$$

d.h. mit

$$\cosh \frac{\delta_R - \delta_G}{2} \approx 1 + \frac{1}{8}\left(\frac{R'}{\omega L'} - \frac{G'}{\omega C'}\right)^2 \approx 1$$

liefern die Gln. (5.34 und 35) die wichtigen Näherungen

$$\alpha \approx \frac{1}{2}\left(\frac{R'}{\sqrt{L'/C'}} + G'\sqrt{\frac{L'}{C'}}\right) \quad , \qquad \beta \approx \omega \sqrt{L'C'} \quad . \tag{5.44}$$

Gegen höhere Frequenzen sind also der Dämpfungsbelag α und die Gruppenlaufzeit ϑ frequenzunabhängig (wenn die Leitungsbeläge frequenzunabhängig bleiben).

Für das angegebene Zahlenbeispiel eines koaxialen Kabels wird der Dämpfungsbelag nach Gl. (5.44) praktisch unabhängig von dem Ableitungsbelag

$$\alpha \approx \frac{1}{2}\frac{R'}{\sqrt{L'/C'}} = 0,29\,\frac{\mathrm{Np}}{\mathrm{km}} \quad .$$

Neben dem Ausbreitungskoeffizienten ist auch der Wellenwiderstand nach Gl. (5.16) komplex und frequenzabhängig.

$$\underline{Z}_L = \sqrt{\frac{R'+j\omega L'}{G'+j\omega C'}} = \sqrt{\frac{L'}{C'}}\cdot\sqrt{\frac{1-j\dfrac{R'}{\omega L'}}{1-j\dfrac{G'}{\omega C'}}} \qquad . \tag{5.45}$$

Für den technisch interessanten Fall

$$\frac{G'}{\omega C'} << \frac{R'}{\omega L'} \qquad \text{bzw.} \qquad \sqrt{\frac{L'}{C'}} << \sqrt{\frac{R'}{G'}} \tag{5.46}$$

gilt die Skizze der Ortskurve in Bild 5.8. Die Phase des Wellenwiderstandes bleibt negativ. Für $G' = 0$ ergibt sich die einfache Formel

$$\underline{Z}_L = \sqrt{\frac{L'}{C'}}\cdot\sqrt{1-j\frac{R'}{\omega L'}} \tag{5.47}$$

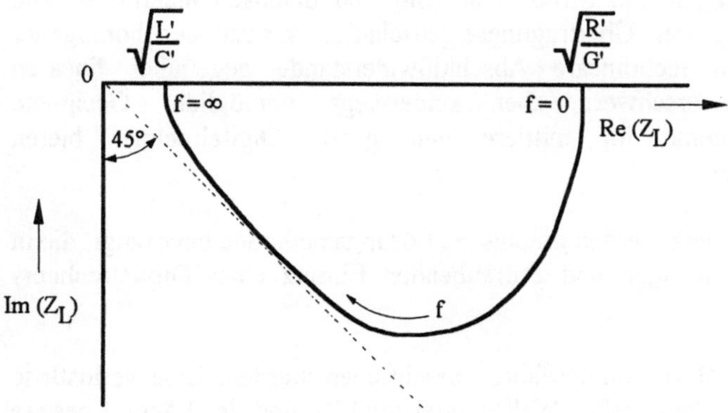

Bild 5.8 Ortskurve des Wellenwiderstandes einer homogenen Leitung mit $\sqrt{L'/C'} << \sqrt{R'/G'}$

Eine weitere Vereinfachung von Gl. (5.47) ist gegen sehr niedrige Frequenzen möglich

$$\underline{Z}_L \approx \sqrt{\frac{L'}{C'}} \cdot \sqrt{(-j\frac{R'}{\omega L'})} = \sqrt{\frac{R'}{2\omega C'}} \cdot (1-j) \quad . \tag{5.48}$$

Gegen sehr niedrige Frequenzen wird sich also die Ortskurve des Wellenwiderstandes für G'= 0 einer Geraden asymptotisch nähern, die einen Winkel von -45° mit der Abszisse bildet.

Für G' = 0, R' = 0 findet man aus Gl. (5.45) in den Grenzfällen f = ∞ und f = 0 reelle Wellenwiderstände

$$Z_{L\infty} = \sqrt{\frac{L'}{C'}} \quad \textit{für} \quad f \rightarrow \infty \quad , \tag{5.49}$$

$$Z_{L0} = \sqrt{\frac{R'}{G'}} \quad \textit{für} \quad f \rightarrow 0 \tag{5.50}$$

Bei mittleren Frequenzen ist die Phase des Wellenwiderstandes nahezu -45°.

5.2 Leitungen mit nichtlinearen Abschlußwiderständen

Die Eingangs- und Ausgangswiderstände digitaler Schaltungen hängen meistens stark von den Spannungen und Strömen ab. Sie sind demnach nichtlinear. Die numerische Berechnung der Übertragungseigenschaften verlustloser homogener Leitungen wird durch nichtlineare Abschlußwiderstände gegenüber linearen Abschlußwiderständen erschwert, aber keineswegs unmöglich. Geeignete Netzwerkanalyseprogramme für mittlere und große Digitalrechner bieten brauchbare Lösungen an.

Für einen raschen Überblick werden graphische Lösungsmethoden bevorzugt, die in vielen Fällen den kostspieligen und zeitraubenden Einsatz eines Digitalrechners ersetzen können.

Im Folgenden soll das Bergeron-Verfahren beschrieben werden. Eine verlustlose homogene Leitung mit dem reellen Wellenwiderstand Z_L und der Länge l besitze die nichtlinearen ohmschen Abschlußwiderstände am Eingang und Ausgang R_I und R_Q nach Bild 5.9. Der Generator erzeuge einen Spannungssprung mit der Amplitude u_G. Die i,u-Kennlinien der Abschlußwiderstände sind in Bild 5.9b skizziert.

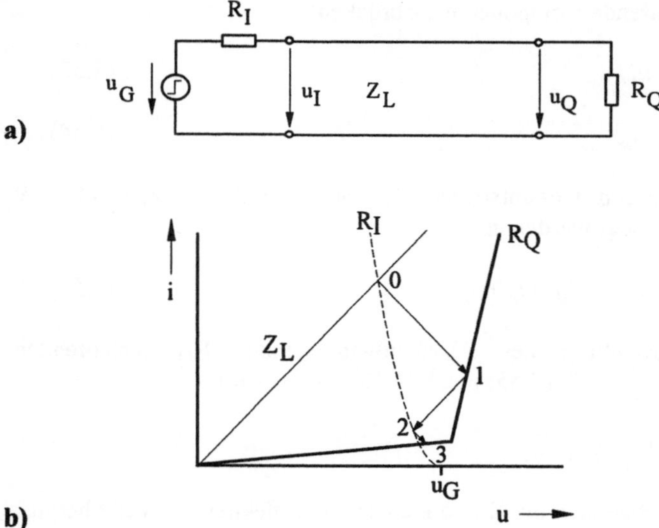

Bild 5.9 Homogene verlustlose Leitung mit nichtlinearen reellen Widerständen am Eingang und Ausgang, R_I und R_Q. a) Schema; b) i,u-Diagramm nach Bergeron

Die Kennlinie des Abschlußwiderstandes R_Q geht vom Ursprung des Koordinatenursprungs aus und sei beispielsweise durch zwei Geradenzüge dargestellt. Der Verlauf der Kennlinie unterliegt praktisch keiner Einschränkung; das gleiche gilt für den Widerstand am Eingang bzw. für den Innenwiderstand des Generators R_I. Die entsprechende Kennlinie ist in Bild 5.9b so eingezeichnet, daß bei einem vorgegebenen Strom i die Spannung am Ausgang des Generators, also u= u_G-R_I·i, abgelesen werden kann.

Die i,u-Kennlinie einer angepaßten Leitung oder einer Leitung vor Eintreffen der Reflexion vom fernen Ende wird durch eine Gerade beschrieben, die dem Wellenwiderstand Z_L entspricht. Im Schnittpunkt 0 der Kennlinie für Z_L und R_I ergibt sich die Eingangsspannung zum Zeitpunkt t=0.

Spannungen und Ströme auf einer Leitung werden in eine hin- und rücklaufende bzw. positive und reflektierte Welle zerlegt:

$$i = i_h + i_r \quad , \qquad u = u_h + u_r \tag{5.51}$$

Spannungs- und Stromamplituden der Wellen sind nach Gleichung 5.15 über den Wellenwiderstand verknüpft.

$$\frac{u_h}{i_h} = Z_L = -\frac{u_r}{i_r} \tag{5.52}$$

Der Gesamtstrom auf der Leitung läßt sich durch die Gesamtspannung und die hinlaufende oder rücklaufende Komponente ausdrücken:

$$i = i_h - 1/Z_L \, (u - u_h) \tag{5.53}$$

$$i = i_r + 1/Z_L \, (u - u_r) \tag{5.54}$$

Die Gesamtspannungen und Gesamtströme im Schnittpunkt 0 nach Bild 5.9 können formal wieder zerlegt werden in

$$u_0 = u_r + u_h \quad , \qquad i_0 = i_r + i_h \quad . \tag{5.55}$$

Setzt man die in Richtung des Abschlußwiderstandes R_Q hinlaufenden Komponenten u_h und i_h nach Gl. (5.55) in Gl. (5.53) ein, so wird:

$$i = (i_0 - i_r) - [u - (u_0 - u_r)] / Z_L \quad .$$

Aus dieser Gleichung heben sich die Komponenten der reflektierten Welle heraus, da $i_r = -u_r/Z_L$ ist:

$$i = i_0 - (u - u_0)/Z_L \quad . \tag{5.66}$$

Gesamtstrom und Gesamtspannung auf der Leitung werden also durch eine Gerade durch den Punkt u_0, i_0 mit der Steigung $-Z_L$ beschrieben. Diese Gerade schneidet die Kennlinie des Abschlußwiderstandes R_Q in Punkt 1 von Bild 5.9, der den Gesamtstrom und die Gesamtspannung nach der einfachen Laufzeit der Welle t_∞ also nach erstmaliger Reflexion der hinlaufenden Welle am Ausgang angibt.

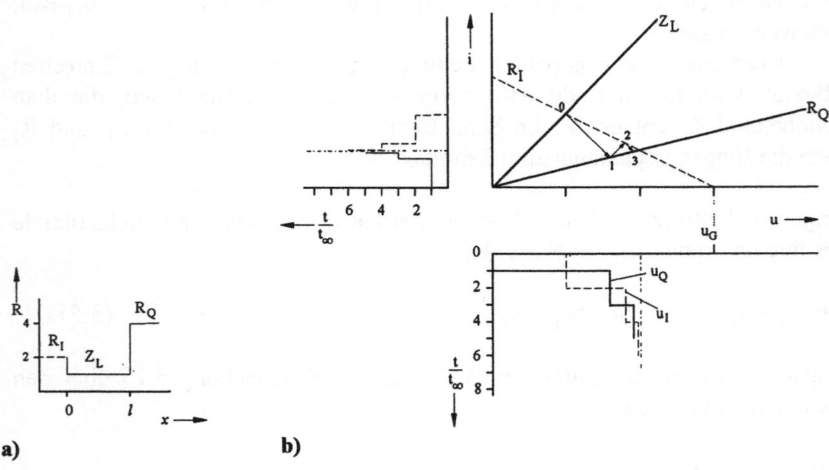

Bild 5.10 Sprungantworten einer homogenen verlustlosen Leitung mit reellen, linearen Widerständen am Eingang und Ausgang, $Z_L < R_I < R_Q$. a) Widerstandsschema; b) Bergeron-Diagramm

Die durch die erste Reflexion entstehenden rücklaufenden Wellen-Amplituden sind

$$u_r = u_1 - u_h \quad , \qquad i_r = i_1 - i_h \quad , \tag{5.57}$$

wobei u_1 und i_1 die Gesamtspannungen bzw. die Gesamtströme am Ausgangswiderstand R_Q unmittelbar nach dem ersten Eintreffen der Welle sind. Werden diese in Gl. (5.54) eingesetzt, so findet man leicht mit $i_h = u_h/Z_L$:

$$i = i_1 + 1/Z_L \, (u-u_1) \quad . \tag{5.58}$$

Diese Gerade mit der Steigung $+ Z_L$ geht durch den Schnittpunkt 1 und schneidet die Eingangskennlinie R_I in Punkt 2, der die Summe der hinlaufenden Wellen zum Zeitpunkt $t = 2t_\infty$ festlegt. Nach vielen Reflexionen zwischen Eingangs- und Ausgangskennlinie wird der Schnittpunkt zwischen den Kennlinien für R_I und R_Q angenähert, der sich ohne zwischengeschaltete Leitung sofort einstellen würde.

   Die Projektionen der Schnittpunkte auf die i und u-Achsen erlauben eine rasche Konstruktion der Sprungantworten am Eingang und Ausgang. Die Sprungantworten werden in Bild 5.10 für lineare Widerstände $R_I = 2Z_L$ und $R_Q = 4Z_L$ graphisch ermittelt. Eingangs- und Ausgangsspannung erreichen asymptotisch ihren Endwert, da $R_I > Z_L$ ist.

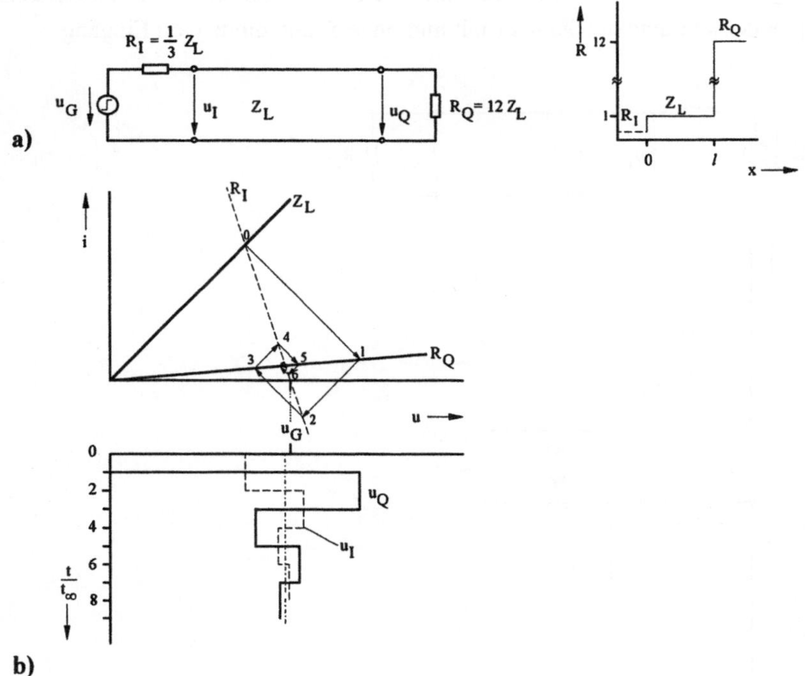

Bild 5.11 Sprungantworten einer homogenen verlustlosen Leitung mit reellen, linearen Widerständen am Eingang und Ausgang, $R_I < Z_L < R_Q$. a) Leitungs- und Widerstandsschema; b) Bergeron-Diagramm

Das zweite Beispiel für lineare Abschlußwiderstände zeigt in Bild 5.11 den Fall der Widerstände $R_I = 1/3\ Z_L$ und $R_Q = 12\ Z_L$.

Da $R_I < Z_L$ ist, erreichen die Sprungantworten der Spannungen oszillatorisch den Endwert. Im Grenzfall $R_Q = \infty$ und $R_I = 0$ pendelt die Spannung am Ausgang um den doppelten Wert der Generatorspannung u_G.

Schneiden sich die Kennlinien R_I, R_Q und Z_L in einem Punkt, so entstehen keine Reflexionen. Eingangs- und Ausgangsspannung nehmen nach einem einzigen Sprung den Endwert an, da die Leitung angepaßt ist. Die Anpassungsbedingung $R_Q = Z_L$ ist unabhängig von der Generatorspannung, da die Abschlußwiderstände linear sein sollen.

Das beschriebene Bergeron-Verfahren läßt sich mühelos auf nichtlineare Abschlußwiderstände übertragen. In Bild 5.12 ist der Fall gezeigt, daß keine Reflexion am Ausgang auftritt, wenn die Ausgangsspannung dem Wert u_S im Schnittpunkt von Z_L und R_Q entspricht. Sie wird erzeugt durch eine einzige Sprungamplitude u_G des Generators, wenn R_i und Z_L sich ebenfalls bei u_S schneiden. In diesem Fall der Anpassung gehen alle drei Kennlinien durch einen Punkt.

Als letztes Beispiel soll nach Bild 5.13a die Schaltspannung am Ausgang einer verlustlosen Leitung mit einem Wellenwiderstand $Z_L = 100\ \Omega$ und der einfachen Laufzeit t_∞ zwischen zwei TTL-Gattern untersucht werden. Der verwendete Gattertyp entspricht dem in Bild 4.21 mit und ohne Schutzdioden am Eingang.

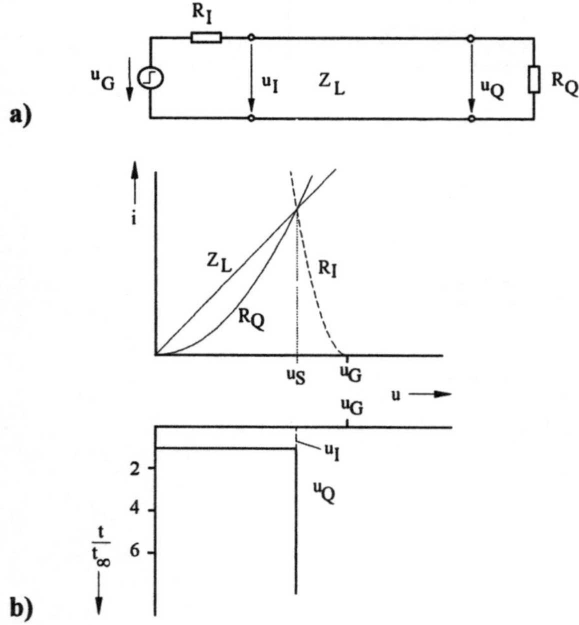

Bild 5.12 Sprungantwort einer homogenen verlustlosen Leitung mit reellen, nichtlinearen Widerständen R_I und R_Q. a) Leitungsschema; b) Bergeron-Diagramm für einen Spannungssprung bei Anpassung

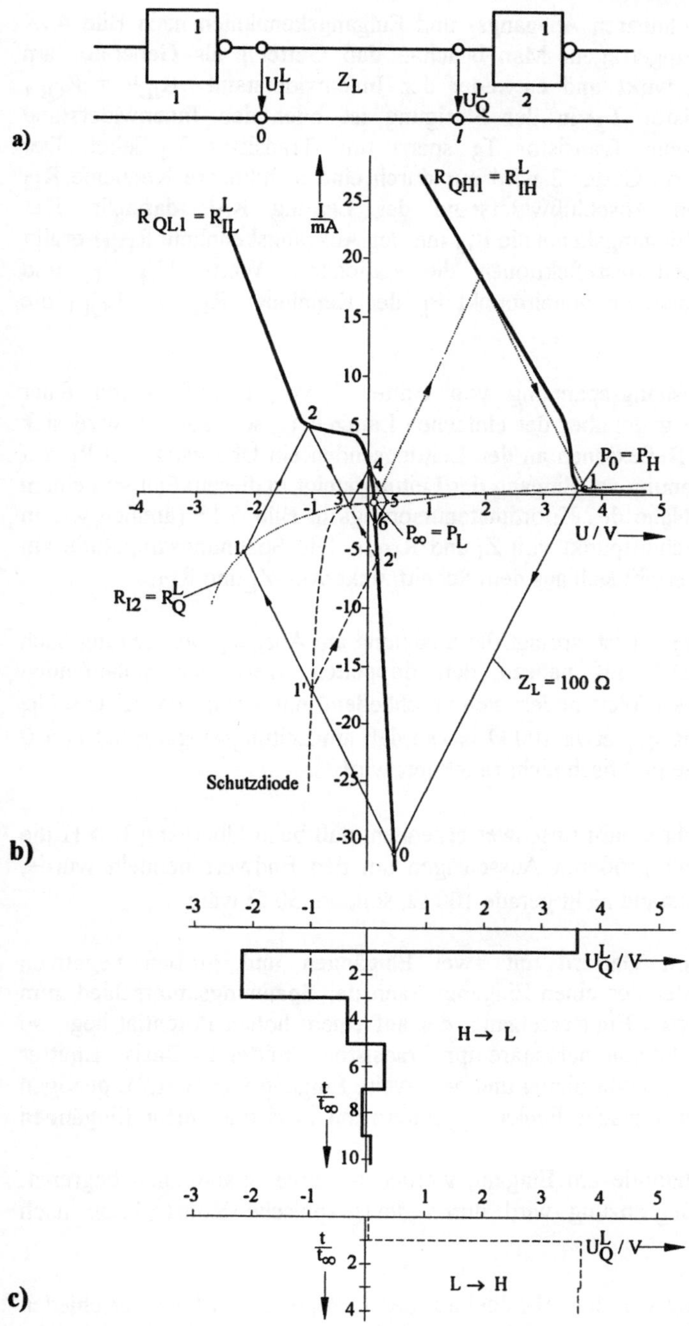

Bild 5.13 Homogene verlustlose Leitung zwischen Ausgang und Eingang von zwei TTL-Schaltungen: a) Blockschaltbild, b) Bergeron-Diagramm und c) Spannung am Ausgang der Leitung als Funktion der auf die einfache Laufzeit bezogenen Zeit

Die zugehörigen nichtlinearen Ausgangs- und Eingangskennlinien nach Bild 4.24 sind in Bild 5.13b eingetragen. Man beachte, daß Gatter 1 als Generator am Eingang der Leitung wirkt und entweder den Innenwiderstand $R_{IL}{}^{L} = R_{QL1}$ besitzt, wenn Transistor T_3 in der Sättigung ist oder den Innenwiderstand $R_{IH}{}^{L} = R_{QH1}$ hat, wenn Transistor T_3 sperrt und Transistor T_4 leitet. Der Eingangswiderstand von Gatter 2 wird nur durch eine nichtlineare Kennlinie R_{I2} beschrieben, die den Abschlußwiderstand der Leitung $R_Q{}^{L}$ darstellt. Der Schnittpunkt P_H der Eingangskennlinie R_{I2} mit der Ausgangskennlinie R_{QH1} ergibt nach sehr vielen Leitungsreflektionen die stationären Werte U_H, I_H und entsprechend findet man im Schnittpunkt P_L der Kennlinien R_{I2} und R_{QL1} die Werte U_L und I_L.

Ändert sich die Ausgangsspannung von Gatter 1 von L auf H mit einer Anstiegszeit, die kurz gegenüber der einfachen Laufzeit t_∞ sein soll, so wird sich erst nach sehr vielen Reflexionen an den Leitungsenden ein Übergang von P_L auf P_H ergeben. Die Spannung am Eingang der Leitung steigt in diesem Fall von einem kleinen Wert in der Nähe des Koordinatenursprungs in Bild 5.13 (ähnlich wie in Bild 5.11) bis zum Schnittpunkt von Z_L und R_{QH1}. Die Spannungsamplitude am Ausgang der Leitung ergibt sich aus dem Schnittpunkt von $-Z_L$ und R_{I2}.

Da $R_{I2} \gg |{-}Z_L|$, d.h. $r_2 \approx 1$ ist, springt die Spannung am Ausgang der Leitung nach der einfachen Laufzeit auf nahezu den doppelten Wert der hinlaufenden Wellenamplitude. Dieser Wert ändert sich anschließend nur wenig, da bei $U \approx U_H$ det Innenwiderstand R_{QH1} etwa 100 Ω ist, so daß am Leitungseingang mit $r_1 \approx 0$ die rücklaufende Welle praktisch nicht reflektiert wird.

Das graphische Verfahren läßt unschwer erkennen, daß beim Übergang L$\rightarrow$H die Ausgangsspannung mit größeren Ausschlägen um den Endwert pendeln würde, wenn der Wellenwiderstand nicht gerade 100 Ω, sondern 50 Ω wäre.

Bei Verwendung von Gattern mit zwei Eingängen und großen negativen Spannungen am Emitter des einen Eingangs kann der Spannungsunterschied zum benachbarten integrierten Emittereingang, der auf einem hohen Potential liegt, so groß werden, daß der laterale parasitäre npn-Transistor (Emitter 1 - Basis - Emitter 2, siehe auch Bild 4.19) niederohmig und der zweite Eingang von H auf L gezogen wird. Dadurch können logische Fehler an Gattern mit zwei oder mehr Eingängen auftreten.

Durch eine Schutzdiode am Eingang werden negative Spannungen begrenzt. Die Dynamik der Begrenzung wird durch die graphische Konstruktion nach Bergeron deutlich.

Der zeitliche Übergang von dem H-Pegel auf den L-Pegel ist markant verschieden wie in umgekehrter Richtung. Auch dieses Verhalten wird durch die übersichtliche graphische Konstruktion leicht verständlich. Andererseits können durch die Übersichtlichkeit des graphischen Verfahrens Schaltmaßnahmen erkannt werden, die das dynamische Verhalten digitaler Schaltungen verbessern.

5.3 Daten üblicher Leitungen

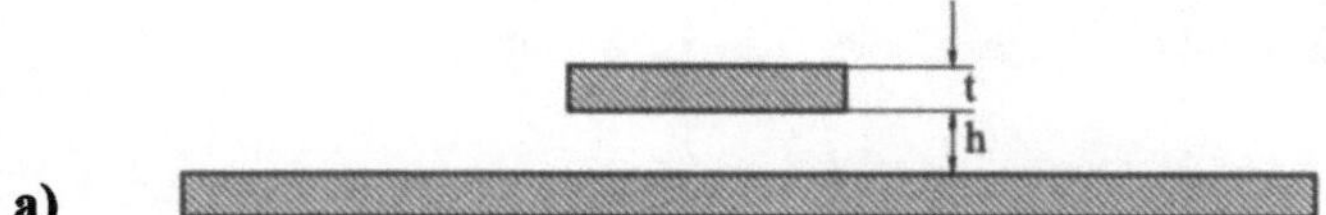

Widerstandsbelag: $R' \approx \dfrac{\rho}{w \cdot t}$

Induktivitäts- und Kapazitätsbelag:

1. $\dfrac{w}{h} > 1$, $\dfrac{t}{h} < 1$: $L'_\infty \approx \mu_0 \mu_r \dfrac{h}{w + 2h}$, $C' = \varepsilon_0 \varepsilon_r \dfrac{w + 2h}{h}$

2. $\dfrac{w}{h} < 1$: $L'_\infty \approx \mu_0 \mu_r \cdot 0,16 \cdot \ln \dfrac{7,5 \cdot h}{w}$

Bild 5.14 Unsymmetrische Streifenleitung : a) Querschnittsgeometrie, b) Näherungsformeln

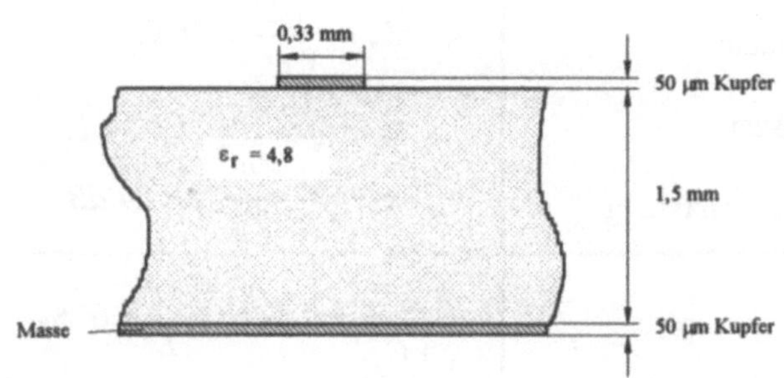

Widerstandsbelag	$R' = 9{,}1\ \text{m}\Omega\,/\,\text{cm}$
Induktivitätsbelag	$L' = 7{,}2\ \text{nH}\,/\,\text{cm}$
Kapazitätsbelag	$C' = 0{,}50\ \text{pF}\,/\,\text{cm}$
Wellenwiderstand	$Z_\infty = 120\ \Omega$
Verzögerungszeit	$t' \ = \ 60\ \text{ps}\,/\,\text{cm}$
Dämpfung bei Anpassung	$a_\infty = 3{,}2 \cdot 10\text{-}4\ \text{dB}\,/\,\text{cm}$

Bild 5.15 Streifenleitung auf Epoxidglasgewebe: a) Querschnittsgeometrie, b) typische Werte

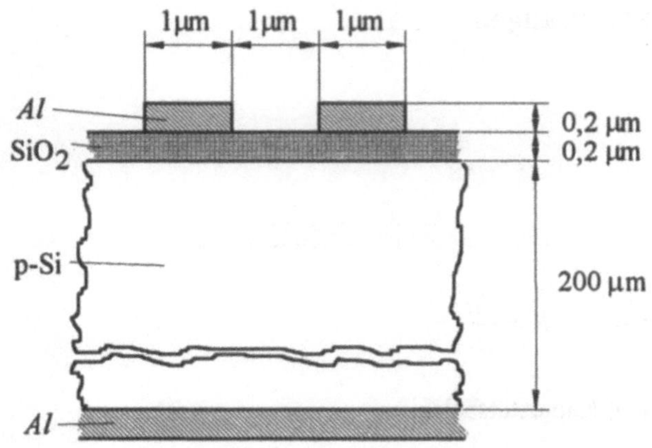

$$\rho_{Al} = 4,5\mu\Omega cm\,, \qquad \rho_{p-Si} = 1\,\Omega cm\,, \qquad n_p = 10^{16}\,/\,cm^3\ bei\ 300K\,,$$

$$\varepsilon_{SiO_2} = 4,5\,, \qquad \varepsilon_{Si} = 11,7$$

Widerstand	$R'l = 450\ \Omega$
Induktivität	$L'l = 3\ nH$
Kapazität	$C'_2 l = 0,4\ pF$
Ableitung	$G'l \ll \omega\,C'_2\,l$
Wellenwiderstand	$Z_\infty = \sqrt{\dfrac{L'}{C'_2}} = 86\ \Omega$
Verzögerungszeit	$t_\infty = \sqrt{L'\cdot C'_2}\cdot l = 34\ ps$
Dämpfung bei Anpassung	$\alpha_\infty = \dfrac{1}{2}\cdot\dfrac{R'}{Z_\infty}\cdot l = 24\ dB$
Kopplung	$\dfrac{C'_K}{C'_2 + C'_K} \approx 2\,\%\,, \qquad \dfrac{M}{L} \approx 65\,\%$

b)

Bild 5.16 Streifenleitung von 2 mm Länge auf einem Silizium-Chip: a) Querschnittsgeometrie,
b) typische Werte

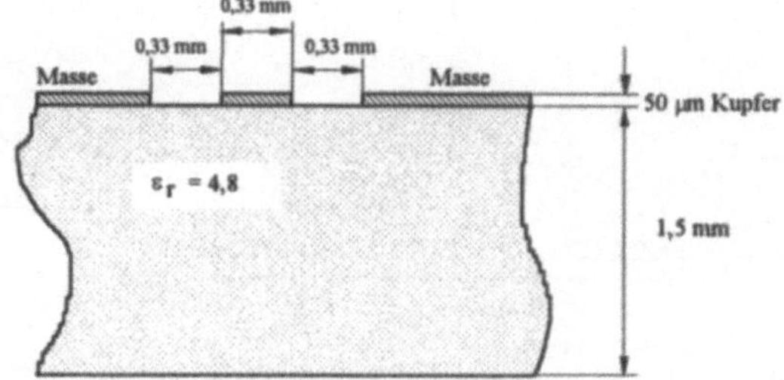

Widerstandsbelag	$R' = 9,1 \ \text{m}\Omega \ / \ \text{cm}$
Induktivitätsbelag	$L' = 4,7 \ \text{nH} \ / \ \text{cm}$
Kapazitätsbelag	$C' = 0,69 \ \text{pF} \ / \ \text{cm}$
Wellenwiderstand	$Z_\infty = 82 \ \Omega$
Verzögerungszeit	$t' = 57 \ \text{ps} \ / \ \text{cm}$
Dämpfung bei Anpassung	$\alpha_\infty = 4,8 \cdot 10^{-4} \ \text{dB} \ / \ \text{cm}$

Bild 5.17 Koplanare Leitung auf Epoxidglasgewebe: a) Querschnittsgeometrie, b) typische Werte

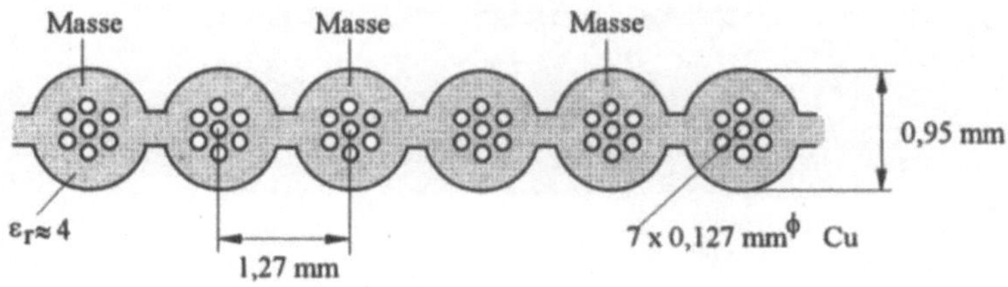

Widerstandsbelag	$R' = 3,6 \ \text{m}\Omega \ / \ \text{cm}$
Induktivitätsbelag	$L' = 6,0 \ \text{nH} \ / \ \text{cm}$
Kapazitätsbelag	$C' = 0,60 \ \text{pF} \ / \ \text{cm}$
Wellenwiderstand	$Z_\infty = 110 \ \Omega$
Verzögerungszeit	$t' = 60 \ \text{ps} \ / \ \text{cm}$
Dämpfung bei Anpassung	$\alpha_\infty = 1,4 \cdot 10^{-4} \ \text{dB} \ / \ \text{cm}$

b)

Bild 5.18 Flachkabel AWG 28: a) Querschnittsgeometrie, b) typische Werte

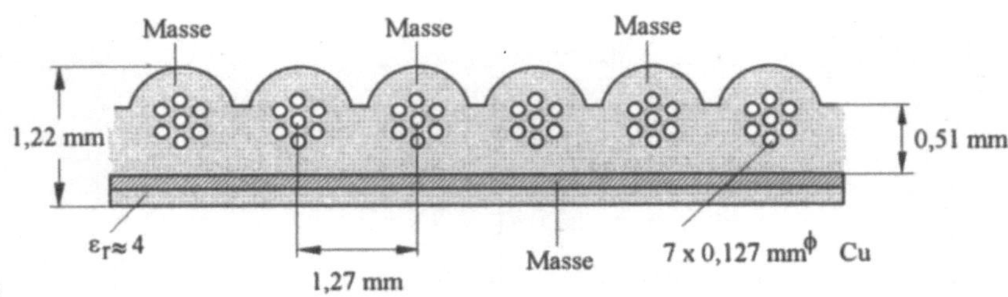

Widerstandsbelag	$R' = 2,4$ mΩ / cm
Induktivitätsbelag	$L' = 3,5$ nH / cm
Kapazitätsbelag	$C' = 0,83$ pF / cm
Wellenwiderstand	$Z_\infty = 65\ \Omega$
Verzögerungszeit	$t' = 54$ ps / cm
Dämpfung bei Anpassung	$\alpha_\infty = 1,6 \cdot 10^{-4}$ dB / cm

b)

Bild 5.19 Flachkabel AWG 28 einseitig abgeschirmt: a) Querschnittsgeometrie,   b) typische Werte

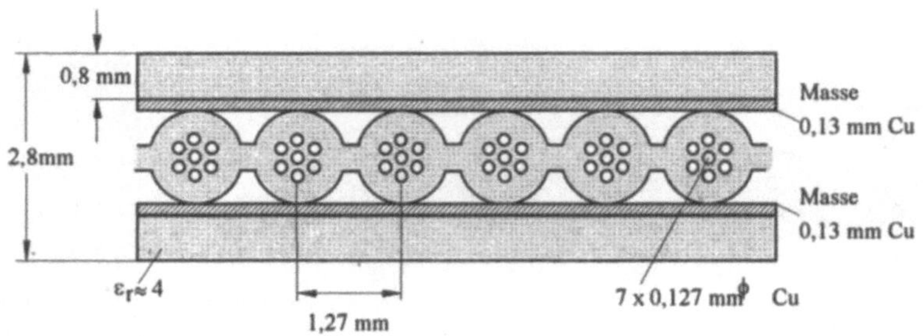

Widerstandsbelag	$R' = 2,4$ mΩ / cm
Induktivitätsbelag	$L' = 3,4$ nH / cm
Kapazitätsbelag	$C' = 0,69$ pF / cm
Wellenwiderstand	$Z_\infty = 70\ \Omega$
Verzögerungszeit	$t' = 48$ ps / cm
Dämpfung bei Anpassung	$\alpha_\infty = 1,5 \cdot 10^{-4}$ dB / cm

b)

Bild 5.20 Flachkabel AWG28 beidseitig abgeschirmt: a) Querschnittsgeometrie,   b) typische Werte

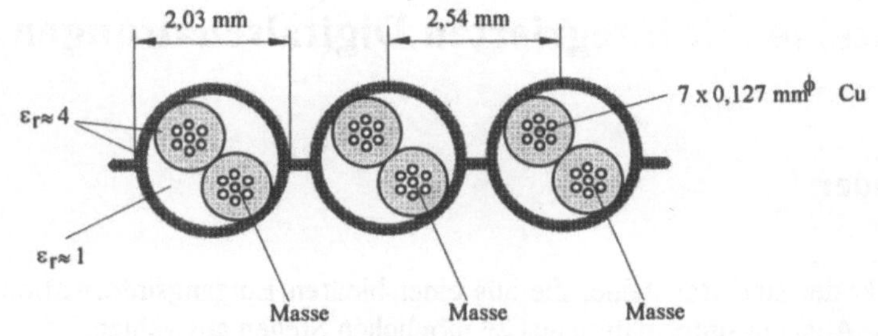

a)

Widerstandsbelag	$R' = 4,8$ mΩ / cm
Induktivitätsbelag	$L' = 4,0$ nH / cm
Kapazitätsbelag	$C' = 0,50$ pF / cm
Wellenwiderstand	$Z_\infty = 90\ \Omega$
Verzögerungszeit	$t' = 45$ ps / cm
Dämpfung bei Anpassung	$\alpha_\infty = 2,2 \cdot 10^{-4}$ dB / cm

b)

Bild 5.21 Flachkabel paarig verdrillt: a) Querschnittsgeometrie, b) typische Werte

6 Bausteine mit integrierten Digitalschaltungen

6.1 Dekoder

1-aus-n Dekoder sind Bausteine, die aus einer binären Eingangsinformation mit n Stellen eine Ausgangsinformation aus 2^n möglichen Stellen auswählen.
So wird bei einem 1-aus-4 Dekoder (Bild 6.1) jeweils nur ein Ausgang von vier möglichen aktiv, der dem binären Eingangscode entspricht.

Um eine 1-aus-n Information in eine binäre Ziffer umzuwandeln, d.h. um die umgekehrte Aufgabe wie nach Bild 6.1 zu erfüllen, verwendet man Prioritätsdekoder.

An seinen Ausgängen tritt die Dualzahl auf, die der höchstwertigen Stelle der Eingangsziffer entspricht. Liegen zusätzlich noch H-Pegel an niederwertigeren Stellen an, so werden diese ignoriert.

Liegt am Eingang x_0 in Bild 6.2 eine 1 an und an x_1 bis x_3 eine 0, so ist die binäre Zahl am Ausgang gleich "0 0". Diese Ausgangsinformation liegt aber auch dann an, wenn der Eingang x_0 nicht vorhanden ist, da keine Verbindung des Eingangssignals zur Matrix am Ausgang besteht. Man kann daher die NAND-Schaltung mit dem x_0 auch weglassen.

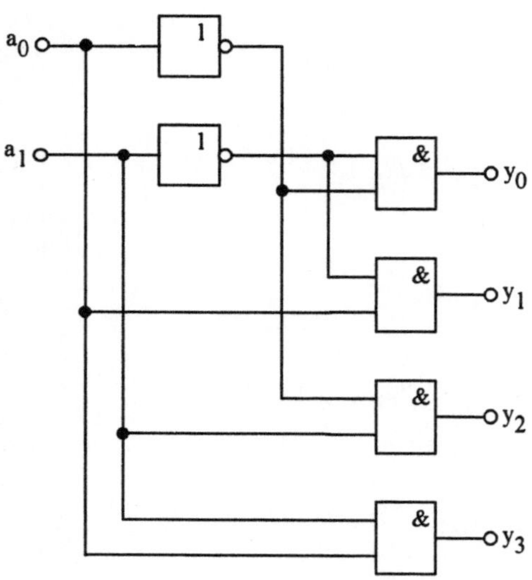

Bild 6.1 Paralleldekoder, 1-aus-4

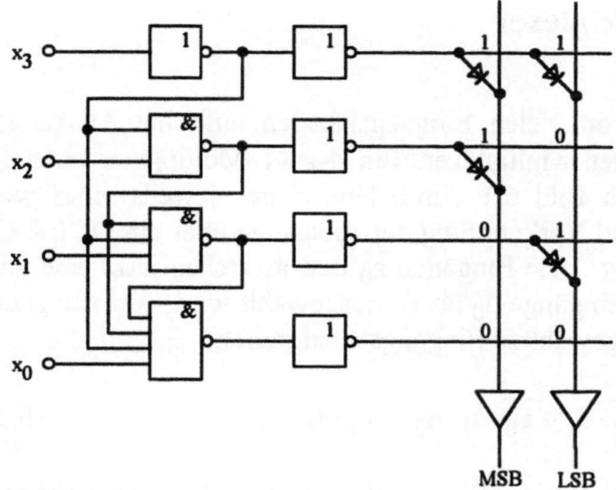

Bild 6.2 Prioritätsdekoder, 1-aus-4, mit einer Diodenmatrix und den Eingängen x_0 bis x_3

Einen so aufgebauten Prioritätsdekoder für 3 Bit zeigt Bild 6.3.

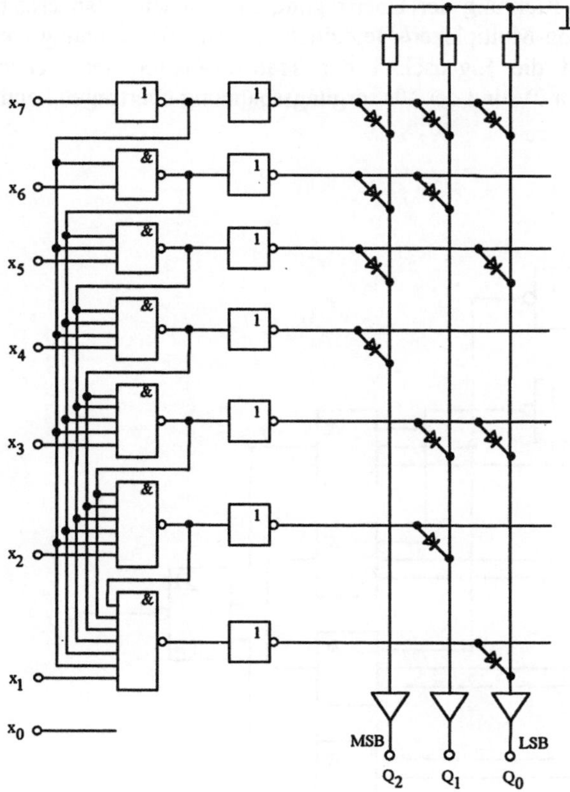

Bild 6.3 Prioritätsdekoder, 1-aus-8, mit Diodenmatrix und ohne NAND-Gatter für den niederwertigsten Eingang x_0

6.2 Multiplexer, Demultiplexer

Will man die Information von vielen Eingangskanälen auf eine Ausgangskanal schalten, verwendet man einen Multiplexer. Ein 4-zu-1 Multiplexer entsteht aus einem 1-aus-4 Dekoder nach Bild 6.1 durch Hinzufügen jeweils eines weiteren Eingangs der UND-Gatter und Verknüpfung der Ausgänge über ein ODER-Gatter, wie Bild 6.4 zu entnehmen ist. Die Eingänge a_0 und a_1 stellen jetzt eine Adresse dar, durch die einer der vier Eingänge d_0 bis d_3 ausgewählt wird. Am Ausgang y ist dann die Information des ausgewählten Eingangs abzugreifen:

$$y = \overline{a_0} \cdot \overline{a_1} \cdot d_0 + a_0 \cdot \overline{a_1} \cdot d_1 + \overline{a_0} \cdot a_1 \cdot d_2 + a_0 \cdot a_1 \cdot d_3 \qquad (6.1)$$

Mit einem Demultiplexer wird <u>eine</u> Eingangsinformation (d) entsprechend der binären Adresse für die Eingänge a_n an einen der Ausgänge ($y_1....y_3$) geleitet. Das Prinzip einer Demultiplexerschaltung ist in Bild 6.5 a gezeigt.

Werden die eingezeichneten Schalter durch Transfer-Gatter nach Bild 6.5 b realisiert, kann man die Richtung der Übertragung frei wählen. Man erhält dann einen sogenannten Analog-Multiplexer/-Demultiplexer. Die Bezeichnung "analog" bezieht sich hierbei auf die Eigenschaft der Transfer-Gatter, mit denen man Spannungspegel zwischen 0V und der Versorgungsspannung übertragen kann.

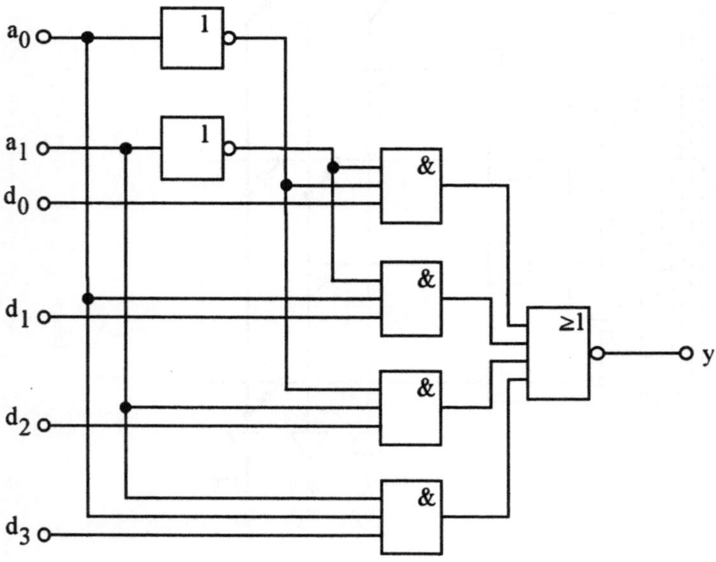

Bild 6.4 Schaltbild eines 4-zu-1 Multiplexers mit Invertern, UND - Gattern einem NOR - Gatter

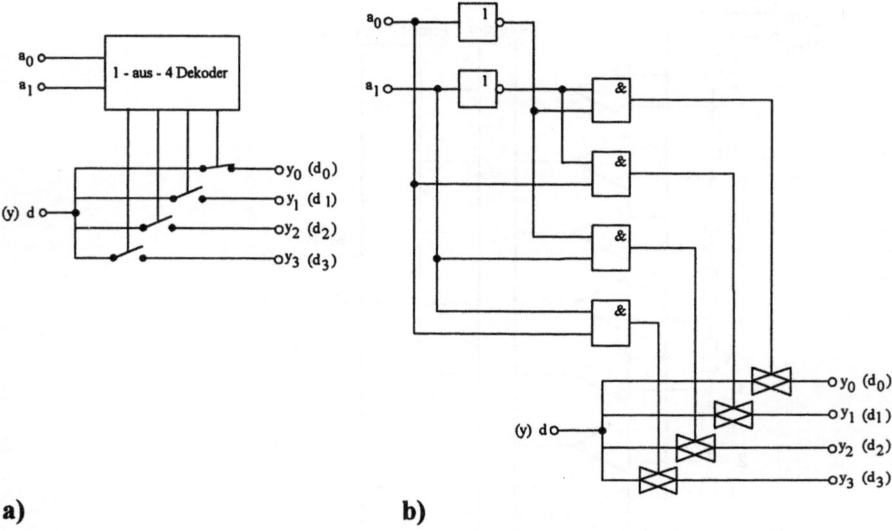

Bild 6.5 Bidirektionale 1-aus-4 Demultiplexer: a) Blockschaltbild mit mechanischen Schaltern und b) Schaltbild mit Invertern, UND - und Transfer - Gattern

6.3 Analog / Digital Wandler

Zur digitalen Verarbeitung analoger Signale in der Meßtechnik ist es notwendig, eine Schnittstelle zwischen analoger und digitaler Seite zu definieren.
Diese Schnittstelle muß in der Lage sein, analoge Eingangssignale in geeigneter Weise in digitale Ausgangssignale umzuformen. Als Meßwertumsetzer werden sogenannte Analog/Digital-Wandler eingesetzt.

Zur Umwandlung eines zeitlich veränderlichen Signals in eine digitale Form ist eine Abtastung des Signals mit einer Frequenz $f_A \geq 2\,B$ notwendig, die mindestens doppelt so groß sein muß, wie die Bandbreite B des Signals ist. Einige wichtige Verfahren der Umwandlung werden im folgenden beschrieben.

6.3.1 Parallelverfahren

Das Parallelverfahren ist das schnellste, zugleich aber auch schaltungstechnisch das aufwendigste. Hierbei werden alle n - Ziffern oder Bits der digitalen Ausgangsinformation gleichzeitig erzeugt. Man bezeichnet diese Art von A/D - Wandler auch als " Flash " - Wandler.

Um dies zu erreichen, benötigt man auf der analogen Eingangsseite einen Spannungsteiler mit $2^n - 1$ exakt gleichen Stufen und ebensoviele Komparatoren. In Bild 6.6 ist ein 3 Bit Parallel - A/D - Wandler dargestellt.

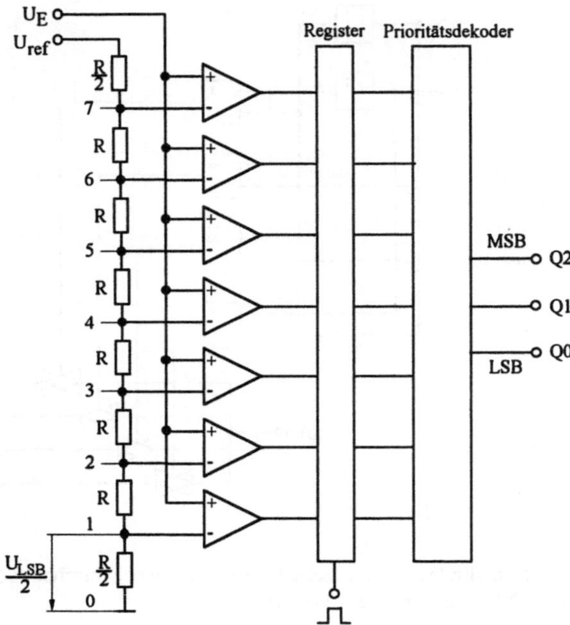

Bild 6.6 Blockschaltbild eines 3 Bit Analog / Digital - Wandlers mit Spannungs-teiler, mit 2^3-1 Komparatoren, einem Register und einem Prioritätsdekoder

Die Abgriffe am Spannungsteiler bilden die Spannungsreferenzen für die Komparatoren. Die niedrigste Referenzspannung entspricht der Hälfte der Quantisierungsstufe der niederwertigsten Bits (Least Significant Bit), nämlich 1/2 U_{LSB}. Die nächstgrößere Referenzspannung ist um U_{LSB} höher u.s.w.. Nach Bild 6.6 sind nur positive Eingangsspannungen $U_E \leq U_{ref}$ digitalisierbar.

Abhängig von der Größe der analogen Eingangsspannung schalten alle Komparatoren, deren Referenzspannung kleiner oder gleich der Eingangsspannung ist, ein. Die Ausgangsinformation aller Komparatoren wird dann zu einem genau vorgegebenen Zeitpunkt in einem digitalen Register zwischengespeichert und durch einen Prioritätsdekoder in die gewünschte binäre Form gebracht.

Da sich bei diesem Verfahren die Anzahl der benötigten Komparatoren mit jedem zusätzlichen Bit Auflösung verdoppelt (für 8 Bit 2^8-1=255, für 9 Bit jedoch bereits 2^9-1=511 Komparatoren), wird der schaltungstechnische Aufwand sehr schnell außerordentlich groß.

Mit dem Parallelverfahren werden mit Standardtechnologien wie z.B. ECL heute Abtastfrequenzen von f_A = 470 MHz, d.h. Wandlungsraten von 470 MSPS (MegaSamples Per Second) bei Wandlern mit einer Auflösung von 6 Bit und 200 MSPS bei einer Auflösung von 8 Bit erreicht. Die Wandlungszeit (Conversion time) für f_A = 200 MHz ist also τ_A = 5 ns.

6.3.2 Kaskadenverfahren (Serien-Parallel Verfahren)

Mit einem weniger großen Schaltungsaufwand als das Parallelverfahren kommt das Serien-Parallel-Verfahren oder Kaskadenverfahren ohne eine allzugroße Verlängerung der Wandlungszeit aus. Das entsprechende Blockschaltbild eines 10 Bit Wandlers ist in Bild 6.7 zu sehen. Bei diesem Verfahren werden aus dem Eingangssignal nicht alle Bits im ersten Schritt, sondern nur eine Gruppe der höchstwertigen Bits parallel erzeugt. Das Ergebnis der ersten Wandlung wird dann einem Digital-Analog Wandler zugeführt und in einen analogen Spannungswert zurückgewandelt. Diese so gewonnene Spannung ist vom Eingangssignal zu subtrahieren. Die Differenz der beiden Spannungen wird in einem zweiten Schritt ebenfalls parallel gewandelt. Man könnte mit zwei 5 Bit Parallelwandlern auskommen, wenn die Präzision der A/D und D/A-Wandlung der ersten 5 Bit einer 10 Bit Genauigkeit entsprechen würde. Zur Vermeidung dieser schwer erfüllbaren Genauigkeitsforderung wird das niederwertigste Bit des ersten Grobwandlers ein zweites Mal in einem folgenden Feinwandler mit 6 Bit gebildet und beide Ausgänge einer digitalen Fehlerkorrekturschaltung zugeführt.

Die zweite Umwandlung kann erst nach der ersten erfolgen. Das Eingangssignal muß daher entweder auf dem Weg zum Subtraktionsglied um die Konversionszeit der ersten Stufe verzögert werden oder am Eingang des Wandlers in einem Abtast- und Halteglied (Sample and Hold) gespeichert werden. Ein Abtast- und Halte-Glied folgt dem analogen Eingangssignal und hält an seinem Ausgang während der Wandelzeit das Eingangssignal des Wandlers auf dem Wert, den es zu Beginn des Haltevorgangs hatte. Nach diesem in Bild 6.7 dargestellten Verfahren muß also nur der 5 Bit D/A-Wandler seine Ausgangsspannung mit einer Genauigkeit von 10 Bit ausgeben.

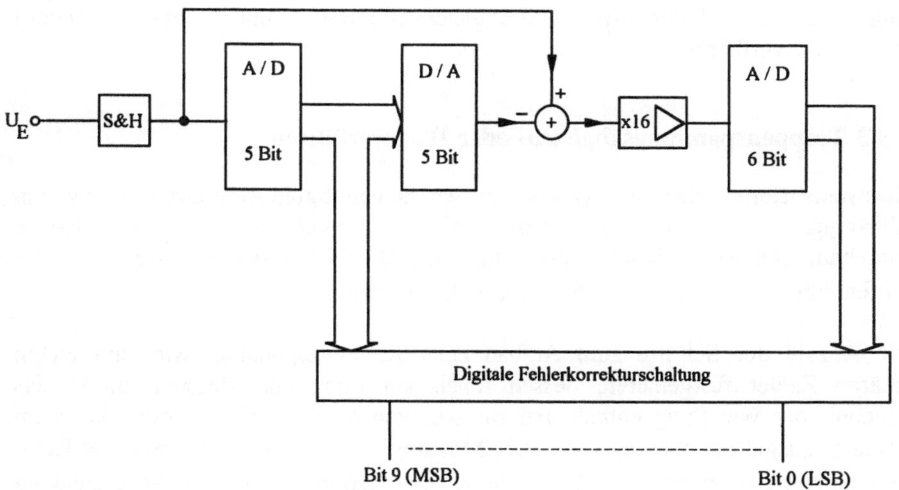

Bild 6.7 Blockschaltbild eines 10 Bit A/D-wandlers nach dem Kaskadenverfahren

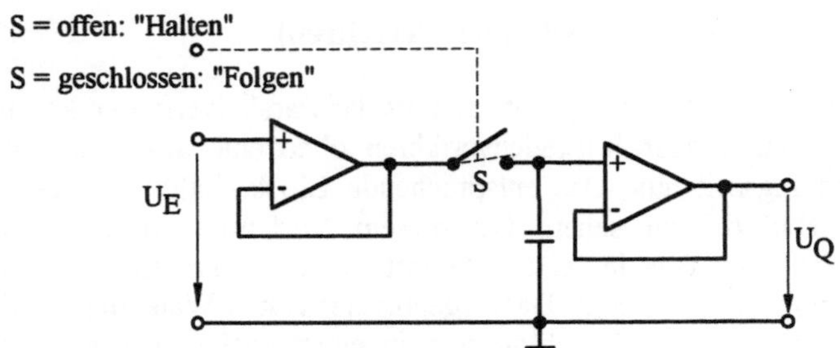

Bild 6.8 Schaltbild eines Abtast- und Halteglieds

Der Aufbau einer Abtast- und Halte-Schaltung und die zugehörigen Ein- und Ausgangssignale sind in Bild 6.8 dargestellt. Im Modus "Folgen" wird der Kondensator zwischen den beiden Operationsverstärkern auf den Wert des Eingangssignals aufgeladen. Während des Haltevorgangs ist der Ausgang des ersten Operationsverstärkers (OPV) vom Eingang des zweiten abgetrennt. Um nun die Eingangsspannung des zweiten OPV für die A/D - Wandlung konstant zu halten, sollte der Kondensator sich möglichst wenig entladen. Daher muß der Eingangsstrom des verwendeten OPV's wie auch der Leckstrom des Kondensators besonders klein gehalten werden. So muß der Spannungsverlust ΔU während der Wandelzeit bei einem 12 Bit Wandler kleiner als $1/2\ U_{LSB}$ sein, damit kein zusätzlicher Fehler auftritt. Dies entspricht $\Delta U \leq 0,5 \cdot (4096 \cdot U_{Emax})^{-1}$.

Das Kaskadenverfahren erlaubt Wandlungsraten von ca. 50 MSPS bei einer Auflösung des Eingangssignals von 10 Bit und ca. 10 - 20 MSPS bei einer Auflösung von 12 Bit.

Nach der Betrachtung der schnellen Verfahren sollen langsamere und billigere Umsetzer analoger Signale in digitale Information beschrieben werden. Dies sind zum einen Treppenspannungsabgleichverfahren und zum andern Integrationsverfahren.

6.3.3 Treppenspannungsabgleich- oder Wägeverfahren

Kompensationsverfahren. Hierbei werden die benötigten Referenzspannungen in Abhängigkeit von der jeweiligen analogen Eingangsspannung schrittweise aufgebaut und <u>einem</u> Komparator zugeführt. Die Dauer der Schritte sowie die Stufenhöhe sind gleich groß. Die Stufenhöhe entspricht $\Delta U = U_{LSB}$.

Die Anzahl der Schritte zum Aufbau einer Referenzspannung wird mit einem binären Zähler festgehalten, dessen Inhalt am Ende der Messung direkt das Ergebnis der Wandlung enthält und zur weiteren digitalen Verarbeitung in einem Rechner ausgelesen werden kann. Die Messung ist dann beendet, wenn die Referenzspannung innerhalb $\pm 1/2\ U_{LSB}$ die gleiche Größe wie die Eingangsspannung hat.

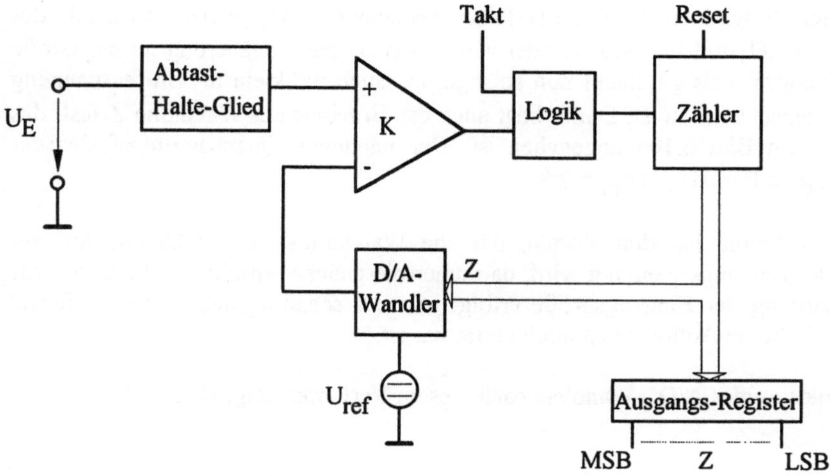

Bild 6.9 Blockschaltbild eines A/D-Wandlers nach dem Kompensationsverfahren

Mit anderen Worten: Die Erzeugung der Referenzspannungen erfolgt über einen Digital/Analog-Wandler, dessen Eingangssignal der momentane Stand des Zählers ist.

Den prinzipiellen Aufbau eines solchen A/D - Wandlers zeigt Bild 6.9 .Die Wandlungszeit eines solchen A/D-Wandlers hängt von der Größe des Eingangssignals ab. Damit das Ergebnis der Wandlung dem Eingangswert zu Beginn der A/D-Wandlung entspricht, ist es notwendig, das Eingangssignal für die gesamte Zeit der Umwandlung konstant zu halten. Dies wird durch ein vorgeschaltetes Abtast- und Halte-Glied erreicht.

Das Verfahren ist besonders langsam, da das Eingangssignal in sehr vielen Schritten von U_{LSB} angenähert werden muß. Es eignet sich für niederfrequente zeitunkritische Vorgänge.

Verfahren der sukzessiven Approximation. Im Gegensatz zum Kompensationsverfahren wird beim Verfahren der sukzessiven Approximation das Eingangssignal mit einer festen Folge von unterschiedlich hohen Stufen $\pm\Delta U_n$ in sehr viel weniger Schritten gleicher Dauer angenähert. Eine binär gewichtete Treppenfunktion ist so aufzubauen, daß sich mit jedem Schritt die Stufenhöhe halbiert. Die maximale Eingangsspannung U_{Emax} ist gleich der Referenzspannung U_{ref}.

In Bild 6.10a sind die 6 Schritte mit den Stufenspannungen für eine 6 Bit A/D-Wandlung schematisch dargestellt. Im 1. Iterationsschritt wird das Eingangssignal mit der größten Stufenspannung verglichen, die der halben Referenzspannung entspricht: $\Delta U_1 = 1/2 U_{ref}$.

Im 2. Schritt wird ein Viertel der Referenzspannung ΔU_2 je nach Ergebnis des Vergleichs ΔU_1 mit U_E addiert oder subtrahiert. Diese Annäherung an die Größe des Eingangssignals geschieht nun solange, bis auch die kleinste Stufenspannung ΔU_6 angelegt worden ist. Damit liegt auch das Ergebnis der Wandlung Z fest, das am Fuß von Bild 6.10a angegeben ist. Der maximale Quantisierungsfehler der Wandlung ist $F = \Delta U_6 / U_{ref} = 2^{-6}$.

Dieses Verfahren hat den Vorteil, daß die Wandlungszeit unabhängig von der Größe der Eingangsspannung wird, da immer die gleiche Anzahl von Schritten zur Digitalisierung der Eingangsgröße erfolgt und der schaltungstechnische Aufwand auch bei höheren Auflösungen noch vertretbar ist.

Die Struktur eines A/D - Wandlers nach diesem Verfahren zeigt Bild 6.10b.

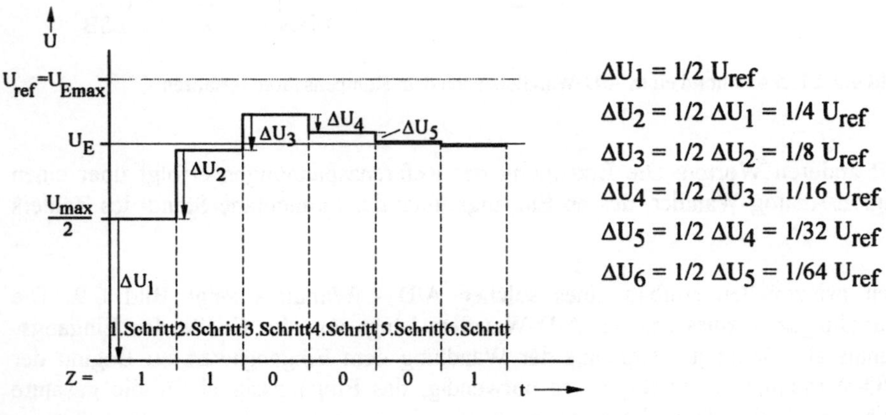

a)

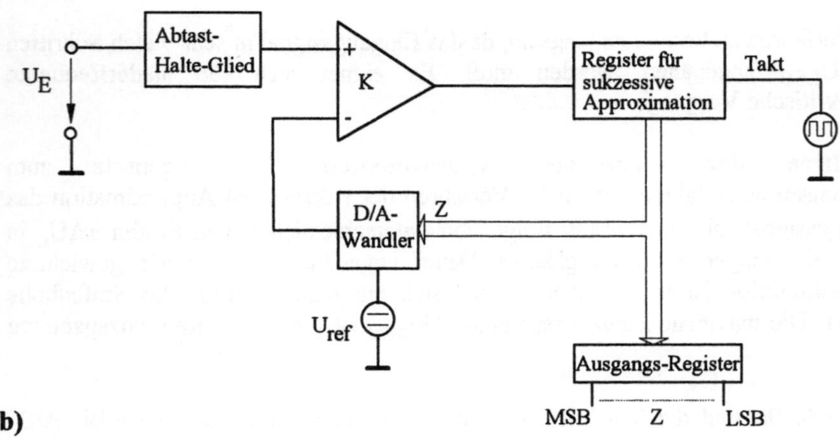

b)

Bild 6.10 A/D-Wandlung nach dem Verfahren der sukzessiven Approximation: a) Schema der Annäherung des analogen Meßwertes durch eine feste Anzahl von Schritten und b) Blockschaltbild

Wie bereits beim zuvor beschriebenen und allen noch folgenden Verfahren ist auch hier der Einsatz eines Abtast- und Halte-Glieds erforderlich.

Dieses Verfahren der sukzessiven Approximation eignet sich für Wandlungsraten bis in den Bereich von etwa 1-2 MSPS bei einer Auflösung von 12 Bit.

Integrationsverfahren. Integrationsverfahren sind einfache, aber relativ langsame Verfahren, die wiederum eine Abhängigkeit der Wandlungszeit von der Größe der Eingangsspannung haben. Im folgenden sollen 3 dieser Integrationsverfahren näher beschrieben werden.

Ein-Rampen-Verfahren (Single Slope). Das in Bild 6.11 skizzierte Verfahren besteht aus zwei Schritten: 1. Umwandlung der Eingangsspannung in eine ihr proportionale Zeit und 2. Zählung von Taktimpulsen während dieser Zeit.

Ein Sägezahngenerator mit der Spannung U_S, die von einer Referenz-Spannungsquelle bestimmt wird, steuert zwei Komparatoren an. Die Dauer D des Impulses am Ausgang der Äquivalenzschaltung G ist der zu messenden Spannung proportional. Den digitalen Ausgangswert erhält man durch das Zählen der Anzahl der Taktimpulse während der Dauer D. Als Takt kann auch eine Sinusschwingung verwendet werden, deren Frequenz über einen Schwingquarz stabilisiert wurde. Damit ist:

$$Z = \frac{D}{T} = \tau \cdot f \frac{U_E}{U_{ref}} \quad . \tag{6.2}$$

Nach jeder Messung muß das Ergebnis in ein Ausgangsregister abgespeichert und der Zähler auf 0 zurückgesetzt werden.

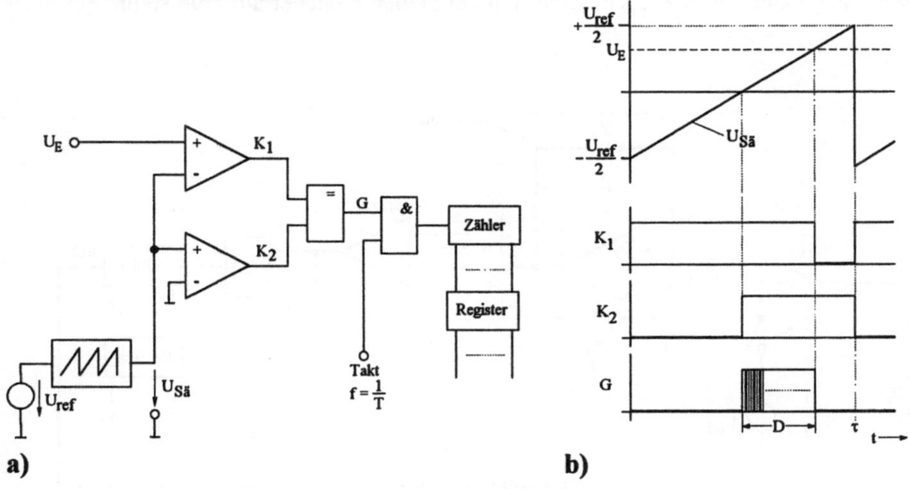

Bild 6.11 A/D-Wandlung nach dem Ein-Rampen-Verfahren: a) Blockschaltbild und b) Zeitabhängigkeiten wichtiger Größen

Die Erzeugung der Sägezahnschwingung geschieht durch einen Integrator, dessen Zeitkonstante durch ein RC-Glied bestimmt ist. Deshalb gehen Temperatur- und Langzeitdrift der Bauelemente voll in die Zeitkonstante und damit in die Meßgenauigkeit ein.

Eine Verbesserung der Genauigkeit erreicht man durch das Zwei - Rampen - Verfahren.

Zwei - Rampen - Verfahren. Beim Zwei - Rampen - Verfahren, das auch unter dem Namen Dual-Slope-Verfahren bekannt ist, wird nicht nur die Referenzspannung, sondern auch die Eingangsspannung integriert. Das Blockschaltbild für positive Eingangsspannungen ist in Bild 6.12 zu sehen.

Zu Beginn einer Messung wird der Integrationskondensator C über den Schalter S_3 entladen und der Zähler auf Null gestellt. Im nächsten Schritt ist der Eingang über den Schalter S_1 mit dem Integrator zu verbinden, so daß die Steilheit des Spannungsanstiegs ein Maß für die Eingangsspannung U_E ist. Danach wird das Eingangssignal über S_1 vom Integrator abgeschaltet   und die <u>negative</u> Referenzspannung U_{ref} über S_2 angeschlossen. Während der Dauer t_1 bzw. t'_1 der Entladung des Kondensators C wird die Anzahl der Taktzyklen der Dauer T gemessen und in einem Zähler gespeichert. Das Ergebnis ist damit direkt ablesbar.

Die Differenzspannung U_D am Eingang des Komparators entspricht der negativen Spannung am Ausgang des Integrators mit der Zeitkonstante $\tau = RC$. Der Meßvorgang der Eingangsspannung wird abgeschlossen nach der Zeit:

$$t_0 = (Z_{max} + 1)\, T \ , \tag{6.3}$$

wenn der Zähler nach $Z_{max}+1$ Schritten der Dauer T wieder auf Null steht.

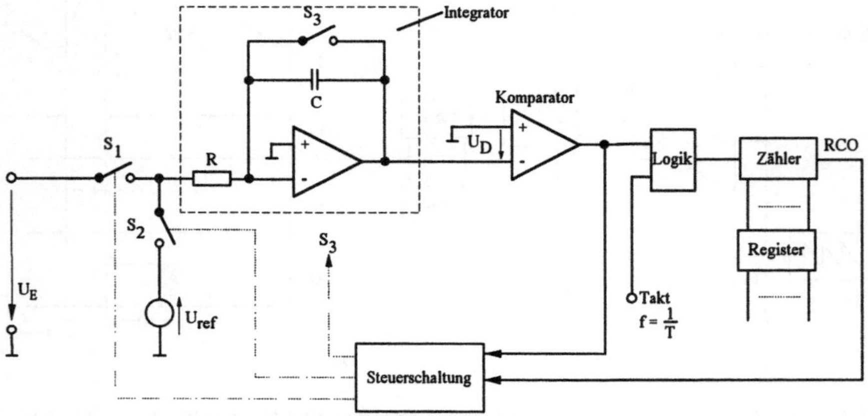

Bild 6.12 Blockschaltbild eines A/D-Wandlers nach den Zwei-Rampen-Verfahren

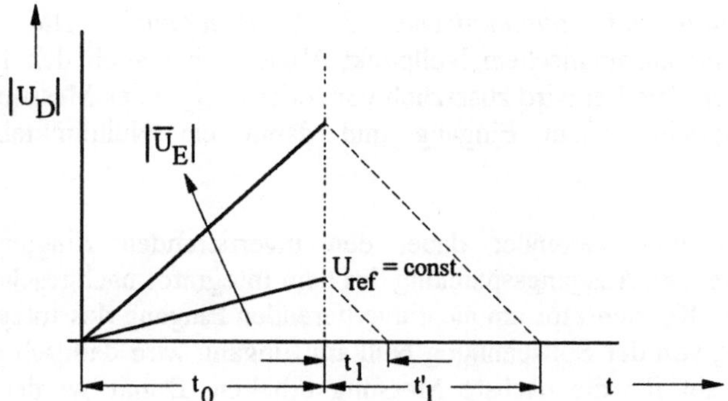

Bild 6.13 Zeitabhängigkeit der Komparatorspannung U_D in Bild 6.12 nach der Integration der Meßspannung U_E und der Referenzspannung U_{ref}

Die integrierte Eingangsspannung ist dann

$$U_D = \frac{1}{\tau} \int_0^{t_0} U_E \, dt = \frac{\overline{U}_E}{\tau}(Z_{max}+1)T \quad .$$

(6.4)

Die Spannung U_D wird mit einer Referenzspannung der umgekehrten Polarität abgebaut.

Der Nulldurchgang wird zur Zeit t_1 erreicht:

$$t_1 = Z \cdot T = \frac{U_D}{U_{ref}}\tau \quad .$$

(6.5)

Den Zählerstand Z gewinnt man durch Einsetzen von U_D :

$$Z = (Z_{max}+1)\frac{\overline{U}_E}{U_{ref}}$$

(6.6)

Er ist sowohl unabhängig von der Zeitkonstante τ als auch von der Taktdauer T wenn sie während der Wandlungszeit $t_0 + t_1$ gleich groß bleiben. Da der Mittelwert der Eingangsspannung $\overline{U}_E$ während der Ladezeit erzeugt wird, werden störende Frequenzen f_n im Eingangssignal, z.B. die Netzfrequenz, unterdrückt, falls:

$$f_n = n\frac{1}{t_0} \quad , \qquad n = 1,2,3,...$$

(6.7)

und die Referenzspannung keine Störfrequenzen enthält.

Dieses Verfahrens ist wesentlich genauer als das Ein-Rampen-Verfahren. Fehler treten praktisch nur noch durch Verschiebungen des Nullpunktes der Integrationsspannung U_D auf.

Zwei-Rampen-Verfahren mit automatischen Nullpunktabgleich. Das Zwei-Rampen-Verfahren mit automatischem Nullpunkt-Abgleich hat auch den Namen Quad-Slope-Verfahren. Hierbei wird zusätzlich vor (oder nach) jeder Messung eine Eichung mit kurzgeschlossenem Eingang und damit ein Nullpunktabgleich vorgenommen.

Ein zusätzlicher Schalter verbindet dabei den invertierenden Eingang des Integrators mit Masse. Die Ausgangsspannung des dem Integrator nachgeschalteten Verstärkers lädt einen Kondensator am nichtinvertierenden Eingang des Integrators auf. Die Abweichung von der Sollspannung Null am Eingang wird dadurch gerade kompensiert und bleibt für die nächste Messung erhalten. Damit werden auch Nullpunkt- und Driftfehler des Komparators eliminiert und eine hervorragende Langzeitstabilität des A/D - Wandlers erreicht.

6.3.4 Genauigkeit von A/D-Wandlern

Abschließend sollen noch einige Betrachtungen zur Genauigkeit von A/D - Wandlern angestellt werden.

Man unterscheidet grundsätzlich zwischen zwei Arten von Fehlern. Dies sind 1. statische und 2. dynamische Fehler. Ein statischer Fehler tritt systematisch durch die nur endliche Anzahl von auflösbaren Quantisierungsstufen auf. Er beträgt $\pm 1/2$ LSB.

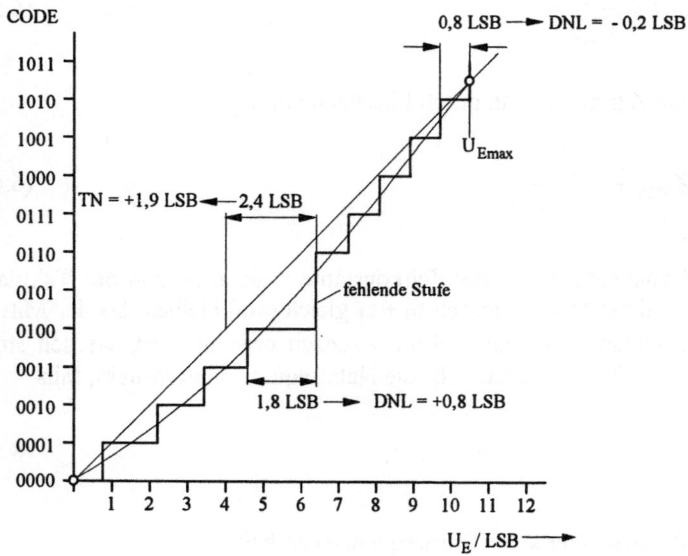

Bild 6.14 Binäre Zahlen am Ausgang des A/D-Wandlers als Funktion der analogen Eingangsspannung U_E zu übersichtlichen Darstellung verschiedener Abweichungen von der Linearität der Wandlung

Daneben treten noch weitere, schaltungstechnisch bedingte Fehler auf. Die im Bild 6.14 eingezeichnete Gerade hat die Steigung 1 und geht exakt durch den Nullpunkt. Bedingt durch Offset-Fehler ist diese Gerade in der Realität jedoch nach rechts oder nach links verschoben und Verstärkungsfehler sorgen für eine mittlere Steigung, die von 1 abweicht. Diese Fehler lassen sich durch einen Abgleich im Nullpunkt und bei der maximalen Eingangspannung U_{Emax} jedoch verkleinern.

Nach diesem Abgleich bleiben nichtlineare Fehler, welche außer den unvermeidlichen Quantisierungsfehlern auftreten. Die maximale Abweichung von <u>der Geraden</u> abzüglich des Quantisierungsfehlers bezeichnet man als totale Nichtlinearität (TN). Sie kann positiv oder negativ sein.

Die differentielle Nichtlinearität (DNL) gibt an, um wieviel <u>die Breite</u> der einzelnen Stufen vom Sollwert U_{LSB} abweicht. Beträgt die differentielle Nichtlinearität einer Stufe DNL = 1 U_{LSB}, so kann der entsprechende binäre Zahlenwert des Ausgangssignals übersprungen werden. Man spricht in diesem Fall auch von "Missing Codes".

Zusätzlich zu den statischen Fehlern treten dynamische Fehler während des Meßvorganges auf, deren Ursache hier näher betrachtet werden soll.

Um während der Wandelzeit des A/D - Wandlers ein konstantes Eingangssignal zu erhalten, ist es notwendig, ein Abtast- und Halte-Glied vorzuschalten. Deshalb muß man zur Beurteilung der Genauigkeit die Eigenschaften des A/D-Wandlers und des Abtast- und Halte-Glieds zusammen betrachten.

Das Abtast- und Halte-Glied muß in der Lage sein, innerhalb der vorgegebenen Zeit am Ausgang einen Spannungswert einzustellen, der auf $\pm$ 1/2 U_{LSB} des nach geschalteten A/D Wandlers genau mit der Eingangsspannung des Abtast- und Halte-Glieds übereinstimmt. Während der Haltezeit, d.h. während der Wandelzeit, muß die Eingangsspannung des A/D-Wandlers möglichst konstant gehalten werden. Die Ausgangsspannung des Abtast- und Halte-Glieds darf sich maximal um - 1/2 U_{LSB} ändern, damit keine Fehler bei der Wandlung entstehen.

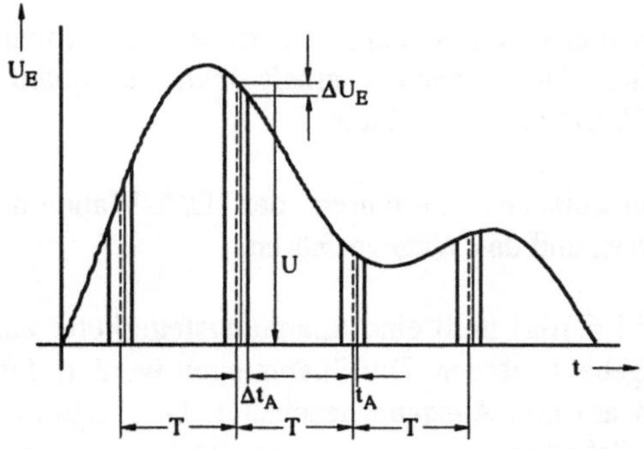

Bild 6.15 Zur Abschätzung des Apertur -Jitters Δt_A

Ein weiteres Problem sind Schwankungen des Abtastzeitpunktes, der Apertur-Jitter Δt_A, wenn von "Folgen" auf "Halten" umgeschaltet wird, auch als bezeichnet. Aufgrund der Aperturzeit t_A wird der Meßwert nicht genau zum Zeitpunkt t sondern um t_A verspätet abgetastet. Solange t_A konstant ist, hat sie keinen Einfluß auf die Messung. Schwankt die Aperturzeit t_A jedoch um den Wert Δt_A , so hat dies einen Meßfehler ΔU zur Folge, wie Bild 6.15 zeigt.

Um den Meßfehler möglichst klein zu halten, muß der Apertur-Jitter sehr kleine Zeiten erreichen, wie auch die folgende Beispielrechnung zeigen soll:

Am Eingang des A/D-Wandlers liege eine sinusförmige Spannung $U = \hat{U} \cdot \sin \omega t$ an. Die für den Apertur - Jitter entscheidende Größe ist die Änderung der Eingangsspannung nach der Zeit:

$$\frac{dU}{dt} = \hat{U} \cdot \omega \cdot \cos \omega t \ . \tag{6.8}$$

Die maximale erlaubte Spannungsänderung ist

$$\Delta U_{max} = \hat{U} \cdot \omega \cdot \Delta t_A = \frac{1}{2} U_{LSB} \quad . \tag{6.9}$$

Damit muß der Apertur - Jitter

$$\Delta t_A \leq \frac{U_{LSB}}{2 \cdot \hat{U} \cdot \omega} \tag{6.10}$$

sein. Für eine Abtastfrequenz von 10 MHz und eine Auflösung des A/D-Wandlers von 12 Bit ergibt sich ein Apertur - Jitter $\Delta t_A < 2$ ps.

6.4 Digital / Analog - Wandler

Um eine digitale Information in ein analoges Signal zu überführen, setzt man D/A-Wandler ein. Am Ausgang eines D/A-Wandlers erhält man ein quantisiertes analoges Signal, das 2^n diskrete Werte annehmen kann.

Es gibt grundsätzlich drei verschiedene Verfahren der D/A-Wandlung: das Parallelverfahren, das Zählverfahren und das Wägeverfahren.

Nach dem Parallelverfahren (Bild 6.16a) muß eine Spannungsteilerkette aus 2^n-1 gleich großen Widerständen aufgebaut werden. Die Spannungen werden durch die Auswahl <u>eines</u> von 2^n Schaltern auf den Ausgang geschaltet. Dies erfordert zum einen eine sehr große Zahl von Schaltern und zum andern die Realisierung vieler Widerstände mit geringen Toleranzen.

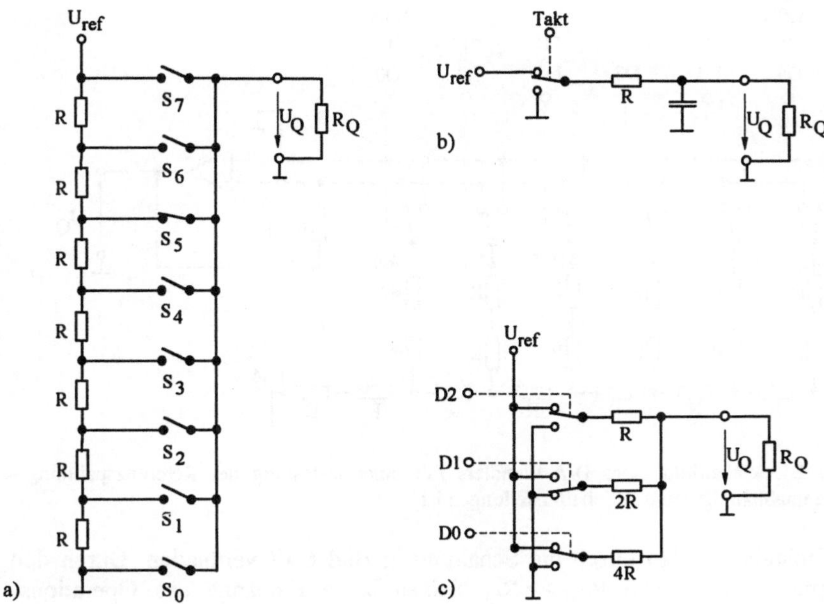

Bild 6.16 Verfahren der D/A-Wandlung: a) Parallelverfahren, b) Zählverfahren und c) Wäge-verfahren

Beim Zählverfahren (Bild 6.16b) wird nur ein Schalter und ein Tiefpaß benötigt. Durch Öffnen und Schließen des Schalters mit konstanter Frequenz und einstellbarem Tastverhältnis entsteht am Ausgangskondensator eines Tiefpasses als arithmetischer Mittelwert die gewünschte Spannung. Das Zählverfahren bleibt infolge der Zeitkonstante des Tiefpasses langsam.

Beim Wägeverfahren ist die Zahl der Schalter größer als beim Zählverfahren, aber erheblich kleiner als beim Parallelverfahren. Beim Wägeverfahren ist jeder Binärziffer nur ein Schalter zugeordnet. Es werden gewichtete Ströme aufsummiert. In Bild 6.16c ist eine Ausführungsform für eine dreistellige Binärzahl mit genormten Schaltersymbolen skizziert. Bei einer logischen "1" wird der Schalter in Richtung der Seite gezogen, an der die gestrichelte Steuerlinie endet. Wie man leicht erkennt, ist die Ausgangsspannung:

$$U_Q = U_{ref}\,\frac{R_Q}{4R}\left[4D_2 + 2D_1 + D_0\right]\quad,\quad R_Q \ll R\quad. \tag{6.11}$$

Für die eingezeichnete Schalterstellung ergibt also die eckige Klammer $4\cdot1+2\cdot0+1 = 5$, da bei einer logischen "1" der Schalter mit der Referenzspannung und bei einer logischen "0" mit der Masse verbunden wird.

Die beschriebene Schaltung hat die Nachteile, daß die Referenzspannungsquelle in Abhängigkeit von der Schalterstellung belastet wird und die Schalterspannungen sich zwischen 0 und U_{ref} ändern.

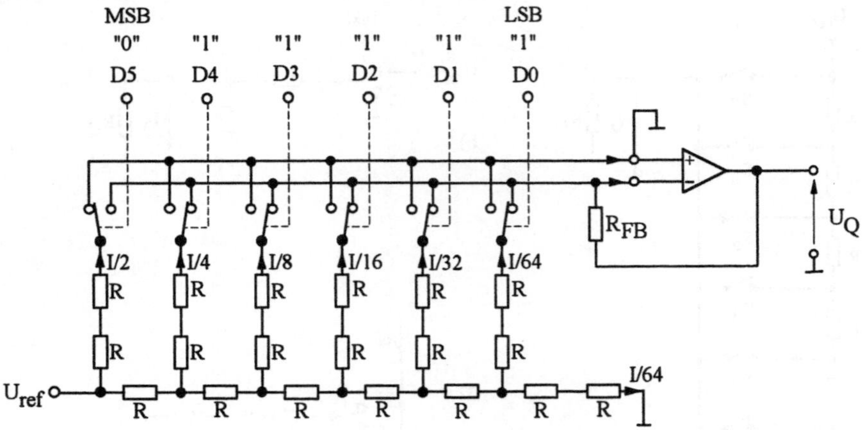

Bild 6.17 Blockschaltbild eines D/A-Wandlers mit einer Belastung der Referenzspannungsquelle, die unabhängig von den Schalterstellungen ist

Diese Nachteile werden durch die Schaltung in Bild 6.17 vermieden. Durch den Rückkopplungswiderstand $R_{FB} \gg R_Q$ bleiben beide Eingänge des Operationsverstärkers und damit beide Stellungen der Schalter auf Masse. Die Ströme addieren sich also linear am Eingang des Operationsverstärkers. Die Belastung der Referenzspannungsquelle ist unabhängig von der umzusetzenden Information. Die einzelnen Strompfade sind durch ein R-2R Leiternetzwerk binär gewichtet. Die in Bild 6.17 gezeigten Schalterstellungen entsprechen der binären Zahl "011111"$\hat{=}$31. Die Ausgangsspannung U_Q ist negativ.

$$U_Q = -U_{ref} \cdot \frac{R_{FB}}{64R}[D_0 + 2D_1 + 4D_2 + 8D_3 + 16D_4 + 32D_5] \quad (6.12)$$

Sie ist unabhängig vom Absolutwert R, wenn auch der Rückkopplungswiderstand $R_{FB} = R$ ist. Die Präzision des Widerstandsnetzwerks kann sehr groß sein, da alle integrierten Widerstände die gleichen Abmessungen und den gleichen Sollwert haben und durch den gleichen Prozeß hergestellt werden.

Dieses Wägeverfahren läßt sich besonders gut in der CMOS-Technik verwirklichen, da nur kleine Ströme gebraucht werden und Transmissions-Gatter als Schalter mit einem hohen Ein-/Aus-Verhältnis zur Verfügung stehen.

6.4.1 Genauigkeit von D/A-Wandlern

Wie bei den Analog-Digital-Umsetzern unterscheidet man auch bei den Digital-Analog-Wandlern zwischen statischen und dynamischen Fehlern.

Statische Fehler sind zum einen Nullpunktfehler, die durch Leckströme der Transistoren begründet sind, und zum andern Fehler beim Vollausschlag des Wandlers. Diese Fehler entstehen in erster Linie durch die endlichen Restwiderstände der Transistoren im eingeschalteten Zustand. Einen zusätzlichen Einfluß hat dann noch die Genauigkeit des Rückkopplungswiderstandes.

Diese Fehler lassen sich durch einen Abgleich der beiden Arbeitspunkte weitgehend beseitigen.

Nicht abgleichbar sind dagegen Fehler in der Linearität der analogen Ausgangsgröße. Diese können durch schlecht abgeglichene Widerstände R entstehen. Der Fehler in den einzelnen Zweigen sollte insgesamt nicht größer sein, als der Strom durch den Zweig des niederwertigsten Bits des Wandlers, nämlich ±1/2 LSB.

Dynamische Fehler bei D/A-Wandlern sind kurze Störimpulse (sogenannte Glitches) am analogen Ausgang. Die Ursache dieser Impulse liegt am nicht gleichzeitigen Umschalten der Schalter. Mögliche Gründe hierfür sind:

- nicht gleichzeitig eintreffende Eingangssignale an den digitalen Eingängen,
- ungleiche Schaltzeiten der Transistoren,
- Unterschiede in den Umschaltzeiten der Transistoren zwischen Ein- und Ausschalten.

Die Beseitigung dieser Störimpulse ist nicht einfach und wird bei langsameren D/A-Wandlern bereits auf den Chips so weit wie möglich vorgenommen. Bei sehr schnellen Wandlern hilft oft nur noch das Nachschalten eines Abtast- und Halte-Glieds, um die Stufenwerte erst nach Abklingen der Störimpulse zu übertragen.

Aus Bild 6.18 erkennt man, daß Glitches durch die Betätigung von mehr als einem Schalter zur Einstellung der nächsten binären Zahl auftreten und mit der Anzahl der Stellen der Binärzahl zunehmen.

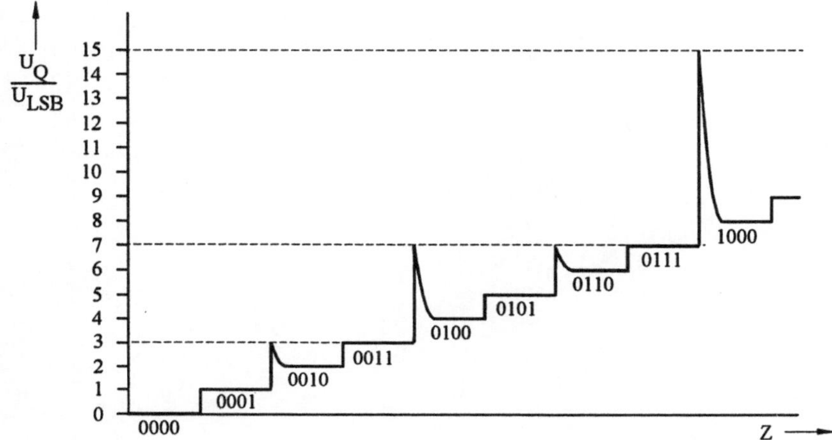

Bild 6.18 Mögliche Störimpulse bei der D/A-Wandlung eines vierstelligen binären Wertes, wenn sich mehr als eine Stelle ändert

7 Literaturverzeichnis

Beuth, K., Schmusch,W.   "Elektronik 3, Grundschaltungen", Vogel Verlag, Würzburg, 1984.

Borucki, L.   "Grundlagen der Digitaltechnik", Teubner Verlag, Stuttgart, 1985.

Durcansky, G.   "Digitaltechnik", Physik Verlag, Weinheim, 1983.

Gelder, E.   "Integrierte Digitalbausteine", Vogel Buch-Verlag, Würzburg, 1984.

Hilberg, W.   "Impulse auf Leitungen" , Oldenbourg Verlag, München 1981.

Hilberg, W., Piloty, R.   "Grundlagen digitaler Schaltungen", Oldenburg Verlag, München, 1978.

Klar, H.   "Integrierte Digitale Schaltungen MOS / BICMOS", Springer Verlag, Heidelberg, 1993.

O' Dell, T.H.   "Die Kunst des Entwurfs elektronischer Schaltungen", Springer Verlag, Heidelberg 1990.

Orlowski,P.   "Digitale Schaltungen mit CMOS-Schaltkreisen", VDI-Verlag, Düsseldorf, 1979.

Paul, R.   "Halbleiterphysik", Dr. A. Hüthing Verlag, Heidelberg, 1975.

Pascoe, R.D.   "Halbleiter-Schaltkreise in diskreter und integrierter Technik", Oldenburg Verlag, München, 1978.

Rein, H.M., Ranfft, R.   "Integrierte Bipolarschaltungen", Springer Verlag, Heidelberg, 1980.

Rohe, K.H., Kamke, O.   "Digitalelektronik", Teubner Verlag, Stuttgart, 1985.

Schaller, G., Nüchel, W.   "Digitale Schaltkreise", Teubner Verlag, Stuttgart, 1981.

Schmidt, V.   "Digitalelektronisches Praktikum", Teubner Verlag, Stuttgart, 1977.

Seifart, M.   "Digitale Schaltungen und Schaltkreise", Hütting Verlag, Heidelberg, 1982.

Seitzer, D.   "Elektronische Analog-Digital-Umsetzer", Springer Verlag, Heidelberg, 1976.

Sze, S.M.   "Physics of Semiconductor Devices", John Wiley Verlag, 1981.

Tietze, U., Schenk, Ch.   "Halbleiterschaltungstechnik", Springer Verlag, Heidelberg, 1985.

Weiss, H., Horninger, K.   "Integrierte MOS-Schaltungen", Springer Verlag, Heidelberg, 1982.

Weißel, R., Schubert, F.   "Digitale Schaltungstechnik", Springer Verlag, Heidelberg, 1990.

Zander, H.   "Analog-Digital-Wandler in der Praxis", Markt & Technik Verlag, Haar, 1983.

8 Stichwortverzeichnis